新文京開發出版股份有限公司

NEW
WCDP

新世紀‧新視野‧新文京 ─ 精選教科書‧考試用書‧專業參考書

New Wun Ching Developmental Publishing Co., Ltd.

New Age · New Choice · The Best Selected Educational Publications—NEW WCDP

第 **4** 版

Fourth Edition

技術士
技能檢定
門市服務
乙級 研修專書

楊浩偉 ◉
蔡清德 ◎
胡政源 ◎ —— 編著

現代零售
管理新論

門市與零售管理

Retailing Management
A Modern Approach
Chain Store Service Technician Certification

國家圖書館出版品預行編目資料

現代零售管理新論：門市與零售管理/楊浩偉, 蔡清德,
胡政源編著. -- 四版. -- 新北市：新文京開發出版
股份有限公司, 2024.07
　　面；　公分

ISBN　978-626-392-030-9（平裝）

1.CST：零售商　2.CST：商店管理

498.2　　　　　　　　　　　　　　　113008716

現代零售管理新論：門市與零售管理
（第四版）

（書號：H204e4）

編 著 者	楊浩偉　蔡清德　胡政源
出 版 者	新文京開發出版股份有限公司
地　　址	新北市中和區中山路二段 362 號 9 樓
電　　話	(02) 2244-8188（代表號）
Ｆ Ａ Ｘ	(02) 2244-8189
郵　　撥	1958730-2
初　　版	西元 2016 年 09 月 10 日
二　　版	西元 2017 年 09 月 10 日
三　　版	西元 2021 年 09 月 10 日
四　　版	西元 2024 年 07 月 25 日

　　從事教育一轉眼已經超過 15 年了，一直謹記在心的是教育是一種學習，是成為更好的自己、更溫暖的他人，讓學生透過教育打開成長開關，發現無限的可能。近年來在很多地方都可以聽到創新教學，其實創新教學已經喊了很多年，方法與成果也很多，但回到教育現場，真正在日常不斷創新教學的還是屬於少數。原因在於老師其實跟專家一樣，不容易突破框架。老師要完成一定的任務，再加上很多非教育因素的干擾，讓老師更不敢逾越一路以來被設下的規範。有鑑於此，如何讓學生在教育引導與潛移默化的感染下，成就自己，成為自己希望成為的那個人，這才是教育最重要的內涵。所以教育的內涵是：知識的學習與應用、道德的責任與實踐、社會的發展與關懷。

　　現階段由於 AI 與智慧零售的導入，業者在門市經營如果想要在地深耕，除了不斷增加新客流量同時，也必須懂得經營舊客關係，如何透過服務創新與體驗行銷培養出消費者願意且忠誠的再回購是門市長久穩定經營的關鍵。舉凡實體開店，必須要懂得地點選址、區域對象及阻礙或競爭對手分析；商品包裝設計、五感情境陳列與氛圍布置，創造出消費者一次購足的購物動線設計；瞭解實體銷售門市的實務操作流程，從滿足消費者需求到達成消費者滿意成交；掌握洞察並建立與維持良好的消費者關係制度建立，有效解決客怨及客訴；公司內部有效選材徵才與用人培育，以提升永續經營的核心商業模式；強化管理團隊溝通與同理心，掌握工作正向認知及承擔任務進而樹立良好的公司文化等等，是「門市與零售管理」缺一不可的必備技能。

　　本書《現代零售管理新論：門市與零售管理》第四版在「案例分享」中增修了最新走向與趨勢，讓學生得以理論與實務並用。此書得以完稿並改版，十分感謝對零售與門市管理學養實務兼具、非常優秀的蔡清德老師協同編著此書，也對近年來協助本人出版數本專書的「新文京開發出版股份有限公司」致上謝意。另一方面，亦感謝朝陽科技大學給予「零售與門市管理」

教學相長之機會，更感謝行銷與流通管理系所同仁之鼓勵，在此致上十二萬分的謝意。

學問是永無止盡的，唯有堅持下去才有機會開花結果，本人深切領悟到「毋負今日唯有不斷的貢獻己力」。最後衷心感謝諸多企業實務界的學生與朋友，由於您們在企業實務上傑出經營管理經驗的回饋，使本人獲得企業管理實務與理論整合之教學相長的學習機會，並可循序漸進在企業管理教育上持續貢獻一己之力。

楊浩偉 謹識

**Retailing Management
A Modern Approach**
Chain Store Service Technician Certification

　　門市服務重視「人際關係」的互動與「法規制度」的認知，亦是近年來連鎖企業對外場員工（門市人員）訓練課程的重點，而要取得門市服務乙級證照需具備企業管理與行銷管理基本概念，由此可知門市管理並非僅是開門等待顧客上門的工作，而是需經完整銷售策略訓練的養成。

　　本書以胡政源教授歷年相關課程教材為基礎內容，配合勞動力發展署公布之「門市服務─乙級技術士證照」要求之專業技能編撰，涵蓋適合擔任高階主管的專業內容，又具淺顯易懂的答題參考，讓讀者可從容面對證照考試（第 1 章至第 8 章有搭配學科考試練習，第 9 章至第 10 章則為術科參考應答範本，可持續研讀背誦再融會貫通）。

　　本書很榮幸與楊浩偉教授持續搭配，將修整內容使其更簡化，以期達到自習即可考照之目的，楊浩偉老師以多年教學經驗將門市與零售管理之經營重點以案例方式呈現，內容特別簡化以理解企劃書撰寫，讀者僅需鎖定自身熟悉門市環境，即可輕易過關及格。

　　胡政源教授長期致力於品牌廣告、市場調查、企劃行銷等教學研究，其熱忱促使清德追隨其精神與態度，本書內容盡力提供最適讀者學習的概念與應考內容，如有不足之處，尚祈提供建議，以利補充更新。

　　最後於感謝於中興大學行銷系學習期間，蔡明志教授、蕭仁傑教授、吳志文教授教授行銷營運與物流管理之專業。更由衷感謝於臺灣大學研讀時期，指導教授：雷立芬教授、孫立群教授，及徐世勳系教授、陳郁蕙教授、張宏浩教授等老師提供高度整合概念與管理策略之思維。

蔡清德 臺中

　　本書《現代零售管理新論－門市與零售管理》，適用於零售管理與門市管理課程。零售管理與門市管理課程為行銷管理之進階課程，當企業管理系的學生在修讀行銷管理後，比較各種企業活動（生產活動、行銷活動、財務活動、人力資源活動、研究發展活動、資訊活動）之管理內容，發覺對行銷管理活動深具興趣時，則可進一步修讀零售管理與門市管理等相關課程。

　　零售管理係以零售業為主體，應用行銷管理加以延伸及深入探討，本書共分 10 章，包括：1.零售與門市管理；2.門市商品管理；3.門市銷售管理；4.門市人力資源管理；5.門市營運計畫與管理；6.門市商圈經營；7.顧客服務管理；8.危機處理；9.企劃書寫作題型分析；10.術科測試─實務問答口試。

　　筆者曾服務於嶺東科技大學企業管理系及研究所，教導「零售與門市管理」多年，並曾於靜宜大學講授「零售管理」課程，本書係筆者教學「零售與門市管理」多年之心得，參考多年來所使用之教科書及大量資料撰述而成，在全書撰述時，盡可能考慮臺灣零售業之發展及特性，將臺灣零售業之相關資料加以整理，以供研讀者及零售業者參考。在學識理論之整理及探討之外，也包含門市服務乙級技術士證照學科考試練習。

　　本書得以完稿並改版，十分感謝對零售與門市管理學養實務兼具、非常優秀的蔡清德老師協同編著此書，也對多年來協助本人出版 10 餘本專書及論文的「新文京開發出版股份有限公司」致上謝意。另一方面，亦感謝嶺東科技大學與靜宜大學給與「零售與門市管理」教學相長之機會，更感謝嶺東科技大學張台生總執行長、企業管理系及經營管理研究所同仁之鼓勵，在此致上十二萬分的謝意。

　　最後衷心感謝三十餘年有緣相識的諸多企業實務界學生與朋友，由於您們在企業實務上傑出經營管理經驗的回饋，使筆者獲得企業管理實務與理論整合之教學相長的學習機會，並得以進一步在企業管理教育上持續貢獻自己棉薄之力。

胡政源 謹識

楊浩偉

學歷｜ 美國雅格斯大學舊金山灣區分校國際行銷博士

現職｜ 朝陽科技大學行銷與流通管理系副教授

經歷｜ Secretary of Alumni Service and Career Development Affairs at Chaoyang University of Technology

Host of 2022 Taiwan-Malaysia Retail Industry Cooperation and Exchange Conference

Year 2020 Visiting Research Scholar of Dominican University of California.

Year 2019 Visiting Research Scholar of Dominican University of California.

Technical Committee/Reviewer at 2021 The 11th International Conference on Business and Economics Research (ICBER 2021)

Technical Committee Member and Reviewer in 2021 5th International Conference on E-Education, E-Business and E-Technology (ICEBT 2021)

Technical Committee Member and Reviewer at the 2021 7th International Conference on E-business and Mobile Commerce (ICEMC 2021)

Technical Committee Member and Reviewer at 2021 5th International Conference on Information Processing and Control Engineering (ICIPCE 2021)

Session Chair at IEEE International Conference on Social Sciences and Intelligent Management (SSIM 2021)

Technical Committee Member and Reviewer in 2020 the 4th International Conference on E-Business and Internet (ICEBI 2020)

Session Chair at 2020 The 4th International Conference on E-Business and Internet (ICEBI 2020)

Technical Committee Member and Reviewer in 2020 6th International Conference on Culture, Languages and Literature (ICSEB 2020)

Technical Committee Member and Reviewer of 2020 the 4th International Conference on E-Society, E-Education and E-Technology (ICSET 2020)

Technical Committee Member and Reviewer in 2020 the 11th International Conference on E-Education, E-Business, E-Management, and E-Learning (IC4E 2020)

Technical Committee Member and Reviewer in 2019 The 3rd International Conference on E-Business and Internet (ICEBI 2019)

Technical Committee Member and Reviewer in 2019 The 5th International Conference on Industrial and Business Engineering (ICIBE 2019)

Technical Committee Member and Reviewer in 2019 The 3rd International Conference on E-Society, E-Education and E-Technology (ICSET 2019)

Technical Committee Member and Reviewer in The International Conference on E-Business and Internet (ICEBI 2018)

Technical Committee Member and Reviewer in 2018 The 2nd International Conference on E-Society, E-Education and E-Technology (ICSET 2018)

彰化縣 110 年度社區產業提升暨體驗點串點規劃計畫輔導顧問

彰化縣 110 年度青年創意好點子輔導及育成計畫輔導顧問

110 年度「雲林良品」品牌建構與行銷輔導委託專業服務案計畫主持人

109 年度「雲林良品」品牌建構與行銷輔導委託專業服務案共同主持人

跨境電商平臺規劃計畫主持人

國產豬肉行銷推廣策略規劃計畫主持人

108 年度小型企業人力提升計畫教育訓練授課講師

教育部 107 年度新南向學海築夢暨海外職場體驗計畫計畫主持人

財政部優質酒類認證專家團輔導執行計畫計畫主持人

教育部 106 年度新南向學海築夢暨海外職場體驗計畫計畫主持人

教育部 105 年度新南向學海築夢暨海外職場體驗計畫計畫主持人
教育部 104 年度學海築夢暨海外職場體驗計畫共同主持人
多元就業開發計畫－推動社會企業計畫主持人
8 字形襪底運動襪創新研發輔導計畫(2)計畫主持人
8 字形襪底運動襪創新研發輔導計畫(1)計畫主持人
帝元食品有限公司創新研發申請輔導計畫計畫主持人
產業升級與服務創新計畫共同主持人
產業升級與服務創新計畫共同主持人
臺中市纜車用地取得法律顧問計畫共同主持人
The standard time to formulate and internet marketing project 共同主持人
103 年度學界協助中小企業科技關懷計畫專案輔導－織襪產業診斷與創新聯盟技術整合輔導專案共同主持人
人力資源提升計畫共同主持人
102 學年度補助大專校院辦理就業學程計畫－物流與行銷企畫就業學程共同主持人
TTQS 訓練品質系統導入計畫計畫主持人
102 年度學界協助中小企業科技關懷計畫專案輔導－導入智慧供應鏈技術提升生產與倉儲作業效率計畫共同主持人
智羽科技品牌創新設計與行銷計畫共同主持人
102 年度產業園區廠商升級轉型再造計畫學校協助產業園區專案輔導計畫－全興工業區產業技術升級、服務創新與人才培育之輔導服務計畫共同主持人

喫茶小舖有限公司社會行銷競賽計畫共同主持人
奕聯企業有限公司－電子商務規劃產學合作案計畫主持人
福興鄉毛巾產業臺灣柔冠有限公司之作業流程分析技術創新
與顧客關係管理即時回應機制建構計畫主持人
奇巧調理食品股份有限公司－電子商務規劃產學合作案計畫
主持人
雅方國際企業股份有限公司－電子商務規劃產學合作案計畫
主持人
邦寧股份有限公司－電子商務規劃產學合作案計畫主持人
高鋒針織實業（股）公司之技術創新－內部作業流程之改
善、多元營銷通路之拓展與自有品牌形象之塑造計畫主持人
奈米吉特國際有限公司－整合行銷規劃產學合作案計畫主持人
奈米吉特國際有限公司之技術創新－自有品牌形象之塑造、
網路行銷平臺之建構與多元營銷通路之拓展計畫主持人
怡饗美食股份有限公司之技術創新－改善內部作業流程與建
構即時回應機制計畫主持人
農業創新經營組織類型與發展研究－農業創新經營之診斷與
輔導共同主持人
臺灣與德國農業經營促進農村活化策略之比較研究共同主持人
拓展國產水果團購新興通路之研究共同主持人
臺灣有機生活協會第三屆顧問
彰化縣政府標案與多年期計畫審查委員
美國 Marin Export & Import Inc.業務顧問

普發工業股份有限公司行銷管理顧問

南投縣數位機會中心輔導計畫輔導師資

奈米吉特國際有限公司行銷顧問

波菲爾髮型美容公司企業管理顧問

臺中市青年創業協會會務顧問

臺灣有機生活協會第二屆顧問

果子創新股份有限公司經營管理顧問師

臺灣連鎖加盟創業知識協會經營管理顧問師

菓子禮咖啡食品屋經營管理顧問師

糖姬輕食冰品館經營管理顧問師

玩豆風坊公司經營管理顧問師

朝陽科大育成中心進駐廠商「馳寶科技有限公司」專業諮詢
與輔導顧問

朝陽科大育成中心進駐廠商「忠勤科技股份有限公司」專業
諮詢與輔導顧問

朝陽科大育成中心進駐廠商「明葳科技股份有限公司」專業
諮詢與輔導顧問

朝陽科大育成中心進駐廠商「尚星科技有限公司」專業諮詢
與輔導顧問

朝陽科大育成中心進駐廠商「育智電腦有限公司」專業諮詢
與輔導顧問

朝陽科大育成中心進駐廠商「金匯鑽有限公司」專業諮詢與
輔導顧問

Retailing Management
A Modern Approach
Chain Store Service Technician Certification

朝陽科大育成中心進駐廠商「明葳科技股份有限公司」專業
諮詢與輔導顧問
朝陽科大育成中心進駐廠商「浪漫故事國際顧問有限公司」
專業諮詢與輔導顧問
奕聯企業有限公司國外事業部顧問
欣昀生技有限公司國外行銷部顧問
雅方股份有限公司電子商務經營管理顧問師
奇巧股份有限公司電子商務經營管理顧問師
柔冠股份有限公司電子商務經營管理顧問師
天翰創新育成有限公司輔導顧問
移動國際貿易有限公司輔導顧問
騰傲國際顧問有限公司輔導顧問
玉豐海洋科儀股份有限公司輔導顧問
彰化縣秀水鄉馬興社區發展協會指導顧問
臺中市北區賴興社區發展協會顧問
小春餐飲事業股份有限公司企業管理顧問
臺中市企業創新發展協會顧問

蔡清德

學歷｜國立臺灣大學農業經濟研究所（碩士）

現職｜臺灣美食技術交流協會祕書長

　　　農產品、食品流通業行銷管理與營運企劃

經歷｜國立臺中科技大學商設系兼任講師

　　　朝陽科技大學行銷與流通管理系兼任講師

　　　嶺東科技大學企業管理系兼任講師

　　　2018 年經理人雜誌評選百大 MVP 經理人

　　　國家發展委員會（國發會）地方創生專家輔導委員

　　　教育部 109~111 年度大學社會責任實踐計畫(USR)審查委員

　　　行政院農委會水土保持局大專生洄游農村二次方輔導業師

　　　行政院農業委員會百大青農輔導陪伴師

　　　嘉義縣政府國本學堂輔導業師

　　　臺中市政府摘星計畫輔導委員

Retailing Management
A Modern Approach
Chain Store Service Technician Certification

胡政源

學歷 | 嶺東科技大學企管系　副教授

國立雲林科技大學管理研究所　博士

國立政治大學企業管理研究所　碩士

國立成功大學都市計畫學系工　學士

經歷 | 曾兼嶺東科技大學經管所所長及企管系主任、嶺東企管系（科）主任、實習就業輔導室主任；國立雲林科技大學、靜宜大學兼任教師、企業界經營管理輔導顧問 20 餘年。

著作 | 出版專書 14 本如下：

1. 品牌管理－廣告與品牌管理

2. 品牌行銷

3. 品牌關係與品牌權益

4. 顧客關係管理－創造關係價值

5. 行銷研究－市場調查與分析

6. 零售管理

7. 現代零售管理新論

8. 企業經營診斷－企業實務專題研究之應用

9. 企業管理綜合個案研究暨實務專題研究

10. 企業管理綜合個案研究

11. 人力資源管理－理論與實務

12. 人力資源管理－個案分析

13. 科技創新管理

14. 企業研究方法

目錄

CONTENTS

Retailing Management
A Modern Approach
Chain Store Service Technician Certification

01 CHAPTER

零售與門市管理　1

1.1　門市營運趨勢與概論　2

1.2　零售與連鎖管理　14

1.3　價格設定策略　27

1.4　門市營運與財務管理要點　54

1.5　店長營運角色與責任　59

案例分享　UNIQLO 的經營策略　62

練習試題　68

02 CHAPTER

門市商品管理　79

2.1　貨品陳列定位管理　80

2.2　商品組合思維　87

2.3　商品進銷存管理　93

2.4　商品系統化管理　102

2.5　商品採購管理　110

案例分享　星巴克(Starbucks)的經營與現況　120

練習試題　124

03 CHAPTER

門市銷售管理　133

3.1　門市作業要點與技巧　134

3.2　門市程序與作業　143

3.3　服務態度與原則　150

3.4 面銷與促銷計畫 160

案例分享 85 度 C 咖啡的銷售特色 169

練習試題 174

門市人力資源管理 185

4.1 人力資源規劃與配置 186

4.2 人力資源任用與教育訓練 194

4.3 人力資源管理與績效評估 206

4.4 離職人員互動 215

案例分享 黑貓宅急便的發展與未來 217

練習試題 223

門市營運計畫與管理 231

5.1 營運與績效評估 232

5.2 門市輔導與管理 240

5.3 店務溝通與營運稽核 254

5.4 內控品質管理 260

案例分享 石二鍋的營運與管理 267

練習試題 273

門市商圈經營 283

6.1 商圈經營管理 284

6.2 商圈市場調查 292

6.3 商圈立地規劃 296

案例分享 Tasty 西堤牛排的營運與管理 316

練習試題 321

顧客服務管理　331

7.1　顧客服務管理　332

7.2　顧客服務作業　335

7.3　顧客滿意指標與評量　342

7.4　顧客關係建立與客訴處理　347

案例分享　MUJI 無印良品的營運與管理　359

練習試題　363

危機處理　373

8.1　門市、人員財產安全管理　374

8.2　災害處理應變　375

8.3　緊急事件處理　381

8.4　職業道德與營業祕密遵守　386

案例分享　SUBWAY 的經營與管理　392

練習試題　396

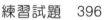

企劃書寫作題型分析　411

9.1　企劃書寫作題型分析與研究　412

9.2　企劃書撰寫要領與模擬演練　418

術科測試－實務問答口試　439

第一題型　流通知識與相關法令　440

第二題型　門市經營管理實務　466

第三題型　危機管理與應變對策　485

參考文獻　505

01
CHAPTER

零售與門市管理

1.1 門市營運趨勢與概論
1.2 零售與連鎖管理
1.3 價格設定策略
1.4 門市營運與財務管理要點
1.5 店長營運角色與責任
案例分享 UNIQLO 的經營策略
練習試題

1.1　門市營運趨勢與概論

1.1.1　零售業發展背景

　　由於工商業的發達，在行銷過程中，實體分配的分工越來越細，所需交易的次數也多，為了節省大眾消費採購的時間首重簡化交易，因此便有零售通路的出現。由它匯集了各地區各種產品於一地，使消費購買者可以在同一地點與時間購買所需要的各式各樣產品。

　　銷售門市為了獲得更多的利益，因此聚集了各地、各種產品，供消費者購買選擇享用，使得社會即可享受大規模生產之利益，又可滿足消費者日新月異、千變萬化的愛好與選擇，零售業因此應運而生。

　　我國自古以農立國，所以早期各界並不重視商業，商人在國人的心目中地位很低（士農工商），尤其零售業的從業人員被視為一個商販而已。因此零售業在我國一直都是以兼業、業餘的性質出現。通常都是家庭式的，由婦女、老人看店，而青年人、男人出外工作，商店收入並不是家庭中主要收入，只是貼補家用而已，所以都抱著賣多少、算多少的心理，銷售的方式也都是完全被動的等顧客上門，這就是臺灣早期(1950~1960)傳統零售業。

　　傳統零售業一直是我們零售業的主流。直到 1970 年代後，隨著工商業快速發展，為了配合產銷活動快速運轉，產銷通路需達到暢通，此時，不僅零售業的家數有急劇的增加，而且在零售業經營上也有很大的突破。

1.1.2　零售業的現況

1. 目前的零售業，可以算是一種混合式的商業。一些商店幾乎與百貨商店或者折扣商店沒什麼差別，一些折扣商店出售雜貨便能成為百貨商店或超級市場，出售的商品種類不勝枚舉，例如家庭設備、藥品、普通商品等，總之每種類型的零售商之間的界線已不十分明顯。

2. 零售業有許多新的潮流，例如顧客消費習性的改變、收入的增加、同時競爭性之趨於激烈、技術性的革新等，皆足以促成新的發展，目前零售業現況有以下歸納：

(1) 有些零售業是相對穩定的，國內有許多的零售店對物交易時有限範圍的零售性質，如零售食品及衣服零售店。

(2) 傳統零售對新興零售商有所警惕，新來者不久即成為零售制度中之穩定者，如百貨連鎖商店、便利商店以及折扣商店等。

(3) 零售機構之發展是進化性的，而非革命性的，消費者嗜好方面即使改變也是由於不能控制變數之改變如政治環境等；未來傳統的零售者將不得不作迅速的與帶戲劇性的改革，這種情形可能正在醞釀中。

1.1.3 臺灣零售業發展現況

（一）產業發展改變

　　近二十年來臺灣消費型態快速改變，工業化、都市化及財富累積，提高了人民及企業對三級產業－服務業的大量需求，如休閒旅遊、洗衣、美容、餐飲等，再加上自由化與國際化的推動，促使各種行銷等現代化技術與觀念的引進，讓服務業的生產與行銷等經營模式走向多元化與專業化的發展，其中又以零售業中的連鎖、多種業態、資訊技術等方面發展最為快速，快速提升了整個服務的質與量。

　　臺灣施行週休二日（每週工時 40 小時）與新職場就業者重視工作與休閒的平衡，臺灣諸多產業導入觀光工廠或產區深度之旅，促使六級產業快速發展（一級農產品×二級加工品×三級服務行銷），由產區直接帶動零售行銷方式的改變。

（二）業態區分

我國的變化過程，主要是由 1970 年代的綜合型營運開始興起，如百貨公司、大型綜合零售的出現，到 1980 年代進入專門化發展，各式專門連鎖店、超市、便利店、自助式家庭用品中心、外食連鎖等發展，及 1990 與 2000 年代後朝業態細分化發展，包括如複合店鋪、單品店、生活題材館、無店鋪販售、產地直銷、家庭購物等不斷出現。現今我國的零售業已融合了各式各樣的零售型態，不論是傳統市場（軍公教、個體超市、傳統店、學校、餐飲、盤商、行口等），到無店鋪販售都有其生存的空間，以滿足各種不同消費者的需求，未來最被看好的則是結合休閒娛樂的大型購物中心與網際網路線上購物這兩種經營型態，許多企業也正積極投入發展。

（三）資訊科技的運用

零售業資訊科技運用狀況：

1. 臺灣政府為促進產業升級，1990 年以來就大力推動商業自動化，首先針對的是綜合零售業（百貨公司、量販店、超市、便利店等），主要的科技包括加值型網路(Value Added Network, VAN)、商品條碼(BarCode)與 POS、電子訂貨系統(Electronic Ordering System, EOS)及電子資料交換(Electronic Data Interchange, EDI)。已採用的業者對經營能力，與商業價值（如銷貨金額成長率提供、現金流量／效益、資本報酬率等）有獲得顯著成效。

2. 在零售業資訊科技運用發展方面，政府正積極推行所謂網際網路商業應用計畫，該計畫一方面持續推動過去 QR／ECR 計畫，包括如庫存管理、品類管理、自動補貨、商品資料庫、銷售情報資料庫等，尤其是要促使業者間互信與共同合作來提升整個產業的經營效率，另引介網際網路開放性的平臺做為上下游整合、情報共享的最佳工具，預期將使零售業再一次的升級。

1.1.4　零售市場之分析

（一）市場地區分析

　　臺灣零售商在新銷售據點的設立上，企業型態已不斷地變遷，內環城市衰退了又被重建，中心商業地區也失去其吸引購物者的能力。零售地點型態變遷的原因有下列數項：

1. 都會中更富裕、更年輕的消費者遷移到郊區，引起消費者空間安排之移動。年紀較大、較窮的群體維持落後的狀態，並且缺乏支持較複雜零售結構的購買力。

2. 遷移到郊區後引起生產方式及購物習慣的改變。

3. 零售業經濟規模之向上移動，使得越來越少及越來越大的商店必須在郊外尋求更大的空間及較低的租金。

4. 企業互動及配銷型態的變遷（例如：批發業）已不再集中於市中心，影響到市場地區實際吸引力的其他趨勢：

   (1) 返回城市內部(Gentrification)：當許多年輕專業人員回到都市內部而形成新的居民後，變形成都市復興的情形。

   (2) 縮小規模(Downsizing)：不動產成本節節上升及市場限制越來越多，使得購物中心開發者及零售商從相同的空間或甚至較小的空間，獲得較大的財務報酬。

   (3) 多層及多用途購物中心：由於土地成本的上升，區域的購物中心已不再能夠從事低密度的使用。

   (4) 都市更新(Urban Renewal)：發覺低度服務的鄰近地區。零售商經常會在低度服務的鄰近地區發現有利的市場，並吸引許多顧客。

　　以上都市地區的生態與趨勢，說明了零售商在都會地區從事地點決策時之複雜性。地區吸引力決定於人口的特性、成長的潛力、土地使用的型態、以及競爭的本質及強度。

（二）競爭的評估

　　為了要瞭解市場供給及需求之各種層面，管理階層必須對於競爭的本質作深入分析。可以採下列許多層面來衡量：

1. 每人商店數。　　　2. 整體商店數。　　　　3. 每人銷售空間。

　　各市場地區類型之間的競爭，係這種分析的關鍵性因素。根據各地商會、地區實體調查及個人觀察資料，管理階層可以擬定完整的競爭計畫。

1.1.5　臺灣零售業之環境與發展

1. 政府積極改造商業的現代化和整體環境的提升，自從 1990 年大力促進商店的資訊化和自動化，從經營管理方面改進並致力於「促進商業全面升級，全力推動商業現代化、自動化」，依據零售商手冊(1983)訂立重點做為參考：

   (1) 推動商店街以擴大商業區的範圍。
   (2) 商店管理電腦化、條碼化、資訊化。
   (3) 鼓勵認證「優良商店」。
   (4) 改善服務內容強調顧客導向。
   (5) 強化商業人才素質加以培養訓練。
   (6) 重視消費者權益的保障。

2. 臺灣的便利商店與日本的便利商店環境作比較可發現，在日本，便利商店的普遍性極高每 2,450 人就有 1 家便利商店，臺灣大約在 2005 年左右就超越日本躍居全世界之首，臺灣經濟部統計處表示，截至 2019 年，全臺 4 大超商（統一、全家、萊爾富、OK）總店數已達 1 萬 1429 家，平均每 2,062 人就有 1 家便利商店，密度全球居冠。由此數據可知，臺灣的便利商店市場似乎要再擴充的機會不高。

　　由此可證明，零售商除了需掌握零售環境的變遷及本身策略外，更應把握行銷策略來因應環境之變遷。臺灣零售業發展的新走向，可分以下六點：

(1) 規模兩極化。　　　　　　(2) 經營多元化。

(3) 所有權集中。　　　　　　(4) 聯合經營。

(5) 國際化。　　　　　　　　(6) 無店鋪零售業持續發展。

1.1.6　店鋪零售商

　　有店鋪零售商，又可依服務的多寡、產品線的深度、廣度以及零售價格之高低來加以分類。

(一) 依服務的多寡

　　零售商提供服務的項目，完全服務者可多達數十種，而零售商依服務多寡分為：

1. **自動服務零售商**：自動服務、成本較低、價格較低、折扣商店。

2. **有限服務零售商**：有限服務、營運成本稍高、價格也稍高。

3. **完全服務零售商**：完全服務、成本較高、價格較高。

(二) 依產品線的深度和廣度加以分類

　　依此分類，可將零售商分為：

1. **專賣店(Specialty Store)**

　　產品線狹窄，但產品線內產品種類齊全。依產品線之寬窄程度，又可再細分為單一產品線商店(Single-Line Store)、有限產品線商店(Limited-Line Store)及超級專賣店(Super Specialty Store)，由於目標行銷興起，專賣店將日益普及。

2. 便利商店(Convenience Store)

規模較小，開設在社區附近，營業時間長，假日不休息，銷售周轉率高之便利品為主，全家便利商店、7-Eleven 便是典型代表，產品售價較高，顧客係滿足臨時性、便利性之需求為主，消費者也願意接受較高的價格購買。

3. 百貨公司(Department Store)

銷售多種產品線，且每一產品線均由獨立部門來經營。精確的目標市場選擇，增強賣場設計的魅力，加強產品規劃能力及對廠商進貨成本之控制，方能提升百貨公司之競爭力。

4. 超級市場(Supermarket)

以大賣場、低成本、薄利多銷、自助服務等方式來經營，用以滿足消費者對食品、洗衣用品、家庭用品的需求。

5. 量販賣場（折扣賣場）(Hypermarket)

是一種巨大型的超級商店，結合了超級市場及倉庫零售。

6. 服務業零售商(Service Retailer)

係指提供專業服務的零售商，包括食、衣、住、行、育、樂各類服務之專屬服務零售商。

（三）依相對價格高低來分類

一般零售商均以一般價格提供平均品質的產品或服務。但有些零售商以低價為特色，吸引顧客。

以較低價格來吸引客戶之零售商有下列幾種：

1. 折扣商店(Discount Store)

對銷售標準化之一般產品，其售價較低，追求薄利多銷之目標。常以服務少、租金低、交通便利、停車方便、倉庫式的設施來經營。

2. 廉價零售商

　　廉價零售商以低於一般批發商進貨，並訂定比一般零售價為低的價格，銷售過剩的存貨或零碼之產品，又可細分為三種：(1)獨立廉價零售商；(2)工廠直銷廉售店；(3)批發倉庫。

3. 型錄展示店

　　型錄展示店主要是利用展示中的商品型錄寄發給客戶，顧客先從展示之商品型錄來訂貨，然後到店中提貨區去提貨。

1.1.7　無店鋪零售商

　　有些零售交易的完成，並不需在零售商店中完成，即所謂無店鋪零售。無店鋪零售包括有直接銷售(Direct Selling)、自動販賣(Automatic Vending)和直接行銷(Direct Marketing)。

1.1.8　零售業之環境及變遷

　　零售業之環境及變遷，有下列三項：

（一）環境變化

　　由於所得水準、教育程度及資訊的提高與快速傳播，使得消費者的需求品質逐漸提高，另外加上政策的鼓勵、科技進步等因素的影響下，讓許多新業態、新業種相繼出現，若業者不能及時發現環境中的機會與威脅，並作出適當策略以因應競爭劇烈的產業環境及變化快速的消費者需求，將被時代遺棄。

（二）環境趨勢

　　環境趨勢有下列七個項目：

1. 綠色地球

　　消費者意識到地球環境汙染嚴重，並開始注重產品是否會危害人們未來的生活環境，因而興起以環境保護的趨勢，消費者要求零售商販賣的商品不可破壞地球生態，亦即未來所有的零售商必須做好為地球生態把關的角色。

2. 新鮮與營養食品的改革

　　消費者在採購食品類的商品最注重的是新鮮度與食品的成分是否健康、是否符合個人對營養的攝取的需求等，因此未來零售商勢必將只販售具備合適營養內容之食品。

3. 人力資源的優勢

　　零售商將「人」視為業績成長的重要資產之一，也將之視為組織機構的中心基礎，因此將授權視為建立互相信任的最終目標。

4. 勞動力短缺的問題

　　高素質人員短缺，因此，合適的招募、訓練、考核已形成企業迫切重視的議題。

5. 資訊流動

　　現今是處於資訊爆炸的時代，所以各個零售管理者致力於維持資訊於最佳狀況；透過電腦、網路用以行銷之科技也將在未來盛行。

6. 所有權變更

　　業者需面臨大財團承接或併購，這透露出未來將是以長期經營的大公司較有競爭優勢。

7. 人口變遷

　　人口分布組合和環境的變遷、生活的方式將會直接影響零售商在訂立策略的成敗。

（三）零售業的發展與變遷

零售業的發展與變遷有下列五項：

1. 規模兩極化

係指今後的超大型零售商和小型的零售商將繼續成長，而中型零售商於上無法與大型零售商競爭市場；於下也將無法與小型零售商做抗衡，所面臨時的衝擊可能導致中型零售商退出市場。

2. 經營多元化

現在的消費者有著多面向的需求，加上時間的不足造成一次購足的需求，造成零售商提供的服務便必須要日益廣泛。

3. 聯合經營

零售商為了經營效率及確保商品來源，所以和製造商必須保持密切的關係，而透過連鎖經營途徑可有效加強其與同業的競爭力。

4. 國際化

指外人投資，國外零售業可經由投資合作進入國內市場，或國內零售業去投資國外的市場；此類的合作將促進零售人員的經驗交流，間接提升競爭力。

5. 無店鋪零售型態的持續發展

型錄店、自動販賣機、傳銷、網購等各種無店鋪零售業都會對零售業帶來重大影響，加上時間限制、雙薪家庭的增加，與電視購物頻道的普及，零售業的發展有著各種新挑戰；其中又以網路購物的影響為最重要，人們只要坐在家中透過網路（或手機 APP）的媒介就可看見商品，輕鬆下單訂購後，貨品便會迅速送達。

1.1.9　零售制度的演變

零售制度的演變，從零售業壽命週期(Retail Life Cycle)的概念，可以在零售制度結構的不斷變化上獲致某些瞭解。

（一）萌芽階段

又稱作開發上市階段，在此階段，管理階層開發了新企業的概念與策略，並且企圖刺激消費者的認識與惠顧。

（二）成長階段

在此階段，零售商在新的市場上擴展。當新的商店形式流行後，零售商更增加新的產品線。

（三）成熟階段

在此階段的市場已經趨向於成熟，因此重點則轉到增加消費者的忠誠度和所謂市場區隔方面。不過也有零售商在衰退期來臨前就提早撤出。

（四）衰退階段

在此業績呈現負成長，因而有競爭者從市場退出，而能留下來的業者保有些許利潤。

零售管理者如何應付生命週期，其業務型態如表 1-1。

▼ 表 1-1　零售管理者對應業務型態生命週期的方法

生命週期 各階段的特徵	萌芽	成長	成熟	衰退
銷售額	少許	快速成長	緩慢成長	減少
利益	極少	增加	降低	微薄或零
市場的分割	少	漸增	多	少
競爭對手	幾乎沒有	增加	多	減少
商品數量	有限	增加	多	減少
經營目標 （企業的對應）	創造新的 業務型態	確保市場 地位	追求業務 活動的效率	撤銷
取向	對外	競爭	對內	

資料來源：戚大任(1988)零售企業的成功戰略

1.1.10　零售業的壽命週期

零售業的變化階段可分為四種：

▼ 表 1-2　零售業壽命週期與企業策略

階段	開發與上市	成長	成熟	衰退
競爭（行銷）策略	開發產品知名度 刺激試用與採用	擴充新市場，擬定強勁的配銷計畫，擴充產品線	降低價格以防潛在競爭者的進入；促進品牌忠誠度及較高的使用頻率。改善生產及配銷效率。擴充配銷通路及強化代理商的關係	刪減促銷費用，減少顧客服務，降低品質。混合的價格決策：價格可能上升、不變或下降。退出市場
競爭之本質	不顯著	許多小型的進取競爭者進入市場	當較弱的競爭者撤出後，留下較少但較強的競爭者	競爭者數量減少。留下來的也變得較弱勢
行銷支出	甚大	大	中等	甚小

資料來源：胡政源，《零售管理》，新文京，2003

1.1.11　零售制度創新之理論

隨著科技與時代越來越發達，新的理論、新的說法也與日俱增。人與社會不斷的在改變，相對的，任何事務也就會隨著社會而變，以下是零售管理的新理論。

零售業輪迴理論之假設具有下列四項要素：

1. 具有創新性之零售機構：係以低價位的訴求來滲透所有的零售系統。

2. 新的零售機構透過商店服務的減少與商店裝潢品質的降低，達到營運成本及商品價格下降。

3. 新的零售機構一旦在零售系統中穩定後便可從事營運升級。

4. 零售機構的升級又使創新的零售機構有機可乘。

某些零售方面的觀察家認為，精明的零售商為了維持競爭優勢，會跟進特定的市場定位，因此此種零售輪迴理論的推移是遲緩的。

▼ 表 1-3　零售業的輪迴理論

問世階段	升級階段	式微階段
最新的零售商	傳統零售商	成熟零售商
低姿態	設施優良	頭重腳輕
低價位	預期的、主要的與特別的	作風保守
最低限度服務	服務	投資報酬率下降
設施簡陋	租金較高的地點	
產品種類有限	時髦導向	
	高價位	
	產品種類繁多	

1.2 零售與連鎖管理

1.2.1　零售商之意義

　　零售商(Retailer)是將產品及服務銷售給消費者做為個人及家庭消費的企業。最主要的功能就是將產品或服務直接銷售給消費者，以供其使用，並努力追求最終消費者的滿足，在一般的配銷通路之中是屬最末端者。

　　零售商的特質有三點：

1. 平均每筆交易金額都較製造商小。

2. 零售交易中，消費者的購買常未規劃。

3. 顧客通常是到店中購買。

1.2.2　零售業之意義

　　零售業的行銷主要是在消費者居住生活的消費地，將製造業者的商品經由批發業送達，一面給予消費者最大的滿足，一面有效率的進行商品與貨幣的流通，其和顧客接觸的原則是透過引誘型的店鋪銷售來進行。零售業的商品業務是：採取計畫→採購→庫存→銷售→下一個計畫的循環。零售業雖然是以最終消費者或使用者為對象來銷售商品，但有時也從事批發工作。

1.2.3　零售業之功能

　　零售業居於生產商與消費者中間擔任媒介及分配的角色，然而商品由生產商分配到最終消費者之間，其途徑有許多種。由此觀點探究，零售業之功能應包括以下八種：

（一）市場情報提供功能

　　透過各地零售商品銷售狀況，瞭解消費者的需求動向與喜好。

（二）商品分配功能

　　生產商生產的商品，零售業者需負擔運送、儲存與分配的風險。

（三）商品儲存功能

　　零售業一般須有商品陳列、展示，並於現場供應消費者選購。

（四）售後服務功能

　　零售業提供商品知識、情報、修理、維護等售後服務的工作。

（五）商品開發功能

　　因瞭解消費者的需求，對商品的進貨選擇有所依循。

（六）購物環境提供的功能

提供場所設施、展示陳列商品，消費者有更多選擇來比較及購買。

（七）分擔生產商風險的功能

零售商是生產商的夥伴，協助生產商達成銷售目標。

（八）分裝商品，便利購買功能

大量進貨後，分散出售，消費者得以合理購買消費。

1.2.4 零售業市場機能

零售業的成長發展，需分別加強八種要素和綜合系統以為保證。創造顧客就是行銷的最終目標，以八種市場機能為內容的銷售組合才是唯一的萬全之策，這也就是我們所瞭解的零售業行銷。

1. 商品選擇機能。
2. 物品種類組合機能。
3. 庫存維持機能。
4. 位置提供機能。
5. 資訊提供機能。
6. 便利提供機能。
7. 環境形成機能。
8. 公共機能。

1.2.5 零售業的合作經營

零售業行銷的體系由前面的八種機能組成，零售業的特性也必須加以重視，即由多家企業合作的「合作經營活動」。大規模零售業若需廣設於各地就使這種限制條件更為明顯，並逐漸擴大了差距。若要克服這一點只有推動合作經營才是上策。

1.2.6　零售業的特質

　　製造業、批發業和零售業的個體行銷，其特性和內容當然有所差異。製造業的行銷是以「開發與計畫符合需求的優良產品」為主，並輔以其他各種工作。因此，即使屬於相同的商業機構，批發業和零售業的行銷機能內容仍有相當大的差異。

（一）現金交易

　　消費者均以現金（塑膠貨幣）交易為多。

（二）商品種類多，周轉率高

　　一般係以日用品為主，為滿足消費者日常所需的多樣商品種類，加上金額不大，又是消耗財為主，所以商品周轉率高。

（三）零售業直接和消費者接觸，其店址決定，關係重大

　　由於零售業是以附近顧客為主，即使零售業本身規模大小不同，但仍舊不離消費者到商店購買的模式。

（四）營業時間長

　　為配合消費者起居作息時間，有些零售業的一般營業時間，甚至有24 小時。

（五）服務也是零售業附帶出售的商品

　　零售業出售的商品，大都是有形的商品，但因消費者在購買過程中和商店服務人員有所接觸，因此服務人員的態度好壞，影響商品銷售的成功與否。

1.2.7　零售商之區分

　　零售商提供如下的零售功能：

（一）多樣化的產品或服務

產品分部門陳列，不同的品牌、外型、大小、顏色、價格供消費者選擇及參考。

（二）包裝縮小銷售

通常製造商或批發商都以整箱、整袋將商品轉賣給零售商，小包裝可配合消費者、家庭主婦的需求。

（三）以存貨因應消費者之需求

消費者不須在家中儲存過多的存貨，在需要時，皆可在零售商處獲得滿足。

（四）服務的提供

提供消費者能夠現場試用、先享受後付款、對於商品問題得以現場諮詢等相關服務，之後還有送貨到家或免費維修，讓消費者買得更便利、更放心。

1.2.8　大規模零售業的優點

社會的變遷、經濟市場活動的急遽變化及國民生活水準的提高，促使消費者對購物的要求也跟著提高，使得國內零售業的經營型態也隨之改變，許多大型零售業的崛起更進一步取代了一些傳統的小型零售業。大規模零售業的優點如下：

1. 大規模零售業者擁有較大的購買力，因此可直接向廠商進貨，獲得較大折扣節省單位貨品之儲運費用。

2. 大規模零售業者可獲得專業化之利益，將甚多工作予以分工，任用專才或專門設備以從事採購、推銷或會計事務，效率較高。

3. 推銷力量較為宏大，可以利用大眾傳播媒體從事廣告，而不致發生大量浪費情況。

4. 採行垂直或水平整合之能力較強，可自設工廠生產或製造，以獲得較大利潤。

5. 擁有較雄厚之資力，在投資方面，無論利用自有資金或外借資金，均較容易。

6. 便於從事創新或研究，由於其規模較大，資力較雄厚，故能採行新觀念或新方法，或支持有關之研究。

1.2.9　小型零售業之連鎖方式

小型零售業如能採連鎖經營，不但可以得到大規模的優點，也可以兼得小型零售業較具彈性、較富人情味、較易培養個人關係等優點。小型零售業的三種連鎖方式如下：

1. **企業連鎖系統**：此即若干相同性質之零售商店，分布於不同地區，但具有共同所有權。

2. **契約式連鎖**：由若干零售商共同投資設立一中央機構，負責共同之採購、儲運等工作。

3. **自動連鎖**：以批發商店為中心，各獨立零售商，經由協議，同意向某一批發商店共同採購所需貨品之相當數量，而此批發商亦同意提供各參加份子的各種服務。

1.2.10　零售業經營管理與零售管理

零售管理(Retailing Management)係指各種能夠增加產品及服務附加價值的商業活動，並引導產品及服務銷售給消費者，提供有形的商品或無形的服務以供其個人或家庭消費之用。

零售業經營管理，可從經營之準備、經營之挑戰及經營趨勢等三方面加以探討，並歸納為 8P、8C、4C 等要點。

（一）零售商店經營的準備→8P

1. **商圈(Place)**：尋找消費者所在的範圍，估算未來可能的消費額，從中選定地點。

2. **商店(Physical Device)**：以適合商品和消費者品味的裝潢、布置來裝飾店面。

3. **商品(Product)**：以電腦化、自動化為原則，以利管理。

4. **採購(Purchase)**：與廠商建立良好關係以確保資源不短缺。

5. **訂價(Price)**：在最大利潤與消費者可接受的金融中取平衡點。

6. **促銷(Promotion)**：適時實施各項促銷活動以增加占有率和銷售量。

7. **顧客(People)**：顧客至上。

8. **人員管理、事物流程(Process)**：培養人員之專業技能的精進。

（二）零售商店經營的挑戰→8C

1. **競爭者(Competitor)**：與其經營同一事業且目標市場一致。

2. **消費者(Consumer)**：以金錢來換取商品或服務的需要者。

3. **成本(Cost)**：提供商品或服務所要付出的代價。

4. **通路(Channel)**：保持商品在運送時的迅速、確實。

5. **資訊網路(Communicating)**：快速、正確的取得資料訊息才能因應這瞬息萬變的市場動向。

6. **變遷(Chang)**：掌握消費者喜好的動向，藉以改進。

7. **顧客滿意(Customer satisfaction)**：顧客至上。

8. **持續改變(Continuous Improvement)**：無論是商品或服務都得不斷的改進、創新。

（三）營業上所必須面臨的趨勢→4C

1. **經營成本的膨脹(Cost)**：商品採購成本的提高及經營費用的上升。

2. **競爭的激烈化(Competition)**：隨著經濟環境的成長及消費環境的變遷，將面臨激烈的競爭。

3. **顧客意識、行動的變化(Customer)**：國民所得及生活水準的日益提高，消費大眾對於消費上「質」提升的要求，將受到關注。

4. **消費者主義更受重視(Consumerism)**：配合生活水準及消費意識的變遷，對於消費者權益的保護，將為政府有關機構或消費者保護組織更加重視。

1.2.11　市場結構

在零售市場結構(Retail Market Structure)之內，最終消費者所面對的是一組由零售商組織、商品及服務所組成的複合體。而表現零售商之間相同性與相異性則為具有策略關聯性行為(Strategic Relevance)之各種不同層面。零售市場結構必須滿足下列條件，才算是通過策略關聯性之測試：

1. 提供零售業洞察競爭者策略分析工具及具有競爭優勢之基礎。

2. 指出結構性之問題與變化。

3. 改善市場定位策略。

4. 提出零售業行銷策略方面應作之調整－尤其是那些涉及服務與商品組合、訂價、地點、商店型態與銷售技巧之行銷策略。

零售市場之結構可以用許多不同的方式來表示（圖 1-1 三種不同的零售結構分類法）。分析者的目的與用途便決定了何者為適宜的分類架構。

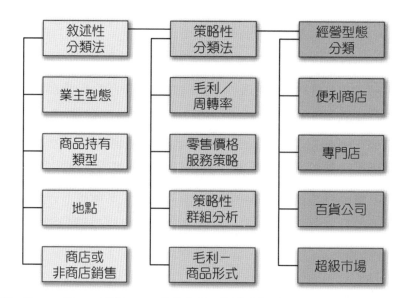

資料來源：Mason, Mayer, Wilkinson，陳明杰譯，《零售學》，前程文化

▲ 圖 1-1　三種不同的零售結構分類法

1.2.12　敘述性分類法

敘述性分類法(Descriptive Classifications)的項目包括業主型態、商品持有類型、地點及商店或非商店銷售等。茲分述如下：

（一）業主型態

就業主型態而言，零售商可分類為：

1. **獨立商店**：係指具有單一商店之獨立經營者，需仰賴老闆身兼管理者之能力來決定各零售相關決策，管理者亦能直接與消費者接觸。

2. **連鎖店**：係指在共同所有權及控制下之多重零售單位。

3. **製造商**：有些製造商從事前向整合，基於下列理由，擁有自己的銷售據點：

(1) 所有權提供最有利的配銷方案。

(2) 希望在配銷上獲得全部所有權。

(3) 試驗各種商品計畫方法與產品的創新。

4. **政府機構**：政府經營零售業之主要目的，在於透過所有權來達到限制酒類配銷之社會目標。

5. **農民**：如季節性銷售據點（農民市集）。

6. **公用事業**：從事瓦斯及電力銷售的公司。

7. **消費者**：由消費者所擁有，而由僱用的經理來經營之消費合作社。

（二）商品持有類型

以主要銷售商品形式來區分零售商。圖 1-2 係基於不同產品線商品種類及同一產品線不同商品來區分零售商。不同產品線(variety)用來表示零售店商品選擇的廣度（廣或窄）；而同一產品線不同商品組合(assortment)可用來表示零售店商品選擇的深度（深或淺）。

資料來源：Mason, Mayer, Wilkinson，陳明杰譯，《零售學》，前程文化

▲ 圖 1-2

（三）地點

政府機構、商業工會與產業顧問通常以區域、城市、購物區等地理區來編列各項零售資料（如銷售據點、平方英尺等），而各零售商則可利用此種資料，來評估特定地理區內各零售業之競爭程度與市場潛力。

（四）商店或非商店銷售

零售銷售中大部分以透過商店的銷售為主，但有的則以無商店銷售為主。圖 1-3 說明各種不同的無商店零售活動。

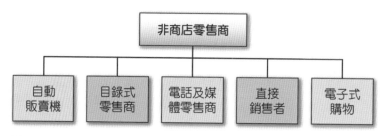

資料來源：Mason, Mayer, Wilkinson，陳明杰譯，《零售學》，前程文化

▲ 圖 1-3　各種不同的無商店零售活動

1.2.13　策略性分類法

策略性分類法是策略規劃的運用，從策略性分類架構，零售商可以獲致有利的洞察力，以協助他們擬定市場地位策略與評估市場機會。這些分類架構包括毛利／周轉率、零售價格與服務策略、策略性群組分析與毛利－商品形式。

毛利／周轉率分類

有助於瞭解財務層面之基本策略選擇。所謂毛利(Margin)係定義為零售價格與成本之差額，或商品銷售之加成百分比。所謂周轉率(Turnover)係指零售商在一年中平均存貨銷售之次數。圖 1-4 即表示各種零售業銷售據點在此種毛利與周轉率架構下之不同位置。由於毛利／周轉率策略勾畫出對顧客提供服務之商店層次策略，毛利／周轉率策略之選擇即意味著在商店與商品屬性之間作一基本選擇。

資料來源：Mason, Mayer, Wilkinson，陳明杰譯，《零售學》，前程文化

▲ 圖 1-4　毛利／周轉率架構下零售商之分類

1.2.14　零售價格與服務策略

　　學者們發展了一套較能正確反映目前市場策略分類特質之架構。如圖 1-5 該結構之兩項主要價值層面為價格與服務。

1. 象限 1 與象限 4 的情形在長期是無法存在的：象限 1 的策略對於零售商而言是不智的。相反地在象限 4 中，在面臨低服務－高價格的組合時，顧客是不會被吸引到店內購買的。就長期而言，象限 2 與象限 3 之策略最具成功的機會。近年來最普遍的策略為象限 3 之策略。

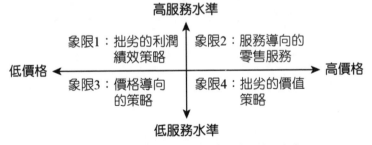

資料來源：Mason, Mayer, Wilkinson，陳明杰譯，《零售學》，前程文化

▲ 圖 1-5　零售價格與服務策略分類

2. 象限 2 之零售商係採取高價格－高服務水準的策略。這些公司知道顧客真正想要的商品與服務，因而努力以高利潤的價格來提供商品與服務。

1.2.15 策略性群組分析

策略性配對促使零售商將注意力集中在市場上所有的競爭者及其有關的層面（尤其是那些對購買者重要的層面）所從事之市場定位。

商品形式分類。零售業結構之分類也能反映出毛利與商品形式。商品形式則可以區分為功能性的與象徵性的。

1. 功能性商品(Functional Goods)具有實用性，消費者在使用這些商品時主要是用來滿足身體的需要或為了達到功能性的任務（屬於低度認同"low-involvement"的情況）。

2. 象徵性商品(Symbolic Goods)係屬於那些為滿足內在需要或自我表現的商品（具有高度認同性）。

1.2.16 經營型態分類法

經營型態分類，有下列四項：

1. **便利商店**：通常都是小型的商店，所提供的商品都很有限，但因為銷售大眾品牌的商品，並且設店地點位置適中，營業時間長。如 7-Eleven、全家等便利商店。

2. **專門店**：這種商店是專門銷售一種「商品線」，專門店比較重視店面裝潢、商品陳列，又具有專業知識，對於消費者往往提供比較完善的服務。如：中華賓士銷售中心。

3. **百貨公司**：是一部門劃分的零售機構。它供售貨色齊全的軟、硬質商品；提供多項顧客服務；銷量龐大；員工眾多且注重專業分工。如新光三越百貨。

4. **超級市場**：大型零售業的一種，是一規模龐大、部門劃分、自助方式、專售食品和兼賣其他商品的零售機構。如：全聯福利中心、臺灣楓康超市、CitySuper 超市。

1.3　價格設定策略

1.3.1　零售業訂價之意義

　　所謂價格就是金錢或其他相當物品交換得來的擁有權與使用權，但對於大部分的商品與服務，雖然因折扣的因素，價格標示不一，但金錢是主要的交易工具，從顧客觀點來看，價格是用來顯示價值，並被認定是可從產品或服務得到利益。

1.3.2　零售業訂價的定義

　　價格是一項很重要的因素，因為價格直接影響其他業者的利潤，這點可從方程式裡看出。

$$利潤＝總收益－總成本（或）$$
$$利潤＝（單價×銷售量）－總成本$$

　　更重要的一點，價格可影響銷售量，更甚者因為銷售量的多寡有時會影響公司成本，因不大量或少量生產，所以訂價是行銷主管所須面對的重要決定之一。

價格是行銷組合內重要的一環，因此，必須瞭解訂價的六個步驟：

1. 確定訂價的限制與目標。

　（限制：如產品層級、品牌、生命週期成本及競爭品牌的需求）

　（目標：如以利潤導向、市場占要率導向、生存導向）

2. 預估需求與收益。

　（需求估計、銷售總收益估計、價格彈性估計）

3. 決定成本、數量與利潤之間的關係。

　（成本估計、利潤的邊際分析、利潤均衡點分析）

4. 選擇訂價層級。

5. 設定標價或訂價。

6. 另設可調整的訂價或價格底線。

1.3.3 零售業訂價內容

　　零售訂價的方法或技巧有許多，但零售業者必須先瞭解訂價的基礎後，才能配合所需的目標來加以運用，以下就以最重要的成本面、需求面、競爭面加以討論。

（一）成本面

　　成本導向的訂價乃為實務上最廣為應用的零售訂價技術，通常零售業者是以商品進貨成本、營業費用加上欲獲得之利潤作為商品之訂價，而商品本錢與銷售價格之間的差額就是零售商的加成，亦稱為毛利。不管售價訂多高，加成仍是商品成本與售價之間的差額，其公式如下：

　　　售價－成本＝加成
　　　加成率＝（售價－成本）／售價

1. 零售價為基礎

通常加成比率都基於成本，其優點如下：

(1) 銷貨資料較成本更易取決，故以零售價為基礎計算加成，使毛利的預計更加容易。

(2) 存貨盤點須核算在庫存商品成本。因為多數商店採行的「零售價盤點法」是以零售價為基礎的加成來核算，對存貨成本的決定創一捷徑。

(3) 大多數商店按零售價計算加成，如此各店之間便可比較周轉率，毛利和淨利等資料。

(4) 對消費者而言，加成率越低，價格就越合理，按零售價計算的加成率就有這一好處。

(5) 銷售員薪資、職員紅利、租金和其他營業費用皆以銷貨為基礎計算，故加成率亦宜以銷貨為基礎。

2. 成本為基礎

過去幾年來應用前法已甚普遍，但仍有人利用以成本為基礎的加成率。不少商家卻最宜採行此法。典型之例就是果菜商，因果菜成本隨著批發市場的供需情形而有更動，在這種情況下，存貨成本並不重要，因不出幾天即全售罄，損益數字又易於決定，故最適採用以成本為基礎的加成率。

3. 採購員的計算工具

當採購員拜訪市場進行採購時，當須即刻算出商品的加成。除應用這些工具外，採購員最好也能應用數學計算加成，例如平均加成、累積加成的決定，都需要實際的計算常識。

（二）需求面

在過去製造者是商品價格的主要決定者，但處於現今消費者導向的時代，誰能掌握消費者誰就是贏家，因為消費者價值觀決定商品價格。

成功的供應商必須能提供目標顧客所需的商品，並且符合其心目中願支付之價位。

當一種產品的價格，對另外一種產品的需求量有影響時，稱之為需求之互相聯性。經濟學上以需求的「交叉彈性」說明這種交互影響的關係。如果交叉彈性是「正值」時，表非這二種產品為「替代品」；如為「負值」，則為「互補品」；若是等於零時，則表示二種產品的需求不相關。

有些產業的產品，型式很多，彼此互為替代品，例如汽車及家用器具即是。消費者往往願花錢買品質好、式樣新，或有新特點的型式；而廠商也願藉此招來顧客，或鼓勵顧客購買高價的豪華產品，此時廠商的問題是「如何對各種型式產品訂價，以求取整體最大的利潤」。

（三）競爭面

產品線中的各項產品，所承受的競爭壓力程度各有不同，對那些競爭壓力的產品，賣者在訂價方面沒有什麼伸縮餘地，但對其他產品的訂價則有較多的選擇。所以廠商不能只按產品的成本比例來訂價，因這樣做將會失去可利用不同程度的競爭壓力變動價格，以獲取更多利潤的機會。

競爭導向訂價既是以競爭情況作為計算價格的核心問題，則當產品越標準化，顧客的需要一致，或價格為市場上的主要競爭策略時，競爭導向的訂價就更重要，主要有現行價格訂價法和投標訂價法二種。「現行價格訂價」是根據競爭者的價格來訂價，較不考慮成本或市場需求；「投標訂價法」則是指投標爭取業務企業，不只有考慮成本及市場需求，還考慮競爭者會報出何種價格。

最常見的競向訂價法為採用目前市價的現行價格水準，其作法是將價格訂在產業的「平均」價格水準，所以亦稱「模仿法」，很多廠商樂於採用此法，其理由有三：

1. 當產品成本很難衡量時，以一般其他廠商的價格為訂價基礎即代表大眾集思廣益之行為，又可獲得相當報酬。

2. 所訂價格與現行市場價格一致，可維持產業和諧，不受干擾破壞。

3. 若訂價與其他同業差別很大，則顧客與競爭者將會做何種反應，很難預料，所以最好維持相近水準，以免招來不必要災害。

在競爭面的部分常以市價法為主要，其中又以下列三種方法為主：

1. 完全競爭市場

目前市價法是「同質產品」市場的訂價特點，雖然同質產品的市場結構可自「完全競爭」到「純粹寡占」，各自不同。

2. 競標法

有關重大工程、機器、武器設備供應等的購置，往往採用以公開招標的競爭方式。在此種情況下，廠商開價水準之主要考慮因素是競爭者可能開出的價格，而非考慮成本與需求之固定關係。如果所出的價格低於邊際成本，雖得標卻徒然使利潤情況更形惡化。而如果出價高於邊際成本，雖可提高利潤，但也減少了取得合約的機會。

3. 純粹寡占市場

所謂「純粹寡占」是指數個廠商完全控制市場的供給，廠商所訂的價格常與競爭者相同，但其所持理由，與上述（完全競爭）不同，由於只有少數幾家廠商主宰市場供給，彼此非常瞭解對方的價格，購買者也同樣清楚各供應商。譬如以某一等級的汽油而言，不論是中油公司或台塑公司所出產，品質都一樣。

1.3.4　對於標價的特別調整

產品面對的是上百家的批發商與零售專賣業者時，企業必須要針對不同顧客，而做不同的標價調整，當然大盤商對其零售商也需做價格上的調整。

折扣的部分有多種方式，其方法如下：

（一）數量折扣

為了鼓勵顧客大量購買某一產品，公司通常對通路的任何一階段都會有數量折扣，也就是因大量訂購會使單位成本降低。

（二）季節折扣

為了鼓勵下游購買者早一點儲存季節來到所需用的產品，製造商通常會用季節折扣。

（三）交易折扣

為了鼓勵大盤商與零售商加入公司內部系統，製造商通常都會給予通路內的成員交易折扣，這個提供給通路內的成員折扣是基於：1.這些大盤商或零售商都在製售商的通路內；2.下游廠商需要配合製造商的行銷活動。

（四）現金折扣

為了讓零售商盡早的付清款項，製造商可能提供現金折扣。零售商對顧客也有同樣的現金折扣行為，如為減少因收信用卡而延後拿到貨款的成本，商店常有現金購買即打折的政策。

（五）折讓

折讓就與折扣很像是因某種原因從標價減掉某金額。

1. 抵換折讓

一家新車的經銷商可以提供一個新車標價折讓的辦法，例如消費者本身有一輛 2000 年的 T 牌舊車，則這輛車在購買 T 牌的新車時可抵換 5 萬。所謂抵換折讓就是從新車價款扣掉舊貨抵換的金額。

2. 促銷折讓

在通路裡的任何一個買者可能因為某一促銷活動而得到促銷折讓。促銷折讓有多種不同的形式，如現金回饋或同價加量。

1.3.5　訂價策略的基礎

競爭策略是主要建立在以競爭者為中心的評估或是以顧客為中心的評估，因為這兩種評估具有差異化的優勢，許多公司便以這種差異化的優勢來與其他公司競爭，來創造其利潤。下圖 1-6 可以瞭解零售業訂價策略的基礎：

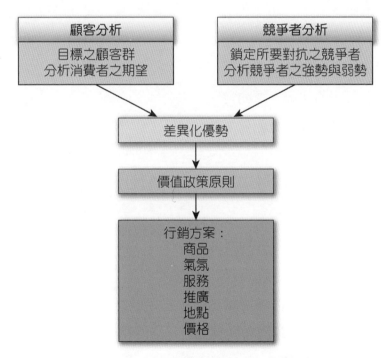

資料來源：Mason, Mayer, Wilkinson，陳明杰譯，《零售學》，前程文化

▲ 圖 1-6　零售業訂價策略之基礎

1.3.6 以競爭者為中心之訂價策略

任何的訂價決策一旦忽略了競爭者可能的反應，勢必惹禍上身；降價固然可以吸引游離分子的惠顧即使競爭品愛用者的倒戈。以競爭者為中心的訂價，應該從下列方面著手：

（一）分析競爭對手

公司若要提高市場占有率、賺取豐富的利潤所採取的分析，首先是打擊競爭對手的弱點，所以必須要調查對手其最脆弱的地方在哪裡，細分為十點，來加以分析其競爭對手：

1. 規模大或小。

2. 市場占有率多少。

3. 流通管道的支配力強或弱。

4. 特定產品部門的技術水準如何。

5. 在成本上的價格競爭力如何。

6. 自我資本比例高或低。

7. 現在的生產能力如何。

8. 業務方面的優劣性如何。

9. 銷售網的地區配置情形如何。

10. 品牌形象如何。

瞭解以上競爭對手的優劣勢之後，在分析針對我方公司所運用的戰略，對方將如何反擊或對抗，以及對方今後要運用何種戰略。

（二）競爭者資訊之取得

有一些零售商故意把價格訂的比競爭者稍微高一些，希望造成品質較高的印象。有些公司則是把價格當作競爭武器，把價格訂的比競爭者

低一些。至於競爭者的商品及品牌價格是要如何取得，可以採取一些做法如下：

1. 派遣比較性採購者。

2. 蒐集競爭者的價目表。

3. 購買競爭者之產品。

4. 詢問顧客對每位競爭者的價格與品質上的認知。

　　瞭解競爭者的價格與產品，可作為公司產品訂價的參考。假如競爭者的產品與公司的產品類似，那麼，訂價必須盡量接近競爭者的價格，否則銷售量會減少。

（三）以價值鏈分析來評估公司之競爭力

　　價值鏈分析(Value Chain Analysis)可以幫助公司管理階層瞭解產業中成本的驅策者，作為其價格領導策略的指標，因為成本驅策者是活動成本的結構性決定主要因素。當管理階層執行存貨維持、設計、布置、配銷、商品化、評估和服務支持等的功能，價值鏈分析都可以顯示成本驅策者如何去影響組織結構之成本和利潤結構。

（四）如何以非價格競爭的方式訂價

　　公司若與競爭對手進行減價戰（價格競爭）是會為自身招來損失，甚至兩敗俱傷，正因如此，再加上各供應者售賣的貨品性質相同，故除了利用減價去增加自己的市場占有率外，亦會進行非價格競爭，以使商品或服務差異化。以下將非價格競爭的政策分為六項：

1. **佣金政策**：利用支付佣金來與競爭者競爭。

2. **管道政策**：公司有自己的特殊管道，有別於其他競爭者的通路。

3. **價格發生崩潰政策**：當競爭對手破壞價格時，企業所擁有的因應對策。

4. **品質、交貨期差別政策**：利用品質或交貨期的不同來與競爭者競爭。

5. **服務差別政策**：利用公司獨有的服務來吸引顧客。

6. **重售價格維持政策**：利用重售來維持自己商品的價格不變。

（五）以競爭者為中心的訂價策略

以競爭者為中心的訂價方法說明，並將它分為三種訂價之策略：

1. 成本最小化

降低成本的方法很多，主要是有下列幾項：

(1) 價值鏈分析：逐一分析其成本特性，並尋找降低成本的方法。

(2) 價值分析：找出不能創造附加價值的活動並設法消除。

(3) 價值工程：針對產品功能，找出不損及功能降低成本的方法。

(4) 規模經濟：在產品線廣度尋求擴充，由固定成本分攤降低成本。

(5) 學習曲線：時間和經驗的累積，在產品設計上、製程改善及人工效率等方面將產生降低成本的效果。

(6) 全球運籌式產銷：在採購、製造、倉儲等活動上，配合顧客的狀況而將全球各地列入考慮，做出經濟面最有利的抉擇。

(7) 物流整合：與供應商和經銷商密切配合，提供回應顧客購買需求的速度，同時降低存貨衍生的成本。

(8) 再造工程：重新思考各項活動的作業流程，刪除不必要的事項，或是重新設計更有效率和效果的作業流程來替代。

2. 交易增進化

對於大型商品之零售商以及陷於價格競爭泥沼的零售商而言，此策略特別重要。它可以增加顧客之購買力。

3. 服務成本訂價法

服務成本訂價策略就是允許顧客選擇或拒絕某些服務，也就是說顧客可以依自己所需要的服務來支付金錢，顧客所支付的價格完全的

反應它所索取之服務為基礎。舉例來說,旅遊業者推出「自費行程」,讓消費者在「標準行程」以外可以選擇自己有興趣的部分。

(六)以競爭者為中心之訂價策略的影響

以競爭者為中心的訂價策略,涉及公司技術與資源中競爭優勢來源的確認。此種優勢可能促使公司與其他競爭者獲致較低的成本結構,進而提高其市場占有率及利潤率。

1.3.7　以顧客為中心之訂價策略

企業若要選擇以價格以外的某些東西來符合顧客的需要,就必須要有更大的創造力。要以顧客為中心的訂價策略,可從下列方式著手:

(一)顧客之間的差異

▼ 表 1-4　消費市場可能的區隔描述變數

1. 人口統計變數:年齡、性別、所得、職業、教育程度、家庭人數、社會階層、家庭生命週期、宗教、種族、國籍
2. 地理區域變數:國家、地區、縣市、氣候、人口密度
3. 心理變數:人格、生活型態
4. 行為變數:購買場所、追求利益、使用經驗、使用率、品牌忠誠度、四 P 敏感性

資料來源:葉日武,《行銷學》,前程企業

以顧客為中心的訂價策略中,尋求競爭優勢之零售商將重點放在顧客,然後推至公司的作業,以確認提高顧客之滿意度。在此種評估當中,公司認為顧客的滿意度是市場成功的關鍵,而非較低的成本。

(二)以顧客為評估的過程

以顧客為中心進行評估時,管理階層的評估係以下列問題開始:

1. 誰是顧客？

2. 他們追求什麼價值？

3. 與競爭者比較時，我們在這些屬性上的績效如何？

4. 可察覺的差異性來源是什麼？

以顧客為中心的評估在確認可以轉變為競爭優勢之價格範圍、特色、功能、市場範圍、商品及顧客接觸之差距時會有所幫助，因為公司最終的目的在於創造滿意的顧客。

（三）瞭解顧客滿意的要素

滿意的消費者會重複地購買。重覆購買可以減少商店價格戰而蒙受損失，可以讓管理階層在市場占有率沒有不良的影響下提高產品的價格，可以降低行銷成本，亦有助於提高其市場之占有率。讓顧客滿意之要素有四種：

1. **可靠性(Reliability)**：商品以可靠而精確的方法執行預期的功能。

2. **回應性(Responsiveness)**：立刻有效的服務顧客的意願。

3. **保證(Assurance)**：零售人員有禮貌地、勝任地幫助顧客建立對產品的信任和信心。

4. **關懷(Empathy)**：涉及願意瞭解顧客真正的需要，並給予正確的解答，它是一種個人化滿足需要的服務。

（四）以顧客為中心的訂價策略

以顧客為中心的訂價策略分為三種：

1. **獨一無二**：獨有的商品或服務以發展競爭優勢，其他公司無法匹敵。

2. **概念銷售**：公司除了銷售商品以外，最重要的就是銷售公司的概念。

3. **價格炫耀**：在價格光譜的上端，強調物超所值，價格並非很重要。

（五）以顧客為中心之訂價策略的影響

　　由於公司跟競爭者的產品相差不多，要超越競爭對手的話，以價格以外的服務來表現就顯得十分重要，倘若公司有著獨特的商品或服務，不但大大的增加顧客對品牌的忠誠度，也能吸引新一批的顧客來購買。

1.3.8　訂價的課題

　　由於社會的進步，現在的社會是一個科技發達的社會，而訂價策略當然也是企業經理人必須加以研究的課題。

　　有了良好的訂價策略，才能在現在競爭力強的社會中占有一席之地，善用自己公司獨特的差異化優勢，方能創造出豐富之利潤。

1.3.9　成本導向訂價

（一）習慣性

　　習慣性訂價是指零售業者為商品或服務以傳統價格作為訂價之基礎，將價格定在一般大眾所習慣的價格水準，並且嘗試使此價格維持一段時間不發生變動。例如報紙、電話費、自動販賣機等…這類商品的價格彈性通常較高，故零售商藉著建立習慣價格且使消費者認為價格合理，而減少彼此間的競爭。

（二）單一價格策略

　　又稱不二價策略，是指在相同情況下，每位顧客可以相同的售價購買相同的產品。此策略和習慣性訂價策略相似，所不同者在於前者的相同性發展於同一品牌或同一供銷體系內，而後者不分品牌或供銷體系均有相同的售價。單一價格策略可以加快交易速度，減少人工成本，允許自助式及販賣機販賣。如報紙零售 15 元一份。

（三）犧牲打訂價

零售業者為吸引人潮，刻意選擇少數幾種項目以低價格（甚至低於成本）推出。零售業者的目標是希望能夠販賣一般售價給更多的顧客，所以犧牲訂價和吸引顧客改買高價位的訂價方式不同。

（四）多數單位訂價

當顧客購買一定數量時，零售業者就給予折扣的作法即為多數單位訂價。使用多數單位訂價的理由有二：一是可以提高顧客對某一產品的購買數量，然而，若顧客買了大量產品只是儲存起來，而非消費者更多，那麼業者的銷售也不會增加；另一個理由是多數單位訂價可使零售業者清出銷售不好和將換季的產品。

1.3.10　需求導向訂價

（一）變動性

變動性訂價是指零售業者必須時常改變習慣，以便適應顧客的成本變動和需求變動。成本變動可能是因為季節性變動，如農產品的生產有季節性或相關趨勢性變動、研發的進步會使電腦越來越便宜；需求變動則常是地點的變動：如在交通不便處的零售價格較貴或時間變動：如夏天對冰品、冷氣機的需求較高。

（二）彈性訂價

准許消費者議價，使得精通議價的顧客能獲得更低的價格。使用彈性訂價法的零售商並不會清楚地寫出底價，消費者必須有進一步的資訊才能議價成功。

需求導向訂價方法包括：

1. 吸脂訂價法

　　當一家公司生產一項新產品或一項創新發明時，可用「吸脂訂價法」，此方式就是訂定顧客願意付的高額。因為新產品的顧客對其價格敏感度不高。因相較於其他類似替代品，他們覺得新產品在價格、品質及能力都可滿足他們。

　　以下四種情況搾取訂價是非常有效：

(1) 預期有足夠的顧客對最初所訂的高價位能接受而能讓公司獲利。

(2) 最初高價不會吸引競爭。

(3) 當價格降低時只會有極小的影響，如增加銷售量與降低單位成本。

(4) 顧客對其高價位的產品界定高品質。

2. 滲透訂價法

　　剛開始設定一較低價格，讓此新產品馬上得到很大的市場占有率，這個與吸脂法完全不同的方法叫滲透訂價法。與吸脂訂價法完全相反，滲透訂價法必須在下列情況下較適合：

(1) 很多市場區隔內消費者對價格較敏感。

(2) 較低的起訂價讓競爭者沒興趣進入市場。

(3) 單位生產與行銷成本在大量生產時會降低很多。

　　然而公司在使用滲透訂價之後會：

(1) 即使在介紹期間有損失，也會維持一段時期的獲利。

(2) 預期會有較多需求量，而將價格再壓低以獲得利益。

　　在某些狀況之下滲透訂價法是隨即跟在吸脂訂價法之後，一家公司剛開始推出產品其訂價較高，以吸引對價格較無敏感度的消費者，因高價位可平衡起始研發費用與推出的推廣支出。而一旦這一階段完成，滲透訂價則立即被用來吸引較廣的消費區隔而增加公司的市場占有率。

3. 聲譽訂價法

消費者可能用價格去衡量產品的品質或聲譽，所以有些產品若價格太低，則其需求有可能反而下跌。所以聲譽訂價法就是把價格設定在高價位，以吸引消費者對其產品高評價而去購買。

4. 價格訂價法

不同的訂價方式就是所謂的價格訂價法。有些例子是所有的產品買進時成本都相同，而後再以不同顏色、造型或預期需求，使不同的產品有不同的價格。

5. 零頭訂價法

零頭訂價法是設計一價錢比一整數少幾分或幾塊，理論上當價格從$500 降到$499 則需求可能會增加。例如，國內有些五金量販店或服飾店，通常採用零頭訂價法。

6. 需求品訂價法

較貴的產品製造商有時先估計消費者意願，給付的金額，之後再訂定價格，如逛街買的商品，他們可以先採取零售商或大盤商的標價再決定其產品如何製造，這就叫需求報訂價法。其程序乃先決定價格後，再調整產品的材料及品質，以合理的成本達到目標價格。

7. 包裹訂價法

常用於需求導向的訂價法被稱為包裹訂價法，就是把二種或二種以上的產品包裝當做單一產品來賣。例如：電視購物訂價一旅遊套餐包含了機票、租車以及旅館。包裹訂價是基於整套產品比各別單一產品更有價值。這是因為消費者感覺若不用分別購買，則買了其中某一產品，其他的產品就感覺像是附贈的。而且，通常包裹訂價法對買方而言，其總價便宜，而對賣方則可節省行銷成本。目前國內許多的速食店如麥當勞、肯德基皆採用超值套餐來吸引消費者。

1.3.11　競爭導向訂價

（一）保證最低價

零售業者提出「一定最便宜，保證退還差價」的口號後，零售業者陸續引入此種訂價技巧。

而國內的量販批發業最近也進入另一波的「保證最低價」、「破盤價」的戰爭中，在業者以所謂的印花價、特價商品試圖創造產品最低價的印象時，因業者在商品的訂價策略，常因發行的消費資訊作業時間過長，而導致商機可能被其他業者攔截而失去產品最低價優勢。如目前有些業者為避免落入此「陷阱」，會選擇不刊登所有的促銷商品的價格這是為了保持其訂價策略的機動性，可隨時在商品銷售前的最後一分鐘，參考市場最近行情，做出因應動作，但保證均屬市場最低價銷售。

（二）引誘訂價

一些不道德的商人有時所行不法商業行為即是「引誘訂價」。零售商大幅降價來促銷商品，通常此一物品低於一般售價 40%到 50%，或者更多。藉著對大眾之引誘，到此店的交通量大增。如果確定該企業並無意出售此產品，消費者反而被迫購買另一較貴的替代品，上依目前法令，已違反消保法與公平交易法。

（三）比較訂價

一些零售商在櫥窗或店內做告示以建議顧客：比較該店與競爭者的價格。這種聲明是無害且能被顧客接受的，然而「比較價格」技巧也可用來誤導顧客。

1.3.12　心理訂價

各心理訂價在決定初步價格後，考慮顧客對標價可能的心理反應，從而決定某個適當的數字。如下便是常用的心理訂價：

（一）顯貴訂價

也就是提高標價，讓顧客產量「高級品」的印象，這種做法不單適用於顯貴產品，在一般產品市場中也相當普遍，主要原因是因為消費者普遍有「貴就是好」的刻板印象。如臺灣部分的燈飾就相當流行顯貴訂價，其實際的售價經常是標價的三折以下，讓消費者在殺價過程中產生「便宜買到高級貨」的錯覺。

（二）畸零訂價

也就是捨棄方便交易的整數而採用畸零數，也就是奇數訂價法：零售業者訂的價格水準比完整數目稍微少一點，因為如此設定價格可使顧客在心理上感到占了便宜，奇數訂價不是數字上的奇數，是心理上的奇數。如報紙上許多拍賣和速食店（如麥當勞）的套餐都利用這種奇數訂價法來吸引顧客。

（三）每日低價

採用「每日一物」或特價商品的策略，推出各式各樣眼花撩亂的特價優惠，來吸引顧客入店消費。然而這種價格很明顯地除了要看誰價格喊得低之外，商品組合和活動性、方便性，也是業者互較高下的重點。

（四）名譽訂價

零售公司為建立高品質形象，把商品訂價高於市價以吸引具階層意識的顧客及追求品質的顧客。

1.3.13 產品促銷訂價

在促銷訂價中期大部分都是依顧客心理期望或習慣而定的心理訂價，而其中折扣和折讓都是讓顧客可少付一點錢，但其定義有別。折扣通常是降價促銷，而折讓往往市考慮顧客發生某種損失或執行某些功能所致。而如下便是常見的折扣與折讓：

1. **現金折扣**：在一定期限內提前支付貨款可獲得的價格優惠。

2. **數量折扣**：為了鼓勵顧客增加購買數量而給予的優惠通常有兩種：
   (1) 累積式折扣：以每次交易數量和金額為準，交易越大折扣越高。
   (2) 非累積式折扣：以特定期間內累計交易數量為準，累計交易量越大折扣越多。

3. **季節折扣**：在淡季時提供價格優惠以吸引顧客。

4. **促銷折扣**：為了增進銷售而提供短期性的價格優惠，其做法是在不更動標價之下，另行標示折扣數或其他價格優惠措施，限期一過即不再提供此優惠價。

5. **瑕疵折讓**：又稱品質折讓，是在產品或服務有瑕疵而顧客依然願意接受時所提供的價格優惠。

6. **促銷折讓**：通常是針對中間商，在實務上也有許多不同的名目。

1.3.14　產品組合訂價

產品組合訂價也就是對各個產品線上的各個品項加以考慮，決定其相對價格水準、個別標價及其他相關事項，產品組合訂價分列如下：

（一）價格排列

針對顧客心目中較重要的幾個參考價格點，分別以不同的品項來填補其位置，舉例而言，國內汽車市場區分為 50 萬以下，50~80 萬，80~100 萬等價格帶，幾家領導廠商都分別在不同價格推出不同車款。更符合此一定義的是平價服飾業，以百元為基準，經常出現 199、299、399 之類的標價。

（二）統一訂價

強調低價位的訴求，如日本的「百元商店」將店內的所有商品都訂在 100 日元的價位，國內的地攤業經營者經常掛出「一件 50 元」的招

牌，著名餐飲業的「一個價位吃到飽」，以及遊樂區業者的「一票玩到底」等。這些業者在訂價時都已經考慮到成本、需求、競爭等因素，只不過為打響「低價位」的訴求，因此在相關產品訂價上推陳出新。

（三）搭售訂價

係指零售商常將數項產品包裝在一起出貨，而其售價較單個產品售價總合為低，以便吸引顧客，形成所謂的「套餐」。

（四）互補訂價

不同產品線所生產的互補品，必須考慮其相對價格。

1.3.15　其他訂價

（一）高價主動訂價

指出零售商使用高價主動訂價策略(High-Active Pricing Strategy)在消費者的心目中建立高品質及高優良的形象。

例如零售商店（Häagen-Dazs 冰淇淋商店）積極地著眼於自身的高級價格，以提升產品品質的印象。

（二）低價主動訂價

低價主動訂價係指以低價積極對顧客進行促銷之低價，提供消費者認為一般可接受之品質的商品。這種訂價策略特別對價格意識的消費者提出訴求。

如臺灣美廉社，選擇採用低價主動訂價策略。低價主動訂價的零售商，通常只保持快速移動商品。這些零售商維持低廉的間接費用，而且幾乎完全以價格為基礎而從事競爭。

（三）高價被動訂價

採取高價被動訂價策略(High-Passive Pricing Strategy)的零售商，在市場上設定高昂的價格，卻使用行銷組合的其他因素來吸引顧客。他們可能強調品質或績效，而不強調價格。

　　如 Hotel ONE 遵循高價被動訂價策略，該業者以氣氛、時髦、雅致或崇拜為訴求促進頂級服務，以照顧頂級消費者為號召而從事競爭，然而高昂的價格並不一定代表利潤。

（四）低價被動策略

　　提供低品質產品的公司在促銷上沒有實質的名堂，低廉的價格是唯一的吸引力。

▼ 表 1-5　價格促銷水準策略

價格促銷水準		
高品質／低品質	使用價格建立高品質或優良的形象；價格或行銷計畫中扮演極為顯著的角色。	設定價格高於同業，但是使用非價格因素，以說明消費者購買產品服務。
高價／低價	在低價中提供品質充分的產品，並積極地推動低價策略。	提供比同業品質較低的商品，但是不強調價格策略。

資料來源：丁逸豪，《零售學》，華泰書局

（五）梯狀訂價

　　又稱階層訂價法、區段訂價法，零售業者經常使用梯狀訂價，並以具有明顯品質層級的價格點來銷售商品。其優點有二，對消費者而言，可使消費者在購物時的混亂程度減到最少，對零售業者而言，價格內容能幫助零售業者訂購、搬運、處理商品程序。

（六）單位訂價

　　許多連鎖超市開始嘗試「單位訂價」，他們在展示架貼上標籤，不只展示標籤價格，而且展示每磅或其他衡量單位成本，這使購物者能比較不同大小及重量包裝，選擇最好商品購買。

（七）抵換訂價

如臺灣藥房販售嬰兒奶粉會以瓶蓋進行折價以確保顧客持續購買。這些和類似的抵換交易津貼常見於零售業。抵換交易與折扣具同樣效果，雖然是普遍接受的促銷法，但仍有零售業者濫用，消費者則需小心沒有保障的抵換交易津貼。

（八）領導訂價

零售商從存貨中選擇一、二樣領導項目來促銷，通常這些是流行商品。有品牌且平常價格已為消費者所知，一被廣告以促銷價出售之物品，消費者便認為其為特價。高度促銷的折扣店，超市和藥品連鎖店幾乎一直是以廣告領導項目。

1.3.16 訂價的利益

上述各類訂價包含消費者之需求導向訂價以滿足顧客為優先、降低零售商之成本的策略性訂價、因相互競爭因素廠商與廠商間的價格比拼所導致的訂價策略，也有依產品組合樣式種類的分配及探討顧客習性心理層面因素，對產品購買動機影響所規劃之計畫，和某些特殊性訂價及非常時期之手段等的其他訂價，提供管理人員在計畫、執行、考核後選擇最合適的訂價，這整體規劃流程不外乎都是為了加強訂價策略的運用，以達成組織目標取得利益。

1.3.17 零售業價格之定義

首先，所謂的價格，可以定義是指：「取得既定數量的商品或服務所需的金錢與所取得數量形成的比例」。

$$價格 = \frac{賣方所收到的商品或服務價格}{買方所收到的商品或服務數量}$$

　　而如果以行銷方面來說的話為：「每單位商品或服務所需支付的價格出發，也就是單位價格或單價。」

1.3.18　邊際分析

　　與價格彈性有關的一個概念就是邊際分析(Marginal Analysis)，也就是分析產銷數量變化時，對收入、成本及利潤有何影響。在經濟學的概念中。邊際收入會隨著產銷數量的增加而遞減，邊際成本則先減後增，而邊際成本等於邊際收入時利益最大。在企業裡所有的經營成本中，有一部分會隨著產銷數量而同比例變動，這些成本稱為總變動成本(Total Variable Cost)，產銷數量變動時總變動成本增減的金額則稱為單位變動成本(Unit Variable Cost)。而與產銷數量無關，不管產銷數量多少都不會變動的成本則稱為固定成本(Fixed Cost)，將固定成本與總變動成本相加即為總成本(Total Cost)，而產品的售價乘上產銷數量即為總收入(Total Revenue)，總收入減去總成本則為利潤，若出來的數字小於零則表示為虧損，而盈虧兩平的產銷數量則稱為損益兩平點(Breakeven Point)。下圖1-7 簡單的說明了損益兩平點的概念：

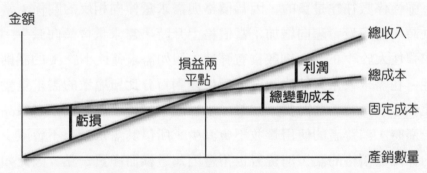

資料來源：葉日武，《行銷學理論與實務》，前程文化

▲ 圖 1-7　損益兩平分析的基本概念

而損益兩平點的數值計算方法：

$$損益兩平點 = \frac{固定成本}{（實收價格）-（單位變動成本）}$$

雖然損益兩平分析似乎著重於估計損益兩平點為何，但我們還是可以用下列的利潤方程式在不同的售價，成本及產銷數量下，研判可獲得多少利潤：

$$利潤 = （單價-單位變動成本）\times 產銷數量-固定成本$$

1.3.19　需求彈性

需求彈性(Price Elasticity of Demand)乃是需求量變動百分比對價格變動百分比的比率：

$$需求彈性 = \frac{需求量變動百分比}{價格變動百分比}$$

彈性係數往往是負的，因為價格與需求量傾向相反的關係：當價格下跌時，需求量會驅向增加；當價格上升時，需求量會傾向減少。假如需求彈性大於 1 的話，則較富有彈性；假如需求彈性小於 1 的話則缺乏彈性。在需求較富彈性的狀況下價格變動百分比所導致的需求量變動百分比較小。像有一些財貨，如柴、米、油、鹽等，這些民生必須品的價格上漲時，消費者的使用量並不會減少，所以其需求量也不會減少，相對的你降低價格的話，消費者也不會因為這樣而多買一點，因此如果想用降低商品價格的方法來促銷需求彈性低的商品的話，將不會是一個好方法，需求彈性分為下列幾種：

1. 彈性係數為無限大，也就是價格略有下跌時，其需求量會增至無限大，價格略有上漲時，需求量減少至零，此種需求稱為絕對彈性需求，其代表的意義有點特殊，所以不在此討論之內。

2. 彈性係數大於 1，也就是需求量變動的百分比大於價格變動的百分比，對這種彈性係數可稱為高彈性需求。

3. 彈性係數小於 1，也就是需求量變動的百分比小於價格變動的百分比，對這種彈性係數可稱為低彈性需求。

4. 彈性係數等於零，也就是不論價格如何變動，需求量始終不變，故可稱為絕對無彈性需求。

5. 彈性係數等於 1，也就是需求量變動的百分比等於價格變動的百分比，對這種彈性係數可稱為單一彈性，此種彈性需求為特殊狀況，因此不在此討論之中。

　　由以上五點，我們還可以將需求彈性，價格與總收益的關係簡化為下表：

▼ 表 1-6　價格與總收益關係表

需求彈性	產品制訂價格	總收益
大於 1		減少
等於 1	上漲	不變
小於 1		增加

　　當然上表所代表的意思並不是說產品為高需求彈性的話，就一直壓低產品的價格，為低彈性需求的話，就一直拉高價格，這樣就可以讓總收益最大化，事實上每個產品的訂價都必定有詳細的計算，而計算出拉高或壓低多少價格時可以讓總收益最大化就是每個企業為產品訂價時最主要的依據。

依下圖 1-8 可以看到無彈性的物品其價格對於需求量的影響比高彈性的物品價格對需求量的影響要小的很多。此外，依就算訂定好價格後還有一個很重要的步驟要做，那就是判斷價格，這是因為價格的彈性並非總是不變，其會隨著價格變動的幅度與漲跌而有所不同，零售商要非常小心的判斷價格彈性，並經常作檢討，尤其是所服務的顧客群相同但是產品卻有不同的需求彈性時更是需要注意。例如，航空公司所提供的服務已標準化，其只要運送顧客到某一目的地去就完成，但是即使在同一架飛機上甚至是同一機艙上，客人所受到的服務雖然相同，但是每個在機上的客人必定有著不同的目的（上班，開會，遊玩，返鄉…等），所以一定會有著不同的價格彈性，像出外遊玩的人其對於票價的容忍度就比較低，可能票價稍有調高他們就會改變計畫，但是對於有急事，或是有著大生意等著去談的人，可能票價漲高了一倍但是他們根本不會在意，所以如何掌握各種不同的顧客以提高載客率以及增加收入，並從中獲得最大的利潤，最重要的就是價格的訂定了。

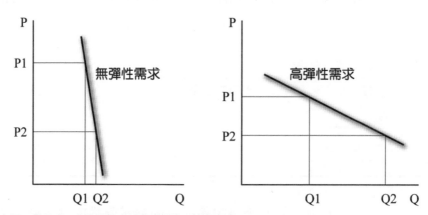

資料來源：葉日武，《行銷學理論與實務》，前程文化

▲ 圖 1-8　兩種常見的需求曲線

不過雖然依上圖看起來好像低需求彈性的物品比較好，就算漲價其需求量並不會有太大的影響，而高彈性的物品只要價格稍一變動，其需求

也會跟著有很大的波動，但事實上低需求彈性大多為價格較低的物品，其技術門檻較低，所以有眾多的競爭。因此其每單位物品的利潤不像高彈性需求的物品那麼的高，而且如果是民生必須品的話通常都會有政府介入，因此低需求彈性的物品其訂價的技巧並不比高彈性的物品要來的簡單。

　　另外，市場上還有一種不依需求彈性曲線的物品，例如雙 B 的車、貴重的珠寶以及勞力士手錶等，這類的物品其價格降低固然會增加一點需求量，但如果降低到超過某種程度時其需求量可能會開始變少，其價格對於需求量所造成的變動如下圖：

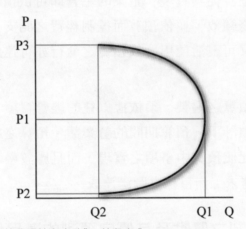

資料來源：葉日武，《行銷學理論與實務》，前程文化

▲ 圖 1-9　炫耀財需求曲線

　　我們可藉由上圖看出當價格處在 P1，也就是在中間時其有最大的銷售量，價格上漲時跟一般的物品一樣會造成需求下降，不過當價格調降時其需求量卻相反的還是下跌，這就是經濟學裡所謂的炫耀財，而造成這種不符合需求曲線的原因，乃是因為購買此類物品的人其最主要的目的，是為了以此物品來顯示出其尊貴及身分地位，所以這類的物品降價固然會增加一點需求量，但是降得太多的話將會使得買主認為購買此物品並未能為他顯示出身分地位，而導致需求量下降。

1.4　門市營運與財務管理要點

1.4.1　營運預算的意義

　　企業預算的意義可以從積極與消極兩方面來分析：積極的意義是制訂企業經營的具體目標，企業的一切營業活動都應當為達成此一目標而協調配合，以求達成預期的績效；消極的意義則是用以規範企業活動之實施方案，企業的重要營業計畫及其可能發生的收支都藉助於所編列的預算項目，以求逐步促其實現。企業的主管即可依預算事項為標準，來衡量各單位之業務績效，並依預算而控制經費之開支；而且在預算的範圍內，單位主管又可靈活運用，故預算之執行亦可達成逐級授權分層負責之目的。

　　作業部門對預算之編製，須依據以往的經營實績，參酌對未來發展趨勢之預測，以預計下一預算期間的營業額。預算之編製在切合實際，執行時尤宜主動促使預算中事項之實現，而且應該靈活運用，不可拘泥於數字之定式，務求工作目標之圓滿達成。

1.4.2　預算控制之優點及其優良預測的滿足條件

（一）實施預算控制之優點

1. 增進對業務之瞭解

　　因為實施預算制度，必須對影響業務的一切因素都加以有系統的分析與研究，在編製預算之前，須參酌以往的業務實績而擬定未來的營業目標。

2. 對企業的財務前景有可靠的預見

　　若公司事先制定正式的財務計畫，這一計畫若能將各種財務問題考慮進去使公司財務管理得當，則將大大減少不可預見的緊急情況。

3. 作聯繫之工具

總預算表對各部門的營業計畫融合為一個總體計畫，經由通盤的規劃和妥善的配合，可以加強各部門之間的協調與合作而共同朝向企業的總體目標邁進。

4. 作控制之手段

企業的總預算是集中控制業務之工具，管理階層應適時將實際業務與預算事項加以分析比較，當實際的業務情況與預算中計畫事項不符時，即須及時檢討原因，以便提出糾正並謀求改進，所以實施預算控制為達成有效管理之最佳策略。

5. 使企業的活動保持平衡

預算使企業內部保持平衡，防止任何部門的發展超出比例或被忽略，確保企業各活動與外界保持平衡。

（二）優良預測的滿足的條件

1. **時間性**：優良預測必須是具有時間性的。

2. **正確性**：預測必須具備可靠性，預測使用者才能進行計畫。

3. **可靠性**：需在此前提下，預測才能持續進行下去。

4. **有意義的計量單位**。

5. **書面化**：書化是評估預測的基礎。

6. **容易瞭解、容易使用**：容易瞭解及使用的預測才能讓使用者接受。

7. **權責分明**：有權責分明的作業組織，始能有效的實施預算統計。

1.4.3 企業預算之類別

（一）依期間之長短分

　　按預算適用期間之長短可以劃分為長期預算、中期預算及短期預算。期間在三年以上者即為長期預算，一年以上三年以內者為中期預算，一年以內則屬短期預算。按營業週期而編列者，配合此種營業期間所編製之預算即為短期預算。

（二）依適用之範圍分

　　凡企業內與成本有關的任何業務項目都可以單獨編製預算，所以預算也可以按其適用範圍之大小而加以區分，含括全部營業活動者稱為總預算；只涉及營業活動中一部分或一個項目者，稱為部分預算。

（三）依適用之對象分

　　茲將一般性生產企業依不同對象而編製的預算體系列述如下：

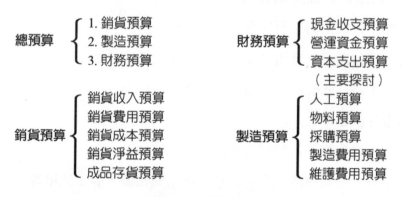

總預算 {
1. 銷貨預算
2. 製造預算
3. 財務預算

財務預算 {
現金收支預算
營運資金預算
資本支出預算
（主要探討）

銷貨預算 {
銷貨收入預算
銷貨費用預算
銷貨成本預算
銷貨淨益預算
成品存貨預算

製造預算 {
人工預算
物料預算
採購預算
製造費用預算
維護費用預算

▲ 圖 1-10　預算體系

（四）依實施之性質分

1. 固定預算

　　固定預算又稱為靜態預算(Static Budget)，係假定各項有關情況不變，根據對未來會計期間內銷售數量之預測，而訂定該期間之生產量

以及可能產生之利潤，並根據標準成本而分配達成該計畫的一定費用。

2. 彈性預算

又稱變動預算(Variable Budget)，指產品之銷售量因市場需求之變動而無法確切預測時，各項費用的開支（除固定費用），因產量之不同而根據標準成本作比例性的調整。

1.4.4　企業預算之編製

所謂銷貨預算，指係由銷貨部門根據企業以往的銷貨實績，並預測未來市場需求變化之趨勢，再考慮設備的生產能量及物料的供應情況等有關資料，預計可能銷售的產品種類及數量，以估計銷貨收支及淨益的一種預算。茲將預算編造之程序列示如圖 1-11。

製造預算(Manufacturincg Budget)：

1. 人工預算

生產部門依據預定的產量，核計所需要的直接和間接人工數額或時數，依各項人工之工資率，考慮未來工資可能增加之比率，預計所需要之工資額而編製預算。

2. 物料預算

依據製造計畫核計所需要的直接物料和間接物料之種類、數量及其規格，依市價並參酌未來物料市場之可能變化，而編製物料的單價及總值預算。

3. 製造費用預算

除了直接人工及直接物料以外的各項間接製造費用，其餘應編列預算而加以控制。為便於製造費用預算之估計與控制，各有關項目可再細加劃分為固定費用、變動費用及節制性費用等三類，公司應採用合理的分攤方式，分配於各項有關產品並負擔之。

4. 財務預算(Financial Budget)

財務預算為綜合各項預算中的現金之收支項目而編製之預算，主要在顯示預算期間內的財務收支狀況，為財務調度之依據；通常分為現金收入、現金支出及現金結存等項。

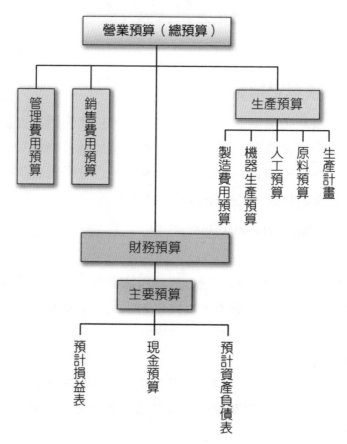

▲ 圖 1-11　預算編造之程序

1.5　店長營運角色與責任

　　市場創新的速度日漸加快，而業者間的競爭也日漸激烈，這使得流通通路的生命週期，有逐漸縮短的趨勢。

　　零售業者開始由販賣實體商品改以提供無形、具有附加價值的服務為其主要目標，而為了能應付市場環境的變化，業者必須時時注意變動趨勢。

1.5.1　流通業集團的興起—多角化、系列化、集團化

　　零售企業成長策略有許多型態，其中利用企業內部過剩經營資源，替優秀人才提供「企業內部創業」機會，分散市場投資風險等，可採取開發新業態、投資相關周邊事業，或向後方整合對製造業、批發物流業作財務投資及人事參與方面的事業多角化策略。

　　由於零售市場競爭相當激烈，特別在臺灣市場狹小，零售業態生命週期(Retail Life Cycle)比較短，假使各零售企業未進行多角化經營，則最後難免面臨經營危機。但是，零售企業多角化經營策略裡，又以向後方整合參與對製造業、批發物流業的經營最具威力，在此稱為「逆系列化」流通策略。

　　逆系列化流通策略乃是大型零售業憑藉雄厚的採力、銷售力、資訊力，在通路上取得領導地位，足以取代其他相關業者而扮演通路領袖的角色。

　　另外，大型零售企業亦可挾其影響力介入改造通路結構，對通路中間缺乏流通效率的批發業和物流業進行革新。最典型的例子，由大型零售企業主導商品供應商共同參與投資建立所謂「共同配送中心」，改善流通效率，降低流通成本。

近年來臺灣各零售業的主要大企業逐漸超越單純的水平式同業競爭型態，而轉向異業態競爭型態，垂直式不同流通階段間競爭，甚至擴展到最高層次所謂集團間競爭型態。

1.5.2 重視組織間關係的維繫—連鎖化、組織化、國際化

零售企業追求規模經濟性則表現於店鋪數量的增加和店鋪營業面積的擴張，如此可提高商品採購量，間接增加公司對商品供應商的價格談判籌碼而降低進貨成本。另一方面，亦可壓低商品運送成本，為達此經營目標，只靠單店或少數幾家商店是無法辦到的，唯有增加連鎖店數量才能如願以償。

現在臺灣各種零售經營事業已日漸採取連鎖經營方式，又依本部與各連鎖店間權利義務或經營權、所有權劃分不同，約有三種組織型態可採用：包括直接連鎖、特許連鎖、自願連鎖。

由於零售業競爭日益惡化，勞力不足、工作時間長、業務繁雜等，許多業者不會不參與連鎖組織，透過共同進貨、共同運送、共同廣告、促銷以提高競爭力。最近，絕大多數從未參加連鎖店經營的零細中小零售業者遭受到大規模零售業（特別是量販店）競爭壓力，面臨經營危機情況下已自發地參與共同組織、共同進貨、共同配送、共同促銷的經營活動。

1.5.3 銷售分析與控制

在使用預算的企業裡。總銷售控制明顯目的是：顯示實際銷售量是否達到標準，而此標準即銷售預算量。

另一較不明顯但同樣重要的目的是：決定是否有顯著的差異發生及是否需要採行適當的措施來彌補。

因此，所設計控制總銷售的程序應該能夠告訴管理當局：在實際銷量和銷售預算之間，任何顯著的差異，已於何時何地發生。這種警告信

號應及時發出，以使管理當局能夠立即採行有效的因應措施。明白究竟應該控制公司整體的銷售、或就各銷售店逐一控制、或就各銷售地域逐一控制、或就每位銷售員逐一控制其銷售，都要看企業本身的種類與性質而定。銷售控制有時甚至是一種預防性的措施：只要作業狀況允許，應將對訂單的控制做為銷售控制的初步工作。

若發現新的經濟趨勢已開始，而修正後的預算和原來預算間有顯著的差異存在，則最高管理當局必須審慎檢討營運狀況，並決定如何更改生產計畫。

（一）銷售及費用的控制

在依區域劃分的營業部及其分行中，銷售及費用的預算決策，以及費用和銷售間關係的控制，均必須依據該營業部及分行的市場活動中，其特質的詳細分析為基礎。每一營業部及其分行應被看成一個獨立自主的企業體，而其店長則負有控制銷量和費用間關係的責任。

（二）訂單與銷售

在許多企業中，承接之「訂單」往往領先「銷售」相當長的時間。在大多數情況裡均會發現：對某類產品而言，這種訂單和銷售之間時間上的延後，是相當固定的。

店長應該盡可能地編列他自己承接的訂單之預算。若欲達成銷售預算所定目標，則訂單應能按預定的日程接獲。

（三）對銷售員的控制

所承接訂單的預算可做為店長控制銷售員活動的工具。通常公司要求每位銷售人員一定量的銷售配額，而所有銷售員配額之總和就等於銷售之預算值。

總部總特別注意店長的業績和其配額間關係。由於訂貨量中因季節性變化而引起的不規則性變動，使求得銷售與訂貨間的一致常發生困難。

一、公司簡介

　　株式會社 UNIQLO 一號店成立於 1984 年，UNIQLO 秉持 SPA（Speciality Store Retailer of Private Label Apparel，製造商經營型態），從商品企劃、生產、物流到販售全部一手包辦，提供消費者高品質、低價格的休閒品牌"UNIQLO"服飾。UNIQLO 在臺灣設立於 2010 年 04 月 06 日，至 2023 年 12 月止已有 73 家店鋪。

二、經營理念

（一）主張

　　改變服裝、改變常識、改變世界。

（二）使命

1. 提供真正優質、前所未有、全新價值的服裝。讓世界上所有人都能夠享受穿著優質服裝的快樂、幸福與滿足。

2. 透過獨自的企業活動，以社會和諧為發展目標，為充實人們的生活做出貢獻。

（三）價值觀

1. 永遠站在顧客的立場。

2. 革新與挑戰。

3. 尊重個體、公司與個人的成長。

4. 堅持做正確的事。

（四）原則

1. 一切行動皆以顧客為前提而進行。

2. 追求卓越性，以最高水準為目標。

3. 發揮多元性，透過團隊合作達成最佳成果。

4. 迅速執行所有事物。

5. 根據現場、實物、現實，進行務實的商業活動。

6. 成為能徹底實踐崇高倫理觀的地球公民。

三、產業發展現況分析

　　自從 2020 年新冠疫情爆發，服裝與時尚產業受到莫大影響，也加速整體產業的數位轉型。多數大型服飾公司早已擁有電商平臺，但銷售仍集中於實體店鋪，因此疫情爆發促使服飾公司加速數位轉型，消費者也將消費逐漸轉移至線上。依據 Statista 統計資料，全球服裝產業規模於疫情爆發的 2020 年萎縮約 11.4%，但電商平臺的快速發展讓線上購物得以取代部分實體通路銷售，使服裝產業於 2021 年快速回溫。隨著疫情相關限制政策逐漸鬆綁，線上購物成為消費者購物習慣的一部分，而數位轉型讓企業透過數據更精確掌握消費者喜好，並透過線上平臺拓展銷售範圍，預期服裝產業會持續成長。

觀看日本市場，可明顯看出 2020 年新冠疫情對服裝產業造成的衝擊。除此之外，日本於 2021 年內爆發的數波大規模疫情，導致日本政府祭出嚴格之疫情管制政策，影響日本國內服裝產業之復甦速度，但隨著 2022 年日本政府管制逐漸放寬，日本服裝市場已於 2023 年的快速成長回溫。

隨疫情緩和，全球經濟逐漸回到軌道，人均消費能力增加，平價時尚服裝需求上升，加上電商平臺的持續普及以及新技術的導入等等，預期全球快時尚產業規模將持續成長。根據 Statista 預估，全球快時尚產業市場將於 2026 年達到 1,334 億美元的規模，年複合成長率為 7.9%。相對於 Zara、H&M 等其他快時尚品牌，UNIQLO 的產品更重視機能性、耐用性與風格持久性。UNIQLO 採用大批量的生產方式壓低生產成本，根據季節與時尚潮流趨勢頻繁更新款式且服裝種類繁多，加上敏捷的供應鏈、價格相對親民等特性，UNIQLO 無疑是快時尚產業品牌的一員。

四、市場環境分析：STP 分析

（一）S 市場區隔

UNIQLO 在全世界部分國家有門市，所以必須考量到當地的氣候，例如：在歐美國家冬天時會冷到零下好幾度，要注重在賣保暖衣物的方面；而在臺灣比較靠近赤道的國家，就比較炎熱，就要注重賣吸汗、排汗的衣服。

（二）T 目標行銷

主要的目標顧客群大部分都在 15~30 歲之間，除了學生族群，還有上班族、工商業方面。

（三）P 市場定位

UNIQLO 在消費者的心中擁有不同的產品形象與地位，Uniqlo 是主打便宜、實用耐穿又流行時尚，可以穿出自己風格的品牌，像在冬天熱銷商品，羽絨外套、保暖內搭衣等都是精心所研發出特別材質。

五、領導者領導風格－店長訪談

Q： 能否簡單說明 UNIQLO 教導你的概念？

A： 很多，我也沒辦法一一說明，但是我主管給我最深刻的印象是「不要追求業績跟營業額，我們追求的是一樣東西叫做服務熱情。」

Q： 何謂服務熱情？

A： 當初我們主管只說「當你看見顧客上門，請你當作他是你的爺爺奶奶來買衣服，身為愛孫的你，想為他們挑選什麼？」我瞬間明白，給予客人的不是假笑與快點掏錢結帳的臉色，而是我想為我的親人挑選、介紹，甚至給予他們最親的服務。

Q： 你的主管這樣教導你，那你如何教導你的員工？

A： 當然是如法炮製，不是說模式死板，而是我想不到把顧客當成自己親人更好的服務模式，我認為畢恭畢敬的服務叫做尊榮服務，我不能說不好，而是我更喜歡親人為我著想、為我服務的感覺。

Q： 假設這一季的業績與營業額是負的，代表這間店完全沒有賺錢，你認為是什麼原因？會不會是員工服務出問題，或是產品價格太高？人事成本太高？公司問題？會不會讓上層有裁員的疑慮？

A： 首先，服務的問題，不是問題，客人的感覺問題，才是問題。二來，產品價格也不是問題，人們願意花在有價值上的東西才是問題，那價值到底是產品，還是感受服務有價值呢？再三，人事成本不是問題，我能不能把我的員工教導好才是問題。第四，公司的問題只是小問題，追求目標的精神會不會改變才是問題。第五，裁員不是問題，問題是被裁員的人未來是否能保持這份熱情在未來的每樣工作上才是問題。

六、成功關鍵因素

（一）壓低固定成本

要賣得比人家便宜，品質卻沒有降低，那營運的固定成本第一個就必須比別人低。

（二）節省變動成本

但壓低固定成本還不夠。創業中的團隊，很多時候不需要「一整個員工」，像是會計、總機、法務、甚至是業務等等。有沒有辦法和人家共用、部分外包，甚至像是業務人員可以用更創新的薪資結構，只有談到案件才付高額獎金，都是可以鑽研的。

（三）讓每個員工都面對客戶

傳統的廚師往往躲在廚房，典型的工程師也常常不知道客戶是如何使用他做出來的產品。這會造成很多溝通沒效率、品質低落甚至做出客戶完全不喜歡的東西的情況。所以，好的創業團隊中，每個人都應該要面對客戶，瞭解客戶的回饋、需求，學習如何和客戶溝通，才能有效的創造出客戶需要的高品質服務。

（四）堅持品質和品味

　　網路服務的品質，就是給客戶的使用者經驗。你必須要非常用力的研究其他網站、手機應用的用戶體驗，然後試著做出一樣棒、甚至是更好的東西。但另外一方面，千萬要時時刻刻確認用戶喜歡這樣的經驗，不然又會落入自己覺得很讚的惡性迴圈中。

18100 門市服務 乙級 工作項目：零售與門市管理

單選題

1. （ ）下列何者非零售業功能？①提供多樣化的商品和服務②商品分裝③維持固定存貨④商品製造。

2. （ ）下列何者非零售業雇用和晉升之專業技術？①會計學②人力資源管理③物流管理④商品製造。

3. （ ）下列何者非發展零售策略的步驟？①確認目標市場②確認所提供的商品和服務③生產製造④如何建立超越競爭對手的競爭優勢。

4. （ ）下列何者非零售之總體環境(Macro Environment)因素？①技術②顧客③社會倫理④法律。

5. （ ）下列何者非零售組合(Retail Mix)項目？①商品類型②服務提供③倉儲設計④商品定價。

6. （ ）下列何者非門市店經理訓練內容？①組織管理課程②員工現場訓練③分析成功和失敗銷售個案④市場調查。

7. （ ）下列何者非店經理的職責？①行銷政策擬定②控制成本③管理商品④提供顧客服務。

8. （ ）下列何者不能衡量營業幹部潛在的特質以用來發展教育訓練？①智力②能力③人格④財力。

9. （ ）下列何者非一般性門市員工履歷表所包含的資訊？①應徵者工作經驗②離職原因③介紹人④預測能力。

10. （ ）下列何者為門市員工工作說明書內容？①員工必須執行門市業務的活動②商品研發③全球運籌④企業理財。

11. （ ）今日零售業最大的挑戰就是要讓顧客在消費時，必須注意下面哪一種情形？①不斷地讓顧客保有對商品之新鮮感②商品價格③售後服務④客戶抱怨。

12. (　) 下列何者是門市經理今日領導員工最大的挑戰？①激勵員工的潛力②加薪③減薪④資遣員工。

13. (　) 下面何者不是一位想要進入零售業的求職者應具備的條件？①可以瞭解顧客的需求及為工作團隊盡心盡力②不需懂得變通，固執己見③決策時需快速且正確④懂得分析資料及預測市場上未來的趨勢。

14. (　) 下列何者未能有效減少門市的營運費用？①店員工作適當安排②門市設備定期維護③節能省電措施④增加員工人數。

15. (　) 有效的門市員工工作行程安排，需要下列何種資訊？①每天每小時的 POS 銷售資料②顧客購買力③商店位址④商品價格。

16. (　) 下列何者是門市的固定成本？①門市維護費②商品定價③門市租金④營業稅。

17. (　) 下列何者會減少空調、樓層和設備的使用壽命？①門市維護粗劣②商品包裝不良③商品陳列不當④商品廣告浪費。

18. (　) 下列何者可決定分配門市員工的人數？①工作行程安排②商品包裝③商品陳列④商品廣告。

19. (　) 下列何者不能用來減少門市行竊的損失？①商店設計②員工訓練③特殊的保全④空調設備。

20. (　) 藉由商店設計、員工訓練和保全偵測設備，可達成下列何種功能？①減少門市行竊的損失②商品促銷③商品陳列④商品廣告。

21. (　) 下列何者不是零售業？①便利商店②超市、量販店③百貨公司④客服中心。

22. (　) 對單店業者而言，下列何者成本太高只能有限的運用？①電視廣告②促銷傳單③小額贈品④社區活動。

23. (　) 加盟總部與加盟者間之夥伴關係，加盟者除了享有商品和服務之經營權外，下列何者不能得到加盟總部的協助？①店址選擇②財務系統③開業訓練④營業外理財投資。

24. (　) 加盟總部透過加盟者的加盟，不能獲得之效益為何？①企業總部可用較少的投資，較快形成一個全國性的連鎖商店網②企業總部可擬定協

議與規範並要求加盟者遵守③由於加盟者是業主不是雇員，所以會更努力工作④加盟者主導加盟總部商品之研發。

25. (　) 加盟總部不會面臨下列何者情境？①若加盟者不能保持服務標準，將損害總部形象及聲譽②各加盟店之間服務品質不一致，會造成顧客忠誠度不佳的影響③加盟者會單獨出資替加盟總部支付商品研發成本④加盟者不遵從加盟總部的管理，進而跑貨。

26. (　) 下列何者違反零售業應具有的企業倫理？①服務品質可靠度②商品交易之公平性③商品廣告之誠實性④提供低品質過期之商品。

27. (　) 下列何者不是零售店配備 ATM（自動櫃員機）之目的？①交易的安全性②交易地點方便性③傳達零售店促銷廣告④取代金融業專業服務。

28. (　) 下列何者為純粹服務型態？①租賃服務②維修服務③醫療服務④顧問諮詢服務。

29. (　)「物品為顧客所擁有，業者僅提供其服務不曾牽涉到物品所有權」是下列何種服務型態？①維修服務②租賃服務③醫療服務④餐飲服務。

30. (　) 零售業者應有效的提供顧客服務，首先應發展下列哪一個項目？①全面性顧客服務策略②規劃個別化服務③提升商品包裝④創新商品研發。

31. (　) 下列何者是電子商務認為安全較有疑慮之處？①金流②資訊流③物流④商流。

32. (　) 顧客購物時優先考量選擇的地點條件為何？①購物的便利性②商品創新性③配送服務④商品包裝。

33. (　) 下列有關顧客型態對商品價值之敘述，何者不正確？①價格導向的顧客期望低價格②服務導向的顧客為了得到最好服務而願意支付更多③口碑導向的顧客則願意支付更多價格，去支持有聲譽的商店④無論商品價值高或低，堅持低價購買。

34. (　) 何種專賣店專注於健康、個人清潔有關的商品？①藥妝店②書局③百貨公司④3C 賣場。

35. ( ) 以信件或說明書的方式提供商品給顧客，稱為①電視購物②郵購③直銷④電子商務。

36. ( ) 銷售人員藉由到府拜訪推銷商品，且當場讓顧客購買，稱為①電視購物②郵購③直銷④電子商務。

37. ( ) 商品或服務放在機器內，顧客用零錢或信用卡來購買該商品稱為①自動販賣②郵購③直效行銷④電子商務。

38. ( ) 顧客在電視節目上觀看商品的說明與介紹，透過電話來訂購商品稱為①電視購物②型錄郵購③直效行銷④電子商務。

39. ( ) 下列何者非連鎖加盟種類？①自願加盟②委託加盟③特許加盟④經銷加盟。

40. ( ) 下列何者非網路購物中所提供的利益？①廣泛的選擇②更多的商品價格資訊③客製化④退貨迅速。

41. ( ) 下列何者不是無店鋪行銷之種類？①型錄郵購②直效行銷③自動販賣機④百貨公司。

42. ( ) 零售業運用電子商務的成本，不包含下列何項？①研發及營運系統②配送③退貨④促銷傳單。

43. ( ) 下列何者非成功營運網路購物所需的資源？①著名的品牌和可信任的形象②商品研發③提供商品和服務的分類並提供獨特商品④透過電子化提供商品和訊息。

44. ( ) 下列何者非形成多重通路零售的原因？①擴大市場占有率②垂直聯合行銷③克服現有通路模式的障礙④增加瞭解消費者的購買行為。

45. ( ) 下列何者為零售業建立顧客忠誠度較適宜的做法？①市場滲透②透過會員制度規劃和顧客建立情感關係③市場擴大④市場多角化。

46. ( ) 下列何者不是市場滲透的方法？①在目標市場上，透過開店數，以吸引新顧客②賣場的清潔③展示商品增加衝動性購買④訓練銷售人員進行越區銷售。

47. ( ) 下列何者非零售業成長策略的型態？①市場滲透②市場擴大③購物的便利性及舒適感④市場多角化。

48. (　) 下列何者不是消費者購物時最重視的項目？①賣場的裝潢②賣場的清潔③購物的便利性及舒適感④促銷宣傳單。

49. (　) 下列何者不包含於服務的策略？①停車場的設置②賣場的動線③信用卡的使用④限用塑膠袋。

50. (　) 下列何者非流通業的 4 流？①商流②金流③資訊流④服務流。

51. (　) 下列何者為門市逆物流的活動？①代收退貨②到貨付款③門市取貨④外送服務。

52. (　) 下列何者非門市動線？①顧客動線②店員動線③管理動線④客服動線。

53. (　) 下列何者非門市環境之 5S 管理？①整頓②整齊③整理④清潔。

54. (　) 下列何者非店鋪電腦設備或系統發生故障之處理？①報修②將發生的問題記錄下來③找朋友維修④廠商線上排除。

複選題

55. (　) 下列哪些為零售組合(Retail Mix)活動？①陳列商品②物流管理③商品研發④促銷活動。

56. (　) 下列哪些為無店鋪行銷方式？①百貨公司專櫃②型錄郵購③網路開店④便利商店。

57. (　) 下列哪些為零售功能？①儲存②商品生產③商品銷售④顧客服務。

58. (　) 便利商店可為顧客創造出哪些價值？①商品價值②地點價值③價格價值④時間價值。

59. (　) 特許加盟方式加盟主可能出現哪些潛在的問題？①很難維持門市一致形象②加盟店之間競爭③可大量採購，降低進貨成本④可快速進行市場滲透。

60. (　) 相對於直營連鎖店，下列哪些為特許加盟店的特性？①資金來自於加盟者②所有權屬於加盟店③加盟店的人事權屬於總部④經營權依照契約訂定為主。

61. (　) 相對於便利商店，下列哪些為量販店一般特性？①價格較為便宜②商品種類較少③商品較為齊全，可以一站購足④多數以單店而非連鎖的方式經營。

62. (　) 連鎖業者依據 3S 的營運原則以產生經營的效率與效能，下列哪些屬於 3S 的內容？①社會化(Socialization)②標準化(Standardization)③區隔化(Segmentation)④專業化(Specialization)。

63. (　) 連鎖業者不斷的展店是符合下列哪些經營策略？①集中化策略②市場滲透策略③成本領導策略④購併策略。

64. (　) 有關 SWOT(Strength-Weakness-Opportunity-Threat)分析，下列敘述哪些正確？①瞭解外部環境的優勢與劣勢②SWOT 內容不會隨著經營時間而改變③透過此分析可研擬經營策略④是一種知己與知彼（競爭者）的分析。

65. (　) 為了使商品的種類更能滿足顧客的需求，可以透過下列哪些方式取得顧客消費習性及消費趨勢等資訊？①形象分析②市場調查③建立公共關係④銷售點管理系統（POS 系統）。

66. (　) 零售業者以$199、$299...等等訂價，此種訂價方式有何意義？①彈性訂價法②心理訂價法③給顧客較便宜感④與競爭者競爭訂價法。

67. (　) 下列有關商品陳列之敘述哪些正確？①平放陳列商品頭向右、尾向左②單掛式陳列採相同長度的集合陳列③價格低的陳列在左，而價格高的在右④上下關係是小的陳列在下、大的在上。

68. (　) 顧客反映在門市買到過期的商品，就門市可能的原因下列哪些正確？①過期品未有效分類儲存，使得門市人員錯拿過期品上架②工作分配不當導致無人負責檢查過期商品③未做好先進先出的陳列，導致貨架上尚有較早進貨商品④倉庫儲存環境不佳，使商品產生瑕疵。

69. (　) 下列哪些為活化門市賣場空間的做法？①將強勢商品置於商店入口處，以方便顧客拿取②妥善動線安排③運用色彩及照明突顯賣場個性④招牌設計統一以表現賣場整體一致感。

70. （　）下列哪些為一般促銷活動的目的？①吸引顧客②贈送商品③進行公關活動④增加營收。

71. （　）連鎖便利商店引進服務性商品，例如代收水電費、電信費、停車費等，販售這些服務性商品有哪些優點？①可增加人手，創造就業機會②無庫存壓力③可藉以販售樂透彩，增加營收④可吸引更多來客數以增加對其他商品的購買。

72. （　）連鎖店發生虧損，下列哪些因素是因開店前評估不實所造成？①忽視競爭者分析，商圈內競爭激烈②服務人員服務品質不一致③立地地理位置不佳④店鋪設計不佳，賣場購物環境差。

73. （　）連鎖店經營在行銷組合有 7 Ps，下列哪些是屬於 7 Ps 的內容？①人員(People)②流程(Process)③店頭廣告(POP)④推廣(Promotion)。

74. （　）一般像經營珠寶、汽車等特殊品的連鎖店，其適合行銷組合的方式為何？①在地點策略採取密集式配銷②採取低價方式以快速進入市場③透過專業人員進行販售服務④店鋪宜塑造專業門市氣氛。

75. （　）連鎖店有越來越多的業者發展自有品牌的商品，此自有品牌策略有哪些優點？①與競爭者的商品同質性越來越高②減少經營的風險③商品價格將更具優勢④提高消費者對品牌的認同度與忠誠度。

76. （　）有關連鎖展店之選址下列敘述哪些正確？①三角窗位址可增加品牌能見度②位於下班路線主幹道第一條巷弄轉角處是黃金地點③幹道越寬越好（例如超過 20 公尺寬），越能吸引新顧客上門消費④商店街的陽面（俗稱文市）集客力弱，而陰面位置集客力較強。

77. （　）下列哪些為連鎖業者投資設立物流中心之主要動機？①減少各加盟店之間競爭②減少營運成本③提升揀貨技術能力④穩定商品供應。

78. （　）下列英文名稱的縮寫所代表意義哪些正確？①RFID：無線射頻辨識技術②EOS：電子文件交換系統③EDI：電子訂貨系統④VAN：加值網路。

79. （　）下列英文名稱的縮寫所代表意義哪些正確？①CRM：供應鏈管理②ERP：企業資源規劃③SCM：顧客關係管理④VMD：視覺商品管理。

80. (　) 採用 POS(Point Of Sales)系統對連鎖零售業有哪些功能？①可瞭解顧客來購物的尖峰及離峰時間，使人員作更好的調配②可知道哪些是暢銷品與滯銷品，有助於商品管理③可對競爭者動態瞭若指掌，以便採取有效的因應對策④可蒐集顧客人口統計變數（例如顧客性別、年齡等）與購買商品的資訊，使行銷策略研擬更為靈活。

81. (　) 對商圈內競爭店進行調查以蒐集資訊，可採行下列哪些方法？①在不同時段對進入競爭店的顧客數及提袋率進行調查，以推測其客層及營業額②在自己門市店設置意見箱，以瞭解競爭店客訴問題③充當顧客進入競爭店，以瞭解其商品結構、價格、陳列及營運狀況④進入門市的顧客在購買商品時，對顧客詢問或問卷調查，亦可獲得競爭者相關資訊。

82. (　) 門市商圈欲持續不斷的擴大，以吸引更多顧客來店消費，下列的做法哪些正確？①創造商品的獨特性②增加門市服務人員③持續提供商品便利與有效率服務④聚焦於與競爭者競爭。

83. (　) 下列有關商品裝袋的原則哪些正確？①生食與熟食應該裝在同一袋內②易碎或較輕的商品應置於袋子上方③瓶裝及罐裝的商品應置於袋子中間④為節省購物袋，商品裝袋可高過袋口。

84. (　) 下列有關衡量賣場經營效率之指標哪些正確？①人效＝淨利／員工人數②坪效＝營業額／賣場面績（坪）③商品迴轉率＝營業額／平均資產總額④交叉比率＝毛利率×商品週轉率。

85. (　) 下列哪些有助於門市建立正向的公共關係？①舉辦或贊助公益活動②建立企業識別系統(CIS)③門市店長受邀至電視台演講或接受採訪④對未成年的學生販售菸酒。

86. (　) 下列哪些為門市在提高營業額於營運上所努力方向？①成立物流中心②增加門市服務人員③增加來客數④提高客單價。

87. (　) 下列哪些為連鎖店鋪門市營運管理的項目？①加盟發展②商圈經營③商品管理④顧客服務管理。

88. (　) 就一般連鎖店鋪，下列有關門市店長之敘述哪些正確？①門市店長是一高階管理者，扮演總部與分店之間的橋樑②店長必須掌握顧客及競爭者動態③店長必須協助新進人員的甄選，但新進人員教育訓練由總部負責④店長必須負責維護門市設備安全及環境衛生清潔。

89. (　) 零售商的功能中，能提供哪些服務？①智慧商店②分裝商品③銷售服務④資訊蒐集。

90. (　) 連鎖體系經營型態可分成下列哪幾類？①直營連鎖②自願加盟連鎖③授權加盟連鎖④委託加盟。

91. (　) 下列哪些是零售業的行銷組合？①商品②資訊③通路④價格。

92. (　) 下列哪些是通路成員？①供應商②物流業者③零售商④廣告商。

93. (　) 定價法在銷售組合上有哪幾種方式？①成本加成定價法②利潤極小定價法③目標報酬定價法④現行價格定價法。

94. (　) 商店內外設計、設備有哪些需要管理維護？①商店招牌②展示櫥窗③商店生財設備④顧客動線。

95. (　) 賣場直線型布置通常運用於食品商店、折扣商店、藥局、五金商店等商店，其具備有哪些優點？①簡化賣場環境②減少賣場死角③易於保存商品④方便促銷。

96. (　) 優秀的店長在賣場的一天中看到、想到或關心的有哪些？①商品管理②賣場管理③賣場開放式廁所管理④商圈管理。

97. (　) 店鋪營業管理業務有哪些？①商品管理②賣場管理③賣場開放式廁所管理④商圈管理。

98. (　) 門市管理作業有哪些？①商品管理②人員管理③賣場安全④顧客服務。

答案

1.(4)	2.(4)	3.(3)	4.(2)	5.(3)	6.(4)	7.(1)	8.(4)	9.(4)	10.(1)
11.(1)	12.(1)	13.(2)	14.(4)	15.(1)	16.(3)	17.(1)	18.(1)	19.(4)	20.(1)
21.(4)	22.(1)	23.(4)	24.(4)	25.(3)	26.(4)	27.(4)	28.(4)	29.(1)	30.(1)
31.(1)	32.(1)	33.(4)	34.(1)	35.(2)	36.(3)	37.(1)	38.(1)	39.(4)	40.(4)
41.(4)	42.(4)	43.(2)	44.(2)	45.(2)	46.(2)	47.(3)	48.(4)	49.(4)	50.(4)
51.(1)	52.(4)	53.(2)	54.(3)						
55.(14)		56.(23)		57.(134)		58.(124)		59.(12)	
60.(124)		61.(13)		62.(24)		63.(23)		64.(34)	
65.(24)		66.(23)		67.(23)		68.(123)		69.(234)	
70.(14)		71.(24)		72.(13)		73.(124)		74.(34)	
75.(234)		76.(12)		77.(24)		78.(14)		79.(24)	
80.(124)		81.(134)		82.(13)		83.(23)		84.(24)	
85.(123)		86.(34)		87.(234)		88.(24)		89.(234)	
90.(124)		91.(134)		92.(123)		93.(134)		94.(123)	
95.(123)		96.(123)		97.(124)		98.(1234)			

MEMO

門市商品管理

02
CHAPTER

2.1 貨品陳列定位管理

2.2 商品組合思維

2.3 商品進銷存管理

2.4 商品系統化管理

2.5 商品採購管理

案例分享　星巴克(Starbucks)的經營與現況

練習試題

2.1　貨品陳列定位管理

2.1.1　零售商品計畫之意義

商品計畫指「將適量商品在適合的場所、時間、數量、價格，進行配給的計畫」。另意味著批發業或零售業者的採購計畫活動、銷售活動、商品企劃等整體的「流通業者的行銷活動」。零售商品計畫在經營行銷中的功能，主要是結合商品的創新，與行銷整體知識整合的訓練。

（一）商品區分

行銷觀念下之產品係將產品視為整個系統，形成產品系統之觀念。產品系統由三個子系統（或層次）所組成。

1. **核心產品**：即消費者或客戶購買及消費該產品之真正欲滿足之欲望或需要，也是該產品之核心功能或核心利益。

2. **實質（實際）產品**：行銷規劃將核心產品之觀念加以商品化，將核心功能或核心利益透過產品的開發，成為實際上可摸、可用之產品或可以享受之服務。

3. **附屬（引申）產品**：為更有效的滿足消費者的欲望或需要由實質產品所引申出來，而附屬在整個產品系統中之部分。包括有：交貨、安裝、保證、售後服務、顧客諮詢、分期付款、信用條件、財務融通、倉儲安排。附屬產品常是公司創造競爭優勢的重要來源之一。

在零售行銷實務應用範圍裡，零售全商品的部分，主要可分為：

1. **附增商品**：能代表廠商所要滿足的基本顧客需要，或者是該商品類別所能提供的主要利益。

2. **有形商品**：用來容納核心商品，藉以滿足顧客的需要。

3. **核心商品**：許多企業將之視為創造商品差異化或附加價值的主要來源。

　　因有形商品的部分常受限於技術能力等不易突破的障礙，因此以上三種不論在製造業、服務業，甚至零售業也都會用到這全商品的觀念。

（二）商品計畫業務範圍

　　公司的經營者或負責採購的人使用這些企業內外部的資料，來預測一年間、各季節、各月份每一種商品系列可能的販賣額，並且加諸企業的意志和欲望所編製的販賣計畫，而此一計畫的販賣額數字就成為每一種商系列之商品計畫的出發點。有關商品計畫各階段業務範圍，如圖 2-1。

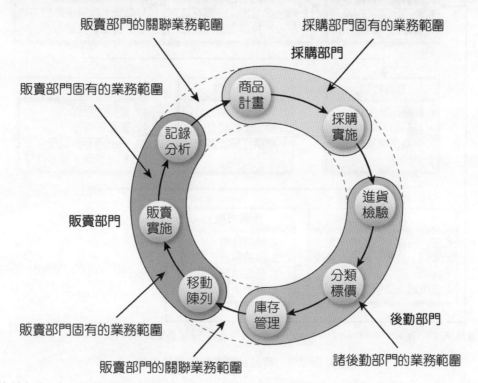

資料來源：Gerald Pintel and Jay Diamond，曾次清譯，《零售學》，海角出版

▲ 圖 2-1　商品計畫各階段業務範圍

（三）商品計畫業務重點

商品計畫「全店商品→個別商品」計畫的中心有二個重點：

1. 每月或每季應該準備的商品系列，其庫存額的決定。
2. 在這個庫存額的範圍之內，備齊商品之計畫的樹立。

而庫存額的數量是必須以販賣額為基礎計算出來的。

有關商品計畫各階段業務重點，詳細如圖 2-2。

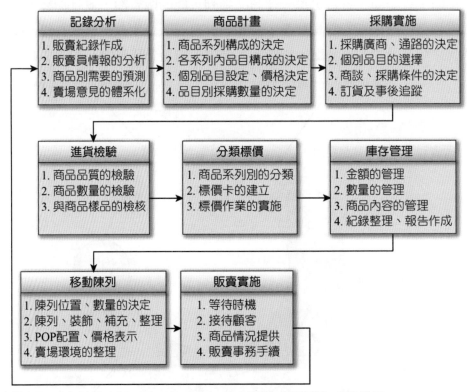

資料來源：Gerald Pintel And Jay Diamond，曾次清譯，《零售學》，海角出版

▲ 圖 2-2　商品計畫各階段業務重點

（四）商品計畫分解方式

　　進行備齊商品的計畫，而此處的原理不是「個別商品→全店商品」的匯集方式，而是「全店商品→個別商品」的分解方式。

　　因此商品計畫並不是積上的方式(Bottom Up)，而是分解的方式(Top Down)。茲將分解方式的概念，詳示如下圖 2-3。

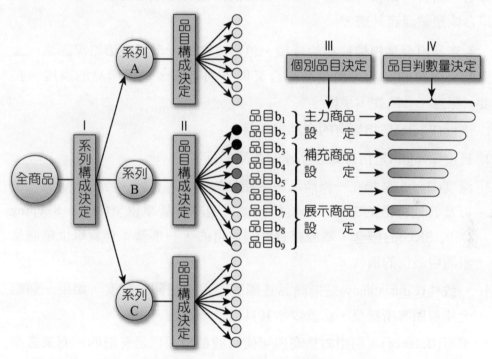

資料來源：Gerald Pintel and Jay Diamond，曾次清譯，《零售學》，海角出版

▲ 圖 2-3 商品計畫的分解方式

2.1.2 商品的規劃

（一）商品組合策略

在商品定位完成後，便可以規劃商店所有欲販售商品的組合策略，例如小型專門店的商品計畫可能是以整個店為基礎一次規劃，但對大型零售店而言，則要一步步累積，從個別商品的分類，到按各部門，最後集合成整個商店計畫。

產品組合是根據商品的分類、色彩、款式、型號及價格等因素，來分配可運用的商品，而產品組合又與下列有關，包括產品的廣度、長度、深度、一致性、平衡。

1. 廣度(Width)是指擁有的產品線數目。

2. 長度(Length)是指每條產品線的產品項目。

3. 深度(Depth)是指在一條產品線內產品的大小、包裝、容量、規格、色彩及其他特徵的數目。深度已涵蓋「基本存貨單位」(Stock Keeping Unit, SKU)的概念，基於存貨控制之目的，一項基本存貨單位是商品辨識中最低的層次。

4. 一致性(Consistency)是指商品在顧客心目中相關的程度，如果一個組合能被顧客所接受，那就表示其具備了一致性。

5. 平衡(Balance)，則指的是商店可使用的銷售面積是有限的，而業者必須達到一個令最多顧客滿意的產品組合，而且同時也能符合商店的形象。

（二）品牌決策

建立品牌可以受到法律的保障、有利於促銷產品、建立顧客忠誠度、好的品牌可以增加商品的價值、便於市場區隔之運作及可作為產品的象徵。

品牌可分為兩種：製造商品牌（Manufacturer Brand，或稱全國性品牌—National Brand）是由生產者的名稱作為產品品牌。另外，許多零售商都擁有自己的自（私）有品牌（Private Brand，或稱配銷商品牌—Distributor Brand），經營自有品牌商品的主要目的是區隔市場，塑造通路的獨特性，以及藉自有品牌商品擴大獲利空間。

（三）新產品引入

在商店所販賣的商品中，有的產品已持續在賣，有的則是新產品；新產品必須經過測試才能決定是否販賣，所考慮因素包括：

1. 是消費者想要且需要的商品
2. 能夠建立商品特色。
3. 能夠在廣告媒體中宣傳新商品。
4. 能醞釀良好氣氛的商品。
5. 能創造利潤的商品。

2.1.3　商品類型和商品計畫

在擬訂商品計畫時，必須依照商品的類型來考慮。通常商品供應會將商品系列分成屬於流行商品系列和屬於恆常商品系列，分別擬訂不同的計畫，亦即對流行商品採用標準庫存量制(Model Stock Plan)的方式，對恆常商品則採用基本庫存訂購表(Basic Stock Order List)的方式。

流行商品以商品的流行性，也就是造型方面的特徵為主要的推銷重點(Selling Point)，大都有季節性，商品系統大半屬於專賣品、貴重品；恆常商品則以商品的機能性，亦即以特性方面的效用為主。流行商品的代表是女裝、皮包、男士用品等；恆常商品的典型就是牙刷、清潔劑、日用加工食品等。

商品計畫和採購、庫存的統一管理方法基本上是因對象屬性而有所不同。表 2-1 是流行商品的各種特性及處理上的注意事項一覽表。

▼ 表 2-1　流行商品的特性

流行商品的特性
1. 消費者的購買行動未必定期或反覆。每年固定購買兩件襯衫的消費者相當少。
2. 很多都是非消耗品、非生活必須品，不會因為沒有這東西就活不下去。所以價格下降，總需求就會膨脹；價格上漲，總需求就會減少，也就是說需求量會隨著價格而改變。
3. 和恆常商品比起來，價格相當高，平均都是幾千元、幾萬元。不但如此，屬於不同種材質同系列的物品種類之間，有時候價差亦相當大，例如皮包，合成皮可能幾千元，真皮的卻標價幾十萬元，價格的範圍相當大。
4. 包含在同種同系列的商品種類數目相當多，材質、類型、造型、花樣、花色、尺寸等有相當多種。
5. 製造上大部分都是手工，勞動集約性很高，不會長期連續生產，有時候甚至只生產一兩個，所以在採購時，往往很難再訂購。
銷售流行商品時的注意事項
1. 大部分都是相同的物品種類擬訂長期的商品計畫。有時候會在同一季內進行物品種類的更換，每個物品種類的壽命期間相當短。
2. 擴充物品種類是吸引顧客及達成營業額上相當重要的要因。所以，在銷售特定的商品系列時，一定以充足的賣場面積及充分的庫存投資為前提，並以適當的物品種類數量為對象。
3. 這些物品種類在價格帶及價格線、類型、造型、材質、花樣、花色、尺寸等方面一定要很豐富。商品的庫存計畫也會變得相當複雜。
4. 明確地設定價格帶和價格線。與恆常商品不一樣，同一商品系列內從低價格到高價格的物品都有，在商品計畫階段如果不將價格帶及價格線分上、中、下，可能會偏重於某個特定的價格帶及特定價格線上的物品種類，使其他價格帶的物品缺乏。全部的計畫庫存商品應該先用價格帶區分，再用價格線區分各價格帶，然後各價格線再用材質、類型及造型進行物品種類的分解。
5. 避免流行商品的每個商品系列有好幾個物品種類，如果從每個物品種類的需求方面來看，是以生命循環短、流行循環的速度很快的物品為主，根本不可能大量採購、長期庫存。仔細地追蹤每個物品種類的庫存動向，在計畫中考慮需求的演變是相當重要的，所以降價的計畫也很重要。
6. 大部分是不可能再訂購同一物品種類的商品，這一點和恆常商品完全不一樣。

資料來源：清水滋著，葉美莉譯，《零售業管理》，五南圖書

2.2　商品組合思維

2.2.1　循環的商品計畫

擬訂商品系列組合(Merchandise Lines Mix)的方向後產生的問題，即依照此設定的商品系列，擬出每個時期（年季月）更具體的商品計畫。

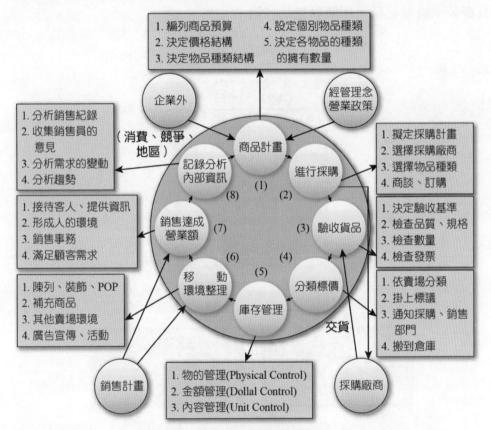

資料來源：清水滋著，葉美莉譯，《零售業管理》，五南圖書

▲ 圖 2-4　各商品系列的商品供應循環

圖 2-4 商品業務的出發點是在擬訂「計畫」時求出來的。擬訂計畫時，必須要取得適當的資訊（商品資訊）和分析。這個資訊分為存在於

企業內部和從企業外面蒐集而來的兩個系統（分別稱為企業內資訊、企業外資訊）。

2.2.2 商品計畫之程序

大部分的零售商都以販售商品為主要目標，而決定販賣何種商品以及賣多少數量更是一項關鍵性的任務。

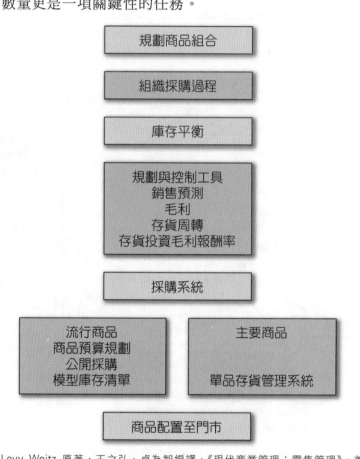

規劃商品組合

組織採購過程

庫存平衡

規劃與控制工具
銷售預測
毛利
存貨周轉
存貨投資毛利報酬率

採購系統

流行商品
商品預算規劃
公開採購
模型庫存清單

主要商品

單品存貨管理系統

商品配置至門市

資料來源： Levy Weitz 原著，王之弘、卓為智編譯，《現代商業管理：零售管理》，美商麥格羅‧希爾國際股份有限公司

▲ 圖 2-5 商品管理事項

　　商品計畫是參考企業內、外資訊，再以反應經營理念、行銷策略的形式訂立。

（一）採購過程組織化

　　在採購過程必須將商品品項作成分類，如此一來零售商才能將採購過程組織化，採購人員進而針對特定的消費族群之需求組合去採購。

（二）檢視訂購商品

　　訂購的商品在後來陸續送達後，從採購一方而言就是商品交貨。交貨的商品直接進行驗收，依照各分店、樓層、部門、賣場分類，對每個物品標價。驗收包括檢查交貨商品品質、規格是否符合、數量及價格等。另外，在這裡要注意的並不是決定售價的過程，而是繫上價格標籤及 POS 條碼標籤的作業。

（三）劃分商品種類

　　分類、標價完成的商品，尤其是季節商品、流行商品等如果馬上拿到賣場去，當天可能就會有銷售業績，但是原則上是先收藏在倉庫。

（四）庫存管理

　　庫存，亦即盤存資產，就是庫存資產投資的對象，和設備投資同為企業資金無法忽視的部分。賣場及商品儲藏室的商品就是資金，當然應該要重視商品的統一管理。

（五）庫存平衡

　　決定庫存平衡的過程，有三項因素要權衡考量：

1. 多樣性

　　所謂多樣性，即一家門市或者百貨公司所具有商品種類的數量，門市擁有多樣化的商品，稱為有好的廣度。

2. 齊全

所謂齊全，是指在同一類商品中，單品品項的多寡。如果一家門市的齊全度高，稱為有好的深度。

3. 服務水準

所謂服務水準，在商品管理中，是指產品的便利性而言，與支援的程度有關，當然不要與顧客服務混淆了，也就是在整個零售活動中使顧客能夠輕易的到店與購物的程度。

2.2.3　商品計畫程序結述

擬訂各商品系列的商品計畫不單是將商品湊齊的計畫，也不單是庫存維持計畫，而是對將來設定最理想的商品供應循環模式的綜合計畫活動，所以採購、庫存、銷售要素也都包含其中。但是，那只是以銷售的「規模」、「內容」、「時期」為對象，並沒有考慮到銷售的具體方法、技術和戰略等問題，而這些正是銷售計畫的課題。

2.2.4　商品計畫程序

便利商店宜以「常購品」為中心，構築起整體商品結構。亦即購買頻率的高低，為商品組合策略的首要考量因素。

便利商店之商品結構，分為食品、非食品和服務性商品等三大類，其商品定位與附近商圈特性息息相關，因此便利商店在選擇商品時，須「有計畫」地針對商圈內主要顧客群，分析其消費習性，決定適當的商品定位，然後再擬定完整的組合策略，如此才能創造源源不絕的利潤。

（一）存在價值

便利商店的存在價值，是對其附近住戶及工作者提供日常之所需，因此其商品結構自然宜以食品、日用品等所謂「常購品」購買中心。

（二）商品經營理念

　　零售業的經營活動，基本上，是「買」（採購）與「賣」（銷售）。若只是根據買方事先的訂貨，再去採購，當然不怕賣不出去；但實際上，便利商店的營業方式，是以「預測銷售的可能性，事先購貨陳列」的型態為主。因此，能否銷售出去的判斷，就非常重要了。而判斷的過程，實乃「計畫」的機能，所以，買賣之前的「商品化計畫」即是「商品經營」的首要課題。

1.「商品」的廣義概念

　　　　商店所提供的「商品」，絕非狹義地單指所陳列販售的「有形物」，而是廣義地泛指一切「無形物」，例如：店鋪的形象、明朗舒適的購物環境、親切待客的氣氛、一切提供便利性服務的措施而形成完整的「商品組合」策略。

2. 從「行銷理念」到「商品化計畫」的技術體系

　　　　商店對其「商品化計畫」的展開，須遵循下列四個思考層次：

(1) 行銷理念的貫徹。

(2) 明確定義、掌握主要顧客群。

(3) 深入瞭解消費變化趨勢。

(4) 展開「商品化計畫」。

3. 行銷理念的貫徹

　　　　行銷理念的核心有：(1)顧客導向；(2)市場區隔。

以下四個階段的認知程序，或許可激發貫徹力行的意志。

(1) 沒有顧客，店鋪就無法生存。

(2) 店鋪每一次都能讓顧客獲得充分的滿足感。顧客才會繼續購買。

(3) 顧客的需求須事先掌握，才能正確因應，使其需求得到滿足。

(4) 把握住顧客的需求之後，就得動員所有的力量，朝向「使顧客獲得最充分的滿足感」之方向努力！

4. 明確定義、掌握主要顧客群

5. 深入瞭解消費變化趨勢

6. 展開「商品化計畫」

　　　　永無止境的追求「六個正確」：

(1) 選擇正確的「商品」。

(2) 決定正確的「價格」。

(3) 安排正確的補貨「時間」。

(4) 陳列正確的「數量」。

(5) 陳列在正確的「位置」。

(6) 正確的「表現」（包括告知、氣氛、服務等）。

（三）「商品經營」的作業系統

　　便利商店的「商品經營」流程關鍵有三：

1. POS（Point of Sale，銷售時點即時系統）

　　自動蒐集必要的銷售資訊，供統計、分析、預測之用。（詳見 2.3.3POS 系統介紹）

2. POO（Point of Ordering，訂貨時點即時系統）

　　訂什麼貨及補多少數量，乃「商品經營」最頻繁也最重要的決策課題，必須講求：

(1) 在訂貨時點，改進其正確性。

(2) 訂貨作業的省力化、省腦化，甚至自動化，即構築「電子訂貨系統」。

3. POR（Point of Receiving，驗收時點即時系統）

　　講求驗收的作業簡化、迅速，正確地補上陳列位置。

2.3　商品進銷存管理

2.3.1　商品庫存的基本概念

商品庫存在商品計畫中扮演著相當重要的角色，舉凡採購乃至銷售策略皆可以此作為參考的資料，因此作以下的說明：

（一）基本概念

有效的庫存，可使商品中的成本降到最低，商品迴轉率增高，才能減少因風險造成的損失，而獲利達到最高點。

（二）零售商的庫存是致命傷

總財產中庫存所占比率，零售商比製造業要高得多，日本的比率是40%以上，而且除去新鮮食品和金飾珠寶、高級家具等一部分行業以外，利潤是很少的，庫存的周轉不佳，就有致命的危險，因其所售商品較其規模為多，加以廢舊和陳腐的危險性很大。

（三）安全庫存量

安全庫存量要注意下列幾點：

1. 商品迴轉率。

2. 商品價位及成本的變動頻率。

3. 商品的送貨週期。

（四）存貨迴轉率

1. 存貨的迴轉率高低代表該商品的銷售能力。

2. 迴轉率高，代表商品庫存應增加，成本容易降低。

3. 迴轉率低，代表商品庫存應減少，成本不容易降低。

4. 存貨迴轉率＝每月的銷售總額／平均存貨成本。

（五）商品庫存量

而商品的庫存量必須依照商品的價位、大小和迴轉率來決定多寡，如果好賣，物品過大或成本過高，都可能無法一次存放太多庫存，而不好賣的商品，庫存量是絕對不用太多的。

（六）總庫存成本

總庫存成本，就是目前商店內所有商品的個別庫存量乘上個別成本的總合，就是整個商店的總庫存成本，而庫存成本越高，就會使資金運作更加困難。

（七）提升庫存績效

如果庫存績效管理得好，可以得到下列幾個效益：

1. 財務上

(1) 瞭解目前商店內財務運作狀況。

(2) 防止庫存成本過高，資金運轉不靈。

(3) 瞭解銷貨營業額，作好收入及支出的平衡。

2. 管理上

(1) 加強各商品的促銷和流通。

(2) 維持商店庫存穩定。

(3) 減少商品失竊或損壞率。

(4) 貨架和倉庫商品庫存必須能穩定平衡。

3. 成本控制

(1) 利用 POS 將商品資訊化。

(2) 將人力成本降低，減少人事成本。

(3) 控制庫存成本，使進貨都達到最高效益。

2.3.2　庫存管制的方法

庫存管制是為了有利進行商品的銷售或採購，蒐集有關銷售或庫存的統計資料加以分析。

（一）視覺的庫存管制方法

庫存管制的方法依據銷售商品的幅度或數量，經營規模的大小等，而有所不同。

（二）數字的庫存管制方法

此方式是以計數來實施庫存管制。因此，比視覺的方式優越，也較科學化。此方式可大致分為兩種：

1. 依據金額的庫存管制

以金額為基準的庫存管制，是以貨幣金額有計畫的記錄商品的採購、庫存量、銷售量等，期以此資料來適切管理與管制銷售、採購及庫存。

2. 依據數量的庫存管制

依據數量的庫存管制方法，就是依個別的商品品目別之單位（個、件、本、公斤等）為基準，來把握其動態。

（三）依據商品周轉率的庫存管制

商品周轉率是以採購商品到銷售之前的平均期間來表示。一般把一定期間的銷售額來除以期間內的平均庫存額。

於是，為了實施適切的庫存管制，可考慮利用商品周轉率，為此要把握過去的銷售實績或庫存額的演變，來分析商品周轉率的現況。因此可分為：

1. 公司全體的商品周轉率。　　　2. 部門別的商品周轉率。

3. 主要商品別的商品周轉率。　　4. 特定商品別的商品周轉率。

（四）JIT 管制(JUST-IN-TIME INVENTORY CONTROL)

正如其名稱所顯示的，JIT 可在需要之前最後一天或最後一小時，提供其所需。

JIT 是一種強而有力的工具，足以降低存貨成本與投資、消減勞工成本和提高商品品質與工廠產能／生產力。

使用 JIT 的公司有下列四項待克服的困難問題：

1. 在供應商的生產日程表之下，協調採購者交貨需求。

2. 獲得與維持供應商品質一致的水準。

3. 使供應商信服 JIT 的效益。

4. 協調採購者與供應商之間的資訊流程。

2.3.3　POS 系統介紹

現代的零售業已步入了電子商務的範疇，利用電腦網路的科技，來實行實際在前臺銷售的功能，它能取代實體銷售中，時間與地點的不足。同時，它也能將後臺庫存資料回傳給供應商，使供應商能快速補足庫存，增進效率。

（一）何謂 POS 系統

1. POS 系統的意義

所謂 POS（Point of Sale 的簡稱）系統，若是狹義地解釋，就是僅管理銷售時點資訊的系統，可考量為和 POO（發包時點資訊管理）和 POD（配送時點資訊管理）等同樣程序的概念。不過，作為擔任現今物流業界現代化、資訊化的整體系統，一般都作廣義解釋。所謂 POS 系統：「是利用光學式自動讀取方式的收銀機，將各單品所蒐集（記錄）之銷售資訊及在購入、配送等活動所發生的各種資訊送至電腦，成為各部門可有效利用之資訊的處理、加工及傳達的系統。」

2. POS 系統導入的目的

(1) 提高收銀機之省力化、迅速化、正確性。

(2) 把握主力商品、滯銷商品。

(3) 事務作業之效率化、迅速化。

(4) 商品管理（單品管理）之充實。

3. POS 系統的基本構成和種類

　　零售業 POS 系統中的標準構成和處理流程如下：

(1) 商品上按各單品貼上條碼或 OCR（Optical Character Recognition，光學式文字辨識）標籤。

(2) 由各 POS 終端機讀取的資訊，會傳送至設置於店內的庫存控制器，並製作明細表。

(3) 在店內蒐集的銷售資訊，會利用連線或媒體等送回總部。

(4) 在總部、物流中心、各店鋪，根據這些資訊來進行庫存管理、發包、購入管理、配送管理等。

（二）POS 導入的優點和 POS 資訊的特性

　　導入 POS 系統的優點，可分為硬體面和軟體面來說明。

1. **硬體面的優點可舉出如下：**

(1) 營業登錄時間之短期化。此與縮短顧客等待時間有關。

(2) 出納人員之教育訓練時間的短期化。

(3) 因輸入錯誤造成的失誤少。

2. **軟體面的優點考量如下：**

(1) 商品資訊之迅速化、正確化。

(2) 把握主力商品、滯銷商品。由此可減少滯存品。

(3) 利用 EOS(Electronic Ordering System)和 POS 系統之連動，使購入、庫存適當化。此也與防止漏賣和發包迅速化有關。

(4) 把握顧客的購物動向。分析什麼樣的顧客在何時購入何種商品，使其反映在商品供應計畫。

導入具備這些優點的 POS 系統，對依據收益結構改善資料來追求合理經營的零售業、流通業界而言，定能更加地活絡化。

其次，由 POS 系統所蒐集的資料應該是所產生這些優點，接下來就來整理其資料（情報）特性。作為 POS 的情報特性，可舉出下列 4 項：

1. 情報詳細。　　　　　　　　2. 情報正確。

3. 情報可在必要時迅速取得。　　4. 情報量極為龐大。

2.3.4　POS 資訊對採購、庫存管理的活用

將 POS 系統導入分為 4 階段，並分析各階段的期待效果。在此僅限於列舉採購、庫存管理面的效果。

（一）第一階段（準備階段）

為 POS 系統化的準備階段，店鋪方面之標準化、合理化的階段。

1. 補充發包作業量之標準化、驗收資料輸入之省力化。

2. 主力商品、滯銷商品情報的把握。

3. 盤點報告之正確化。

4. 防止缺貨之早期準備，庫存之適當化，商品周轉率之提高。

5. 各商品利益管理、商品計畫之適正化。

（二）第二階段（導入階段）

為 POS 系統導入的第 1 次階段，單品管理系統、流通資訊網路、系統前的店鋪、配送中心等的整備，企業內資訊的有效運用階段。

1. 庫存品之自動把握。

2. 陳列、位置之適當化。

3. 依據銷售業績之購入計畫。

4. 有效之空間計畫。

(三) 第三階段 (發展階段)

正式作用的第一階段，作為利用單品管理系統之零售業的整體系統化階段。

1. 補充發包之自動化。

2. 適時實施折扣。

3. 不良庫存之發現、問題商品之早期發現。

4. 特賣商品做軍品管理的可能性。

5. 材料，加工準備之迅速化。

6. 對採購對象之自動發包化。

7. 削價損失之刪減。

8. PB（個性品牌）商品之開發促進，下一季用商品開發資料之製作。

(四) 第四階段 (成熟階段)

正式運作階段，藉由流通資訊網路系統的實施，為流通業界全體之整體系統完成的階段。

2.3.5　條碼技術

另外，在此介紹與 POS 系統密不可分的條碼技術：

(一) 何謂商品條碼

所謂商品條碼(BAR CODE)，就是將商品的編號數字（即商品代號，或可視為商品的身分字號），改以平行線的符號代表，方便裝有掃描閱讀功能的機器讀取，進而達成商品管理的目的。

（二）條碼在商品流通作業中具備有下列的功能

1. 可壓縮作業時，提高速率，增加效能。

2. 可正確的掌握資料，確定商機。

3. 可迅速且簡單的將資料自動輸入和讀取。

4. 可達到自動化登錄、控制、傳遞、溝通等目的。

（三）條碼的簡介

條碼是利用黑白粗細不同的線條所構成，能為光學閱讀機所接受之圖型，內含有 13 個字元（或 8 個）各代表著國家、廠商、商品、檢核等代號。

其中，最常看到的就是標準碼 EAN-13。標準碼 EAN-13 是由 13 碼組成，包括 3 位國家代碼，4 位廠商代碼，5 位產品代碼及 1 位檢核碼。標準碼中的廠商乃由 CAN 核發給申請廠商，商品代號則由廠商自行設定。下圖 2-6 則為標準碼 EAN-13。

(1) 國家代碼（3 位）
(2) 廠商代碼（4 位）
(3) 產品代碼（5 位）
(4) 檢核碼（1 位）

▲ 圖 2-6　標準碼 EAN-13

（四）條碼對零售商的益處

1. 不會增加印刷費用。

2. 蒐集運用商品資料，掌握暢銷產品，增加獲利。

3. 結帳更快速精確。

4. 節省大量人力，防止櫃臺人員舞弊。

5. 便利商品價格的變動。

6. 得到有效的管理，如庫存、訂出貨、營業分析等。

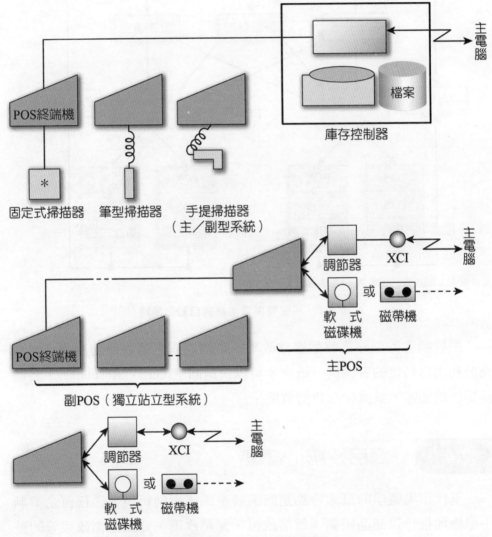

資料來源：鍾明鴻，《採購與庫存管理實務》，超越企管顧問公司

▲ 圖 2-7　POS 系統的型態

如下圖 2-8 所示，零售商一從顧客處得到商品需求的訊息後，可透過電子訂貨系統(EOS)向製造商訂貨，而後者可在收到訊息後即時(JIT)將商品送給零售商。

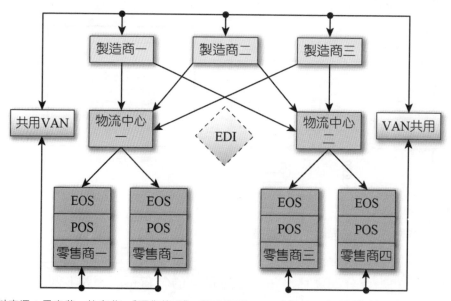

資料來源：周泰華、杜富燕，《零售管理》，華泰書局

▲ 圖 2-8　供應商與零售商的自動化系統

由於顧客的偏好、興趣經常改變，市場需求也隨之變幻莫測，唯有充分利用自動化的資訊流，廠商才可以快速回應(Quick Response)，將商品提供給顧客，並減少存貨的積壓。

2.4　商品系統化管理

現代市場競爭的最大特點是商品競爭或技術創新競爭。任何企業無不積極地推行以商品規劃、價格政策、促銷政策、分配途徑政策等的整體行銷活動手段，來擴大市場占有率，以獲得長期利潤的極大化。

2.4.1　設計過程中預測之重要性

　　預測消費者的購買行為其重要性隨著產品在開發過程中之進展而益趨重要。隨著產品在設計階段之進展，其更為確定，更像將送至試銷市場之最終產品，因此，對購買潛能之評估亦更為準確，而其估計也變得更為精確。

2.4.2　估計購買潛能之方法

　　購買潛能的數種指標可由消費者處取得，最簡單的指標乃是詢問消費者其購買之意向或購買可能性的直接問題，進行此項測試時應小心處理，然後將其轉換成購買潛能之大略估計值。

2.4.3　觀念測試

　　一個優良的觀念測試將可蒐集到意向及可能性之測度值，這些測度值可結合知悉及分配之估計值而提供最初的銷貨預測，許多觀念在進行此項測試時均會遭致失敗，因此診斷在產生資訊以及改良該項產品上極為重要，將對觀念之評價表現在知覺繪圖上，並評估其定位之單一性以及是否符合其必要之重要利益主畏，並應評估偏好之測度值以決定何種利益區隔群體對此產品會產生興趣。

2.4.4　觀念／用途測試

　　若觀念或將其改良後顯出其極具銷售潛力，則應對消費者做一初步的產品說明，此將對產品和觀念之一致性、重覆購買之意向以及長期潛能之預測做一測度。

2.4.5　產品生命週期之應用

　　產品生命週期之觀念和確認，會使企業管理者瞭解市場環境而有助於下列各項管理工作：

（一）規劃公司整個產品線之發展

公司想要獲得長期發展必須適當的組合不同產品生命週期之產品，以維持公司靈活之運轉和利潤之成長，同時要能妥善策劃研究發展活動，以便新產品能在適當時機推出。

（二）衡量現金流動和評估投資計畫

產品在不同之生命週期所需之投資和收益亦不同。各種投資計畫如果能引進產品生命週期之觀念，預測未來各個階段不同之收益和支出，將能更精確的預估未來現金之流動及投資之風險，以便更有效地評估不同之投資計畫。

（三）預先擬定產品未來發展之系列策略

從縱向角度來看，產品未來之發展隨著上市時間而面臨不同問題，產品生命週期觀念能幫助產品經理或行銷經理預測未來發展變化，用以擬訂完整之產品發展策略，並根據目標市場、競爭情勢之轉變配合不同的定價策略、廣告策略及分配通路策略，以完成公司目標達到整體利益。

2.4.6　產品生命週期之產品策略

不同之產品生命週期有不同的競爭態勢，亦有不同之市場組合。因此，在不同之產品生命週期階段應有不同之行銷策略因應之。

（一）導入階段之產品策略

影響新產品採用速率之因素：在導入階段，廠商應設法確定所推之產品是「正確的」產品，是顧客所需要之產品，此外還應設法促使市場快速採用該產品。影響採用速率之因素較重要者有 5 項，茲分別說明如下：

1. 相對利益(Relative Advantage)

相對利益是指新產品對所取代之舊產品的相對優勢。

2. 複雜性(Complexity)

複雜性包括結構之複雜性及使用之複雜性，結構越複雜越不容易被瞭解，使用方法複雜亦會阻礙市場之採用速率。

3. 可分性(Divisibility)

此乃指產品可否用有限之數量試用。顧客對新產品往往有較高之知覺風險(Perceived Risk)，特別是財務之損失及產品不好時受他人之嘲笑，因此如果能選擇較小之數量試用，就可降低知覺風險，也就較快為市場所接受。

4. 和諧性(Compatibility)

和諧性是指新產品和潛在採用者之價值觀念和經驗是否一致。

5. 溝通性(Communicability)

溝通性是指有關新產品之資訊可容易地傳達給可能之消費者。

（二）成長階段之產品策略

產品在成長階段普及率及銷售量增加，此時廠商必須設法維持此種擴張之動力，同時必須面對新競爭者之侵入，因此，此階段之目標在建立產品地位及強化顧客之忠誠性。為達到此目的，產品模式必須擴張以訴求某特定區隔市場。

除了提高產品品質及改良產品外，樣式和包裝則是產品差異化之重要手段，亦是廠商增強競爭力之方法。心理學之實驗證明：好奇心和獲取新經驗之欲望是人類行動之動力，故產品之新奇性也是獲取市場之方法。

（三）成熟階段之產品策略

成熟階段之前期，產品普及率剛剛開始減緩，此時廠商可設法伸張產品生命週期，再造銷售之另一高峰。此是所謂之「起飛」政策。

再循環政策包含整個生命週期之規劃，期望引申一成熟產品之銷售於一規劃時期。尼爾森公司(A. C. Nielsen Company)定義再循環為：在主要產品生命週期以後，任何市場占有率趨勢之顯著改良或再生者，如圖 2-9 所示。再循環政策之運用往往須同時採自二種以上行銷組合

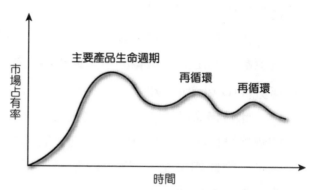

資料來源：劉水深，《產品規劃與策略運用》，華泰書局

▲ 圖 2-9　主要產品生命週期及二個再循環

之元素，廣告常是主要之武器，產品策略方面常利用產品之改良，包括產品屬性之改變、增加不同尺寸、味道、顏色等等。圖 2-10 乃尼爾森公司追蹤一典型雜貨品牌之生命週期。

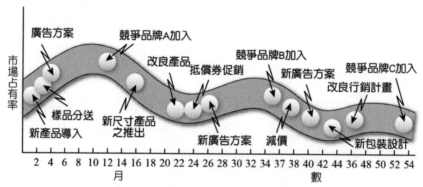

資料來源：劉水深，《產品規劃與策略運用》，華泰書局

▲ 圖 2-10　主要品牌生命週期及再循環週期之策略

（四）衰退階段之產品策略

此時應從下列交替方案選擇一個行之：1.改良產品之功能或其他使產品復活的方法；2.檢討改進生產及行銷效率；3.檢討各產品項目，剔掉不利之產品項目，就是減少產品項目數；4.淘汰該產品。

2.4.7　庫存的兩面性和適當庫存

很多零售業者認為盡量控制庫存、提高商品周轉率才是健全的經營方式。

庫存過剩或太少都會造成困擾，但提高商品周轉率有優點，也有缺點，表 2-2 就是用對比的形式表示其優點和缺點。

▼ 表 2-2　提高商品周轉率對經營的優缺點

優　　　點	缺　　　點
(1) 可以提高庫存投資效率。	(1) 往往會出現手邊資金過少的現象。
(2) 也可以節約商品保管費、商品保險費等庫存投資資金以外的相關費用。	(2) 採購事務費、採購出差費等訂購的相關費用會提高。
(3) 使商品的物理價值降低縮小（庫存時發生的耗損）。	(3) 會造成過少庫存，並容易缺貨。
(4) 防止商品的市場價值降低（流行的變化、季節的經過、新款式的出現導致商品價值降低）。	(4) 庫存的數量有限，所以物品很難充足。
	(5) 小客採購會變成恆常性，使採購金額較高，缺乏大量採購的優點。
(5) 將上述的(3)和(4)庫存風險降到最低。	(6) 上述(5)的結果往往會降低加成率（最後會影響總銷售利潤率）。
(6) 可以將減價率控制在一般以下。	(7) 採購的退貨（退給廠商）會增加。
(7) 商品新鮮，所以銷售上的退貨（顧客的退貨）比較少。	(8) 上述(5)和(7)使對廠商發言力量減弱，優先確保優良商品的能力降低。
(8) 商品不斷地流動，可以防止賣場氣氛的停滯。	(9) 小客採購的結果，就會使「採購－庫存－銷售」循環活動的計畫性降低。
(9) 手邊的商品絕對量少，容易進行商品管理（尤其是庫存管理）。	(10) 顧客和廠商的支持會減弱，企業長期的競爭力會降低。
(10) 可提高目前的（短期）效率與機動性。	

資料來源：清水滋著，葉美莉譯，《產品規劃與策略運用》，五南圖書

2.4.8　交叉主義比率

關於商品周轉率和總銷售毛利的對比關係，這個事實是不容忽略的，其實這是理所當然的結論，但是大部分的採購負責人並沒有明確意識到這一點，往往認為只要提高商品周轉率，總銷售毛利也會改善。總銷售毛利的金額的確是會因商品周轉率的提升而增加，但卻不可能增加總銷售毛利的幅度，一般來說，如果提高商品周轉率，總銷售毛利就會縮減，所謂的交叉主義比率公式就是在敘述這個事實。

交叉主義比率是以下面公式求出來的指標：

$$
\begin{aligned}
&\frac{總銷售毛利}{平均庫存額（零售價）} \\
&= \frac{純銷售毛利}{平均庫存額（零售價）} \times \frac{純銷售毛利}{純銷售額} \\
&= 商品周轉率 \times 總銷售毛利率 \\
&= 交叉主義比率
\end{aligned}
$$

這種類型的公式大都是這樣，但是在一個框框中要放兩個東西，並要這兩樣東西都往同一個方向伸展通常是不可能的（下面的銷售額要素分解公式也是如此）。

一定期間的銷售額＝該期間的平均銷售單價×該期間的銷售數量

所以要將商品周轉率和總銷售毛利這兩者同時提高，使這個比率增加通常是很困難的。要提高庫存的效率，應該在哪一個要素中多花一點心思呢？在這裡有兩個策略：1.總銷售毛利維持一定，改善商品周轉；2.商品周轉率和以往一樣，使總銷售毛利率提高。

2.4.9　物流費用管理

物流費用的計算，並不僅是注重銷售產品所發生的費用，而是從原材料、半成品的採購，至生產階段的物料搬運、保管、移動，到含括在物流費用的範圍內。

現代的物流特色是少量、多樣、高頻度配送，但高頻度少量的運送，必然使得物流費用大為增加，但產品的價格卻會因市場漸開而降低，所以企業必須熟知費用的支出項目，才能達到降低物流成本、減少費用支出的目的，以下為物流協會所整理出的物流費用領域和物流費用之主要項目。

（一）物流的四個領域

以領域可分為以下四種，並以圖 2-11 物流領域表示之：

1. 採購物流。　　　　　2. 社內物流（公司內部）。

3. 銷售物流。　　　　　4. 逆向物流（含退貨、資源回收、廢棄物）。

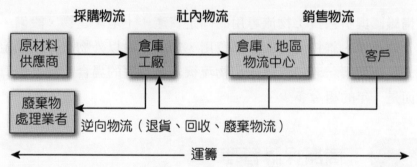

資料來源：零售市場 365 期，物流協會

▲ 圖 2-11　物流的領域

（二）物流費用項目

1. **支付物流費**：即物流業務外包的支付金額，有外包給專業物流公司（倉儲業、運輸業及 3PL 等），和外包給自己的物流子公司。

2. **保管費**：主要包含保險費、庫存利息、庫存損耗。

3. **理貨費**：包含包裝費、流通加工費及倉庫內進行貨物搬運及處理（揀貨、分貨、流通加工等）所發生的費用。

4. **逆向物流費**：為了環境保護及提升企業形象，近年來逆向物流的問題日益受重視，逆向物流費包含退貨、資源回收及廢棄物的運送、保管、處理費用。

5. **物流管理費**：針對公司物流部門、倉庫、配送中心進行管理、營運所需的費用，此外，與物流有關的訂貨、接受訂貨、各種表單發行的資訊處理費用，亦包含於此項目內。

6. **人事費**：公司、倉庫、配送中心等從事物流業務的幹部、司機、作業人員等之薪資、津貼、獎金等費用的合計。

7. **設備維護與折舊費**：物流專用的固定資產（土地、建物、設備、車輛等）的運用、維持所需的全部費用，加上土地以外物流專用固定資產的一年折舊費，若物流設施和物流機器為租用的場合，則不用算折舊費而是一年的租金多少。

2.5　商品採購管理

2.5.1　零售業的計畫

就製造業者看通路，不能僅從生產者導向認為是把製品送到消費者市場的通路而已，它還應該包括提供製品資訊的通路、提供各種附帶服務的通路與蒐集市場資訊的通路等內涵。

（一）零售業計畫過程

　　國內零售業經營環境越來越激烈，各業者面臨前所未有的、錯綜複雜的競爭關係，無不絞盡腦汁，「謀略」相殺，使得業者間關係緊張不休。圖 2-12 零售業的計畫過程，首先零售業管理的第一步驟，是在由不同的需要、欲望所組合而成之消費市場中，以某種基準將同質性高的消費者區隔出來；即「設定目標市場」，以做為業者進行行銷活動的最先步驟。

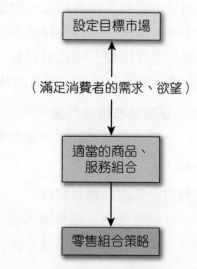

資料來源：許英傑，《流通經營管理》

▲ 圖 2-12　零售業計畫過程

　　第二步驟是配合目標市場提供「適當的商品、服務組合」，所以，業者在徹底清楚目標市場的需要與欲望後，接著必須開發、提供能滿足消費者需要和欲望的商品、服務。這開發提供適當的商品、服務組合階段作業，要同時考慮到限制因素的相互間作用。

　　緊接著，第三步驟是針對「目標市場設定」提供「適當的商品、服務組合」，擬定零售組合策略，逐步實踐各項行動方案來達成接近目標市場的目的。

（二）零售業經營策略

　　零售業「科學化管理」經營，除意味「數字化管理」、「資訊化管理」經營之外，也強調「競爭策略管理」經營之重要性；特別是國內在推重「商業自動化政策」下，將激化零售產業的競爭，而能有效遵循、管理競爭策略的企業將可獲得較高利益和持續的成長與發展。

國內零售市場競爭日益激烈，不只是有單站、企業、集團、業態別間的競爭，更有走向多元化、動態化、複雜化的趨勢，而企業競爭若欲取得市場上優勢，則必須有效運用協助其擬定競爭策略的分析工具。針對零售企業在市場上的競爭需要，整理七種競爭分析管理工具希望能提高國內零售業的競爭力，進而改善全體零售產業的結構。

1. BCG 事業組群管理計畫

企業經營策略計畫提案的有效管理工具，首推事業組群管理計畫工具。

2. 克特拉企業成長機會策略

任何企業想在競爭激烈的市場中尋求成長，勢必要先確認其市場機會在哪裡，進而套用適當經營策略，才能發揮事半功倍的效果。

3. 索夫產品／市場擴張策略

零售業者想要異軍突出，必須掌握市場機會，然後依此擬定一套經營策略。

4. 波特競爭策略

企業經營策略選擇，可視為競爭優勢和競爭範圍，與一般和專業間之可行性決策行為。

5. 克特拉市場競爭策略

零售業者在市場競爭進行時，地位是動態可變的狀態。

6. 波特的產業分析架構

波特提出許多有關經營策略的論述，其中三種一般化競爭策略架構可供零售業經營管理者選擇使用。

7. 適應策略架構

企業經營最常使用的市場競爭策略有二，一是波特的以產業分析架構為基礎之競爭策略，此外則是適應策略架構。

2.5.2　新商品開發的意義

開發新商品、具有獨占性的商品、私有品牌的商品乃是商品計畫中深具關鍵性的一環，也是商店經營成功的要訣。

所以確保他店所沒有的商品，則是創造固定顧客絕對必要的條件，因為一家店能陳列著其他店所沒有的商品，對顧客而言是有很大的魅力，顧客必然會特意地來訪。

2.5.3　新商品開發的目的

因應市場情況，企業經營目的及本身條件而有所不同。新商品開發的主要目的有以下七點：

1. 應付市場激烈的變化。

2. 應付科學技術加速的進步。

3. 應付競爭者日益競爭的環境壓力。

4. 應付商品生命週期的漸趨短暫化。

5. 充分利用目前生產上剩餘而尚可利用的廢料(Scrap)。

6. 利用自己生產的基礎性原料及材料。

7. 為排除週期性或季節性的銷售變動。

2.5.4　新商品開發的流程

一項新商品的開發，必須要有系統地加以規劃，從商品之創新構想產生一直到新商品全面上市，其中必須經過許多特殊階段，而在各階段中必須依賴客觀且詳實的資訊做慎重的決策，所以凡是成功於新商品開發的企業，均具備周詳的新商品開發計畫。

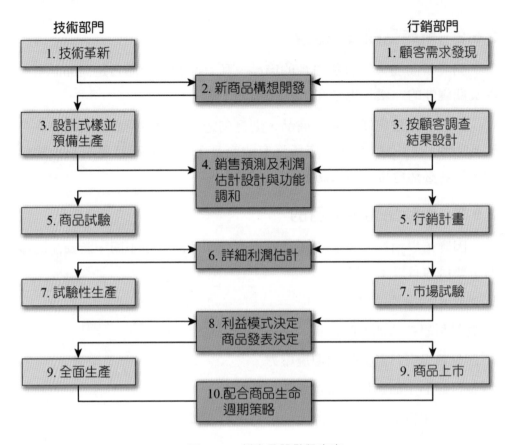

▲ 圖 2-13　新商品開發程序表

　　除了上述程序外，運用柯特勒(Philips Kotler)教授所歸類的典型五階段流程圖來整理新商品的開發。

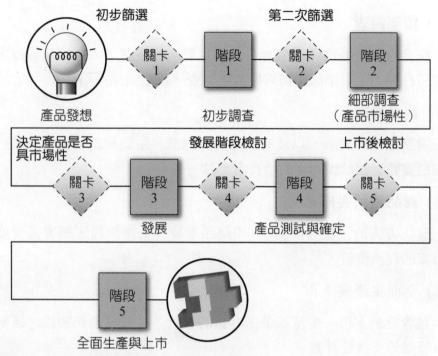

資料來源：生產實務編輯委員會,《產品開發》,和昌出版社

▲ 圖 2-14　新商品開發典型的五階段流程圖

2.5.5　對於新商品開發的五階段有以下看法

（一）商品發想

　　企業對傑出創意的高度需求,以及極高的創意汰舊率,顯示商品創意發想階段的重要性,對創意的需求既重質且重量。許多公司十分強調商品發想的重要性,特別是新商品的開發。

（二）初步調查

　　相關人員很快地檢視方案,主要為市場評估和科技、商業評估。

（三）細部調查

決定有無市場性，清楚地為商品定義，並在花下大筆經費前確定方案的可行性，主要細節的需求與欲望調查，決定商品市場性。

（四）商品發展

發展計畫的實施，以及商品的實際開發。主要檢查項目是商品原型－經過實驗室測試與初步的消費者測試。

（五）商品測試與確定

確認方案的「生存能力」，如商品本身、生產流程、顧客接受度以及方案的經濟價值。

（六）全面生產與上市

包含行銷上市、生產或營運計畫的執行，以及其他如物流／運輸及品質管制等支援性計畫。

2.5.6　舊商品淘汰的原因

舊商品一到衰老期，銷路就會不斷下降，最後就會成了不能為企業創造利潤的商品，甚至是虧本。商品的淘汰大致上有以下幾種情況：

1. 隨著時間的流逝，消費者的要求在變化，消費愛好在變化，使舊商品不能適應市場新需要。

2. 競爭者的商品大量湧入同一市場，價廉物美使舊的商品銷不出去。

3. 市場上出現了更好的替代性商品，使舊商品失去市場。

4. 舊商品的改進很慢，或沒有一點改進，使消費者對商品的忠誠度下降，商品則長期積壓，沒有銷路。

5. 舊商品質次價高，加上營銷方法不當，市場上沒有信譽，不撤退不行。

2.5.7　舊商品淘汰的標準

舊商品如果出現滯銷，無利可圖或虧損；在勉強維持下去必將成為企業的包袱，也會影響企業的信譽，因而必須適時審查並予以淘汰。

▼ 表 2-3　商品生命週期與商品類別

品牌	成　　　長	成　　　熟	衰　　　退
成長	市場擴張 需求之創造	產品類別之重定位	品牌之強調 （即印象廣告）
成熟	新品牌之增加以配合 不同之區隔市場模仿 副品牌之推出	產品線之延伸 產品改良	產品類別之重定位隨 其自然發展
衰退	品牌重定位或改變	品牌重定位或改變	淘汰隨其自然發展

舊商品的淘汰標準一般而言可以採取以下三種策略運用：

（一）連續策略

投資者仍繼續其過去的經營策略，對原有舊商品的市場定位、定價、促銷措施等維持不變。

（二）集中策略

投資者將其促銷力量集中於最佳目標市場上和銷售通路上，為維持其銷售量做最後努力。

（三）強制策略

大幅度地降低銷售價，用降價來促進銷售量，使企業再保持一段生產銷售時間。

2.5.8 舊商品的淘汰方法

淘汰舊商品是新陳代謝的客觀定律，應該主動去進行，選擇好合適的淘汰方法。

（一）立即淘汰法或稱完全退出法

此法可分為兩種方法，一為頂讓出去，一為完全停止生產並出清存貨，投資者做出決策，將舊商品的生產線停止，從供應到銷售都停下來，把人力、物力、財力，轉移到新商品的生產上。

（二）逐步淘汰法

此法也是依據計畫擬定時間表慢慢減產，使資源循序漸進轉移其他用途，亦使顧客有時間調整安排購買代替品。

（三）自然淘汰法

這是完全按照市場需要安排產銷，當舊商品在市場已為新商品完全替代時，投資者也隨著自然停產，盡快將人、財、物轉到新商品的生產上。

2.5.9 舊商品的改造

除了將舊商品淘汰之外，若產品功能上具全，且尚未被市場所淘汰或被新商品影響，為了公司內部的資源，企業仍不會將有利可圖的商品淘汰，以避免財物上的損失。改造舊商品的必要性以三個方面加以說明：

（一）技術進步的加快，促使商品更新的加速

由於科學技術的迅速發展，新商品從發明到製造的週期不斷縮短。商品製造週期的縮短，加快了商品的升級換代速度，也促使舊商品加速的改造。

（二）消費者的要求越來越高

消費者的需求和欲望不是不變的，希望有更多更好更新的商品出現，進而滿足他們更新的欲望和需求，從而促使商品更新換代加快，生命週期逐漸地縮短。

（三）為了滿足國際市場的需要，必須整頓舊有商品

國際上競爭十分激烈，商品即使很好銷售，也需要一年一小變，三年五年一大變，才能迎合顧客需要，否則顧客的思想和需求在不斷的轉變，一直沿用舊有的商品而不加以改造，會使人失去原有的新鮮感，進而尋找另一個使他感到新鮮或滿意的商品。

針對舊有商品的改造分為下列幾種：

（一）市場預測工作

舊有商品是要改造還是要直接淘汰都必須根據市場需求來分辨。

（二）摸清企業和競爭對手的情況

根據可能和需要，有計畫、有步驟地對舊商品進行改造。

（三）按照科學程序

先對舊商品改造和換型做出改型的設計，就如前面提及的新商品開發程序的試驗是一樣的，進行可行性的研究後，經過分析研究認為可行性很高，再少量試產，進行試銷，試探市場和用戶的意見，最後才能批量將舊商品的改造和換型。

無論是新商品的開發或是舊商品的淘汰、改造，要認真貫徹「三化」原則，即推行標準化、系列化和通用化。

星巴克(Starbucks)的經營與現況

一、公司簡介

1. 星巴克咖啡公司成立於 1971 年，是世界領先的特種咖啡的零售商、烘焙者和品牌擁有者。

2. 統一星巴克在 1998 年 1 月 1 日成立，是由美國星巴克

公司與臺灣統一集團旗下統一企業、統一超商三家公司共同合資成立，在臺灣開設經營 Starbucks Coffee 門市。

3. 星巴克成為提供消費者除了居家與辦公室外，另一個品嚐咖啡的好去處。2002 年統一星巴克公司已經在臺灣地區達成了百店的里程碑。

▼ 表 2-4　星巴克 logo 不同時期演變

年代	Logo 標誌	年代	Logo 標誌
1971 年		1992 年	
1987 年		2011 年	

二、產業現況分析

1. **咖啡同業競爭：**同業連鎖店或加盟店陸續進入市場，例如：西雅圖咖啡、丹堤咖啡、85 度 C 咖啡等品牌。

2. **速食店賣咖啡：**麥當勞、德州漢堡、肯德基等速食店，使用以便利為主的咖啡機沖泡咖啡，開始販售咖啡。

3. **定點咖啡機：**駐立於機場、休息站以便利為主，隨手一杯咖啡機沖泡的咖啡，或鐵罐咖啡、鋁鉑包裝咖啡。

4. **便利商店的競爭：**便利商店隨手可得的鐵罐咖啡、鋁罐包裝咖啡、方便式隨手包沖泡咖啡等。

三、市場環境分析

（一）星巴克的 SWOT

S -優勢

- 企業形象良好，知名度高。
- 直營店經營，堅持原物料品質。
- 員工專業能力及服務態度。

W -劣勢

- 產品價格較高。
- 門市多設在商圈地區，分布不均。
- 店內座位不足。

O -機會

- 生活水準提高。
- 海外投資市場的開拓。
- 異業結盟。
- 第三空間的概念。

T -威脅

- 傳統麵包店複合式。
- 連鎖咖啡館的經營。
- 原物料價格不斷上漲。

（二）星巴克的主力分析

1. **客戶議價能力**：消費者的購買資訊透明化，方便消費者比價。

2. **供應商議價能力**：有保障的契約廠商可將咖啡豆直接賣給在家煮咖啡的消費者，對產品的來源有一定品質保證。

3. **新進入者的競爭**：設立連鎖咖啡店，輔導連鎖店無障礙進入業界，以及讓品質漸佳的鋁箔包裝咖啡，在無店鋪的競爭業者中占有一席之地。

4. **替代品的威脅：**市面上有許多品牌的罐裝咖啡、沖泡式隨手包，為了加入競爭行列，星巴克也在各超商、賣場推出玻璃罐裝咖啡、咖啡豆、沖泡式隨手包。

5. **現有廠商的競爭：**分店附近有經營型態相同的業者容易互相比較價格，產品互相抄襲。

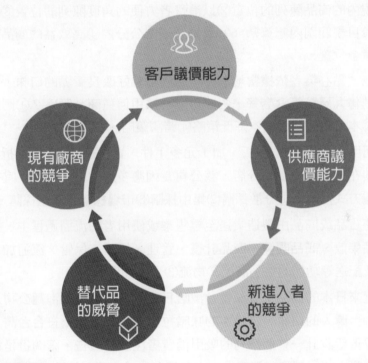

四、領導者風格

1. 重視顧客的需求。

2. 滿足顧客期望的商品。

3. 讓顧客擁有最好的消費經驗。

4. 建立顧客至上、以客為尊的價值觀。

5. 企業與員工之間的「伙伴關係」，與員工建立起信任和自信。

EXERCISE 練 | 習 | 試 | 題

18100 門市服務 乙級 工作項目：門市商品管理

單選題

1. （ ）下列有關黃金陳列位置之敘述何者為非？①係指消費者習慣選購於目視內的商品陳列的位置②以消費者方便的角度陳列的位置③陳列位置於目視範圍內起算為 60 公分至 90 公分內④高效益的商品宜陳列於黃金位置。

2. （ ）港式點心業者依據當地消費者的飲食偏好改良餐點的口味，如在台灣銷售九層塔飯食套餐，由此可知其採用何種商品策略？①國際化策略②本土化策略③成本降低策略④跨國策略。

3. （ ）屈臣氏買兩件打 75 折、加 1 元多 1 件、買一送一、2 件 5 折等活動，其在全省擁有多家分店，該公司為因應多量的促銷活動，宜採下列何種方式採購？①分散採購②集中採購③市場採購④零星採購。

4. （ ）將貨品或商品由製造業送至零售業或使用者的流通過程中，提供了商品集散、商品開發、商品計畫、管理、採購、保管、流通加工、暫存及配送等功能的是①商流②物流③金流④資訊流。

5. （ ）近來日本的商品一直深受台灣哈日族的喜愛，日本泡麵公司為同時迎合台灣人的口味，將日本的味噌拉麵改變調味成為符合台灣人的口味並重新設計一整個系列的吸引消費者注意的廣告，請問這是行銷商品策略中的①國際化策略②本土化策略③成本降低策略④跨國策略。

6. （ ）下列有關商品盤點的敘述，何者有誤？①盤點可瞭解門市在經營一段時間的經營績效②對異常門市可採用抽查、隨時的盤點制度以為防範③盤點方式應按照由左而右、由上而下的順序來進行④盤盈應給予門市人員績效獎金作為鼓勵。

7. （ ）小陶早上一開機，電腦畫面便出現一個視窗，詢問他是否要將合法購買的防毒軟體更新，他購買的商品型態屬於①實體商品②數位化商品③網上服務④加值型商品。

8. (　) 超市為方便上班族,曾將芋頭、茼蒿、豆腐、肉片等各種生鮮食品重新處理,並組合成一份綜合火鍋料,成為冬天冷凍櫃裡的搶手貨,由此可知生鮮處理中心具有哪一種功能?①集貨②加工③銷售④配送。

9. (　) 下列關於專賣店與百貨公司之比較,何者正確?①專賣店的商品線窄而深,百貨公司的商品線廣而淺②專賣店的商品線窄而淺,百貨公司的商品線廣而深③以顧客為尊的專業化經營管理為專賣店成功的重要指標,商品相關知識的提供是百貨公司最大的特色④百貨公司以消費者生活型態作訴求;專賣店各樓層分類清楚、商品屬性以選購品為主。

10. (　) 便利商店為了強化品牌形象,紛紛開發自有品牌(PB)商品,由此可知便利商店朝何種方式發展?①商品差異化②服務多樣化③價格低價化④據點少量化。

11. (　) 負責處理完成貨品後段處理之場所,其功能包括進貨、加工、庫存管理、出貨及運輸等全部流通過程,該場所即所謂的①物流中心②生鮮處理中心③批發中心④賣場。

12. (　) 下列有關庫存管理的敘述,何者有誤?①商品直接堆放於地面時,不可妨礙通道②庫存需依類別存放,並有系統化管理貯存③倉庫應保持通風良好,溫度適當,以免影響品質④需定期消毒或設置防鼠防蟑設備。

13. (　) 下列對商品進銷存管理的敘述,何者有誤?①商品陳列了,消費者就會購買②消費者喜歡豐富多樣的商品③滿足消費者多變的需求,是商品選擇及組合的重要課題④透過進銷存作業程序設計可降低管理成本。

14. (　) 下列哪一項是可取得好的進貨成本條件?①進貨只要依據以往的資料即可②按每個商品系列集中向貨源訂購③進貨按正常流程定期進貨即可,不須有其他的特殊計畫④完整的驗收流程。

15. (　) 下列有關戰略商品的銷售何者正確?①不屈不撓地銷售②以永久性破壞價格向對手挑戰③銷售時不必注意其他公司的上市量④不用開闢新途徑而銷售。

16. (　) 大賣場使用的標準棧板平面尺寸為何？①常溫用 1,100mm×1,100mm，冷藏用 1,000mm×1,200mm ②常溫用 1,200mm×1,100mm，冷藏用 1,000mm×1,200mm ③常溫用 1,100mm×1,100mm，冷藏用 1,000mm×1,100mm ④常溫用 1,100mm×1,200mm，冷藏用 1,000mm×1,200mm。

17. (　) 物流中心系統之內容可分為哪兩大項？①物流作業系統、金流系統②資訊流系統、金流系統③商流系統、物流作業系統④物流作業系統、資訊流系統。

18. (　) 由於產業環境不斷變化，消費者隨著生活水準的提高，對商品品質的要求程度也高，使零售業面臨了何種挑戰？①店租高漲，賣場地點難尋②商品汰換率高，須隨時掌握暢銷品與滯銷品，以提高商品週轉率③消費者重視商品品質，不重視購物環境④為減少賣場管理問題，要求配送員準時配送時間。

19. (　) 一群獨立零售商聯合起來向一供應商採購大量商品以獲得數量折扣，此採購型態為何？①地區採購②聯合採購③集權式採購④合作採購。

20. (　) 下列何者不是集權式採購的優點？①大量購買可獲得折扣優待②可以節省檢驗設備及人力③減少運費的負擔④較容易掌握並瞭解各單位的用料情形。

21. (　) 對未來用料需要而採購是下列何種形式的採購？①投機性採購②需要性採購③市場性採購④計畫性採購。

22. (　) 下列有關定期採購法的敘述何者為非？①訂購時間不變動②訂購數量是固定的③所需安全存量高④所需控制程度較低。

23. (　) 存貨低於某一標準時應請購補充的界限點稱為①最高存量②最低存量③請購點④經濟請購量。

24. (　) 門市採購原物料首先要注意①價格②交期③品質④關係。

25. (　) 凡是所需物料龐大，市場價格波動大，而供應商多在外埠或國外，可以採用下列哪種方式採購？①直接採購②委託採購③特殊採購④普通採購。

26. (　) 下列何者非採購的目的？①增加企業利潤②維持業務進度③提高產量與品質④使存貨量提高。

27. (　) 凡企業之物料採購工作，分別由各使用部門或分支機構自行辦理者稱為①分散採購②分類採購③分級採購④分別採購。

28. (　) 下列何者是造成採購困難的主要原因？①倉庫的庫存商品整理不良②賣場商品存量清楚③擬定商品更替計畫④倉庫定期盤點。

29. (　) 商品陳列空間必須擴大且庫存量要逐漸增加是下列哪一個週期的採購要點？①引進期②成長期③成熟期④衰退期。

30. (　) 未在指定到期日收到的採購訂單稱為①緊急訂單②特殊訂單③逾期訂單④待命訂單。

31. (　) 刺激性商品的三種選擇重點之一為①戰略性的商品②常備的商品③日用性的商品④設計過期的商品。

32. (　) 下列何者不是商品條碼分類？①原印條碼②店內條碼③商品配銷碼④標準條碼。

33. (　) 商品為了發揮功能所需具備的基本屬性與特質，但沒有區分特徵稱之為①核心利益商品層級②一般商品層級③預期商品層級④潛在商品層級。

34. (　) 下列哪個場所不適合與供應商洽談採購事宜？①批發市場中心②酒店與舞廳③商展④常駐採購辦公室。

35. (　) 下列何者非 POS 系統的功能？①可即刻掌握銷售動向②及早分辨暢銷品及滯銷品③賣場效率化④無條碼商品之管理。

36. (　) 下列何者不是利用 POS 系統中銷售分析可以得到的情報？①價格帶分析②時段分析③訂購分析④暢銷品及滯銷品分析。

37. (　) 下列何者非 POS 系統導入時之作業？①硬體之規劃、施工及驗收②收集 POS 系統相關資訊③軟體之分析及驗收④操作訓練。

38. (　) 下列何者不是 EOS 系統的優點？①提高店鋪管理的水準②提高訂購情報的精確度③強化庫存量管理④加強商品銷售管理。

39. (　) 下列何者為 POS 系統中前檯的基本功能？①員工基本資料建檔②銷售作業③採購作業④進貨作業。

40. (　) POS 的效益主要可表現在哪三方面：A.顧客情報分析 B.商品管理 C.訂購管理 D.商店作業合理化？①ABC②ABD③ACD④BCD。

41. (　) 下列何者促銷手法較無效果？①商品價格旁貼上促銷標籤②全商品採取清倉大拍賣價格策略③折扣或是促銷商品的價格以 9 為尾數促銷價④比較常購買的商品降低價格，讓消費者能比價，例如可樂。

42. (　) 下列何者為門市在電子商品、家電設備較常用的促銷手法？①低價保證，取得消費者信任②以大量促銷為目的的福利品特價③明星醫美品牌，買 1 送 1④寵愛白色情人節 5 折起。

43. (　) 某一門市消費電子商品於開幕期間打出買貴退錢，如果競爭對手針對某項視聽商品推出促銷價，於 30 天以內購買相同商品的顧客，郵寄差額或退費給顧客，其採用何種策略？①特價促銷②免費試用和贈品③低價保證④示範宣傳。

44. (　) 下列何者不是商品定位的主要內涵？①商品利益②商品屬性③使用對象④商品採購。

45. (　) 下列何者不是商品組合的構成因素？①一致性②平衡性③搭配性④彈性。

46. (　) 下列敘述何者非 ABC 分析法？①商品銷售分析②可辨識暢銷商品③比較商品貢獻度④商品庫存分析。

複選題

47. (　) 下列哪些是商品採購時決定商品來源需考慮的主要因素？①貨源問題②最低訂購量③促銷活動的配合④供應商的倉庫與商店的距離。

48. (　) 下列有關賣場之敘述哪些正確？①由若干部門所構成②儲存商品的場所③商品種類決定零售店的業種④部門由商品種類組合構成。

49. (　) 下列有關商品排面規劃之敘述哪些正確？①商品的排面規劃是因應顧客的需求量決定適當的陳列數量②商品的最大排面規劃是讓顧客有貨

品充裕的感覺③商品的最大排面規劃是盡可能以最多的數量陳列商品④商品的最大排面規劃是讓商品非常暢銷也不要發生缺貨的情形。

50. (　) 下列哪些敘述是正確的？①商品單位管理是商品按銷路來陳列②高利潤商品是比暢銷品熱賣且能賺取高度利潤的商品③商品單位管理是使陳列貨架的空間運用達到最高效率④商品規劃的決定者是採購主管。

51. (　) 調整賣場部門結構的時機為何？①新商品數量遽增②退流行商品快速沒落③商品銷售進入淡季④經營的商品種類變化頻繁。

52. (　) 下列有關主力商品陳列之敘述哪些正確？①應布置於回程通道或通往收銀台的沿途上②應該面臨主通道③必須連成一線勿間斷④應盡量陳列在固定的地方。

53. (　) 下列哪些商品容易讓顧客產生衝動性購買？①單價低的商品②輔助商品③季節性商品④大型商品。

54. (　) 所謂動線設計的意義是指①規劃方便行走的購物通道②誘導顧客沿途駐足參觀選購③規劃路線以分散顧客避免壅擠④將商品或商品群做有計畫的安排配置。

55. (　) 下列哪些為掌握商品知識的方法？①到學校或教育機構進修②將顧客詢問的事項記錄下來請教公司採購員或進貨廠商③閱讀標籤說明、商品目錄及報章雜誌的廣告內容④買來親自使用看看。

56. (　) 下列哪些為賣場配置的目的？①吸引顧客進入商店②讓顧客在賣場走動自如③讓顧客接觸到更多的商品④塑造商店的個性。

57. (　) 下列哪些為商品驗收的重要注意事項？①讓廠商直接送貨至倉庫②規劃出進貨驗收的地區③一次只驗收一家廠商的進貨④協調廠商在同一時間送貨以便統一驗收商品。

58. (　) 下列哪些情況會被視為不良品？①未依食品相關法律規定的標示內容、成分、製造日期②價格標示錯誤③分量不足、潮濕、乾燥、軟化或硬化④從製造日期起算已超過特定時間。

59. (　) 下列哪些為門市不良品檢查時機？①商品盤點②上架補貨③商品貼標作業④定時查核。

60. (　) 存貨量的多寡會影響下列哪些因素？①商品的迴轉率②集客力③來客數④商品的新鮮度。

61. (　) 實行單品管理可獲得哪些利益？①提升經營效益②增加門市銷售機會③提升客單價④改善商店形象。

62. (　) 下列哪些商品應陳列在賣場的最前方或平均配置在所有走道上？①主力商品②想表現主題的商品③暢銷品④特價商品。

63. (　) 採用量感陳列會獲得哪些利益？①容易引起顧客的購買聯想②讓顧客有便宜的感覺③讓顧客容易找到相關需求的商品④滿足顧客選購的便利性。

64. (　) 下列哪些是零售業者主要獲取新商品資訊的管道？①供貨廠商②送貨人員③門市銷售人員④競爭者。

65. (　) 下列哪些是滯銷品所造成的影響？①不良品數量增加②降低營運資金週轉率③妨礙賣場觀瞻④損害商店形象。

66. (　) 下列哪些是滯銷品？①過季的商品②現有商品持續銷售不佳而需淘汰③市場上已推出新的替代商品且已經停產者④剛引進的新商品。

67. (　) 下列哪些是門市處理滯銷品的方法？①降價求售②改變包裝再上架銷售③和原供應廠商洽談換貨④集中保管等待時機再上架銷售。

68. (　) 下列哪些是商品盤點的目的？①增加營業額②整理賣場環境、清除死角③瞭解目前商品存放的位置④發掘並清除滯銷品。

69. (　) 下列哪些是倉庫管理作業需把握的原則？①空箱與存貨應整齊地擺在一起②庫存商品的平面配置圖應貼於倉庫入口處③食物與用品可混合擺放但需依照類別、分類擺放整齊④適度降低倉庫存貨以減少資金的積壓。

70. (　) 下列有關倉庫貨架陳列方式的敘述哪些正確？①倉庫貨架避免靠牆和排列在四周②商品陳列方式以重而大置於下層、輕而小者置於上層為原則③商品可整齊堆放於地面④庫存貨架應依序編號管理庫存商品分類存放以方便進貨補貨為原則。

71. (　) 下列有關逆物流的敘述哪些正確？①線上購物普及將會提升逆物流的重要性②在賣場設置垃圾桶是商店建置逆物流體系的一種③逆物流是由消費地點到生產地點的流通和儲存④企業將逆向物流的處理委外處理主要是達到專業分工與降低成本的目的。

72. (　) 條碼系統結合 POS 系統運用於門市商品管理可①降低庫存管理的精確度②提高結帳效率③在銷售的同時收集有關商品的資料④提升門市服務品質。

73. (　) 下列哪些是採用 EOS 系統可獲得的效益？①縮短訂貨、檢貨、送貨流程與時間②收發訂單省力③提升庫存管理的精確度④可快速收集有關商品與消費趨勢的資訊。

74. (　) 下列哪些敘述是好市多(COSTCO)吸引不少人願意花錢辦張會員卡的主因？①未打折的原價商品，比起其他商家的售價還算便宜②廠商特價通常是在做試銷測試市場反應，以特價格提供通常會比上市後的訂價要低③清倉價在好市多找到的最划算價格，通常是希望盡快出清這些快要下架的商品，因此拼命壓低價格拋售④某些商品折扣到底，即將賣光，因為以後好市多不會再銷售同類商品。

75. (　) 許多量販店刻意降低可樂、衛生紙等商品的價錢，為的就是吸引更多的人潮，這些商品挑選的原則為何？①顧客熟悉價格的商品②經常性購買商品③暢銷商品④庫存低的商品。

76. (　) 下列商品銷售的方式，何者會提升短期利潤而導致長期顧客的流失？①門市人員對顧客太強調價格，忽略了顧客對於品質的要求②折扣價格時常會引起顧客對於品質喪失敏感度③看到 9 的定價尾數，都會有小小省到的感覺，其實這是原價商品④定價旁邊又貼了折價標籤再作促銷活動。

77. (　) 下列哪些是常用的促銷手法？①特價促銷②示範宣傳③獎勵活動④免費試用或試吃。

78. (　) 下列哪些是官網常舉辦的促銷活動？①首購現折 50 元再送 100 元②刷卡滿額獨享 88 折③會員滿千送百④商品超齊全、搶購趁現在。

79. (　) 店經理如何做好商品品質管理，以避免有瑕疵的商品上架？①要求供貨公司做好品質管理②將過期商品下架③安撫顧客情緒④做好商品儲存，避免變質。

80. (　) 顧客買到瑕疵商品上門理論，如何處理？①確認商品與發票確為本店銷售②瞭解此瑕疵商品造成顧客的損害程度③私下和解④處理退換貨服務、損害補償過程紀錄。

81. (　) 店長應如何防範可能產生之「銷售喪失成本」？①確認商品與發票確為本店銷售②每日結帳、盤點③記錄過去期銷售統計④適量超額訂購。

答案

1.(3)	2.(2)	3.(2)	4.(2)	5.(2)	6.(4)	7.(2)	8.(2)	9.(1)	10.(1)
11.(1)	12.(1)	13.(1)	14.(2)	15.(1)	16.(1)	17.(4)	18.(2)	19.(2)	20.(3)
21.(4)	22.(2)	23.(3)	24.(3)	25.(2)	26.(4)	27.(1)	28.(1)	29.(2)	30.(3)
31.(1)	32.(4)	33.(2)	34.(2)	35.(4)	36.(3)	37.(2)	38.(4)	39.(2)	40.(2)
41.(2)	42.(1)	43.(3)	44.(4)	45.(3)	46.(4)				
47.(123)		48.(134)		49.(124)		50.(13)		51.(124)	
52.(23)		53.(123)		54.(124)		55.(234)		56.(234)	
57.(23)		58.(134)		59.(1234)		60.(14)		61.(12)	
62.(34)		63.(24)		64.(134)		65.(23)		66.(123)	
67.(13)		68.(234)		69.(24)		70.(124)		71.(134)	
72.(234)		73.(12)		74.(1234)		75.(123)		76.(124)	
77.(1234)		78.(123)		79.(124)		80.(124)		81.(234)	

03
CHAPTER

門市銷售管理

3.1 門市作業要點與技巧

3.2 門市程序與作業

3.3 服務態度與原則

3.4 面銷與促銷計畫

案例分享　85 度 C 咖啡的銷售特色

練習試題

3.1　門市作業要點與技巧

3.1.1　門市零售策略

　　策略，乃是為企業步向一個完美目標的一項指導。而所謂零售業策略，是管理決策的綜合陳述，它說明了：

1. 零售業者的目標市場。

2. 零售業為了滿足目標消費者需求所使用的業態。

3. 零售商以何項基礎，建立起足夠的競爭優勢。

　　傳統市場，就好像農夫們聚集的市場，買方與賣方彼此見面交易，但是在現代化市場中，潛在購買者與賣方，並不一定要出現在同一個場所，交易的發生不需要面對面的交易，消費者可以利用電話或電腦與潛在供應商聯絡，並下訂單。

　　零售市場並不是買方與賣方集合的地方，而是由一群相似需求消費者的集合體，以及一群有著相似零售組合的零售商所組合，因此，零售市場就是特定的消費者（目標市場）及競爭者（相似業態的零售商）所組成。行銷概念近年已廣泛被採用，無論個人、家庭、企業（營利）、組織（非營利）、政府（中央、地方）、國家等行為主體，首先站在行為客體「消費者」的立場（需要、欲望、需求是什麼？）為前提條件，並分析行為主體「企業」擁有的經營資源（多寡、強弱），然後找出市場機會（商機、利機在哪裡），再決定經營策略（競爭策略、競爭優勢？），視為在市場生存發展之手段，最後循組織管理過程（規劃、組織、領導、控制）確實施行既定策略，此一架構也適用在零售業的經營管理活動與經營管理策略。

3.1.2 企業經營管理策略

無論在個人、家庭、企業、組織、政府、國家等行為主體。經營管理策略可分為經營策略、行銷策略、BCG 事業組群管理計畫、克特拉企業成長機會策略和安索夫產品／市場擴張策略。

(一) 經營策略

以行為個體「消費者」為首要條件，分析行為主體「企業」擁有的經營資源，再尋出市場機會後，進一步決定經營策略（競爭策略、競爭優勢），以作為在市場生存發展的手段，最後依循組織管理過程（規劃、組織、領導、控制）確實施行既定策略。

(二) 行銷策略

企業的行銷管理策略分為三步驟，第一步驟設立目標市場，第二步驟配合目標市場提供「適當的商品組合」，第三步驟針對「目標市場設定」，提供「適當的商品組合」，擬定行銷組合（就零售業而言，可稱之為零售組合策略），逐步實踐各項行動方案來達成接近目標市場的目的。

目標市場，即是零售商計畫要集中其資源及零售組合滿足的區隔市場，零售業態就是零售業者的零售組合型態（商品的本質、服務的提供、訂價策略、廣告及計畫、商品設計的方法、商品視覺設計及立地決策等），在符合企業資源、企業目標的狀況下，行銷目標或市場目標（利潤、市場占有率、商品形象、消費者滿意度等）才有達成的可能性。

(三) BCG 事業組群管理計畫

BCG 事業組群管理計畫工具，主要的目的為指引企業有效活用有限資金和內部經營資源，選擇適當的策略方案，以利形成事業組合，確保

企業能長期獲得最大利益。事業組群矩陣以「市場成長率」及「相對的市場占有率」區分為四部分：

1. **明星商店**：高成長率、高占有率的策略性事業單位。

2. **金牛商店**：低成長率、高占有率的策略性事業單位。

3. **成長商店**：高成長率、低占有率的策略性事業單位。

4. **衰退商店**：低成長率、低占有率的策略性事業單位。

（四）克特拉企業成長機會策略

▼ 表 3-1　克特拉成長機會策略的分類

集中成長	整合成長	多角化成長
市場滲透	後方整合	同心圓式多角化
市場開拓	前方整合	水平式多角化
商品開發	水平整合	集團式多角化

資料來源：許英傑，《流通經營管理》，新陸書局

（五）安索夫產品／市場擴張策略

安索夫利用產品與市場二變數，把市場機會區分成四種類：

1. **市場滲透**：在既有市場上提高市場占有率以使企業成長。

2. **市場開發**：企業原有品應用到新的需求，以滿足消費者新的需要。

3. **產品開發**：開發新產品以替代既有產品。

4. **多角化**：企業同時兼顧新產品開發與開拓新市場的經營策略。

3.1.3　波特(M.Porter)競爭策略

波特研究競爭策略的許多體系和架構，分門別類的有：波特競爭策略矩陣概念、波特產業分析架構等。

1. 依波特的競爭策略矩陣概念，認為企業就其競爭優勢特性，可分成三種競爭策略：

   (1) 全產業基礎下成本領導策略。

   (2) 全產業基礎下產品差異化策略。

   (3) 特定市場區隔基礎下專業化策略。

   　　站在零售企業經營者立場，依循此策略之區分去進行經營實務，則競爭優勢分成價格優勢或價值、服務優勢，而競爭市場範圍依其在市場活動領域的大小，可分成全國、全球市場或地方市場。基於上述二項指標，便可把零售業經營的競爭型態歸類成四種類：

   (1) 成本領導策略。　　　　　　(2) 差異化策略。

   (3) 成本焦點策略。　　　　　　(4) 差異化焦點策略。

2. 波特的產業分析架構：零售業的五力分析

   　　影響產業競爭態的因素有五項（圖 3-1），分別是「新加入者的威脅」、「購買者（客戶）的議價力量」「替代品（或服務）的威脅」、「供應商的議價力量」及「現有競爭者之對抗態勢」，透過這五方面的分析，可以測知該產業的競爭強度與獲利潛力。在傳統的產業經濟學中，經濟學者曾深入探討市場結構(Structure)對廠商行為(Conduct)和廠商績效(Performance)的影響，「獨占地位可以帶來超額利潤」成為一個眾所皆知的基本定理。

   　　這個角度出發，零售企業競爭的基本原則應是想辦法維持獨占的地位，波特曾經提出很多有關於經營策略的論述，這其中有三種一般化競爭策略架構「低成本策略」、「專精化策略」及「差異化策略」適合提供零售業經營管理者選擇使用，零售業是否成功決定於是不是選對了正確的競爭策略。

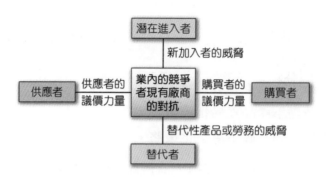

資料來源：http://www.cw.com.tw--波特特集—關於波特

▲ 圖 3-1　五力分析架構

3.1.4　價值鏈(Value Chain)與產業競爭力

　　波特提出了價值鏈來說明企業如何創造競爭優勢的策略方法（圖 3-2）。任何一種產業內的競爭企業都可依此分析架構的主要活動與支援性活動的各個項目，來做出標竿設定(Benchmarking)，針對主要的競爭對手之強弱項目去找出本身企業有哪些相對的競爭優勢，然後執行強化優勢優點，改善劣勢缺點，藉此來不斷的提升企業競爭力。

人力支援管理

干擾性活動	企業基本組織架構（管理制度、公關管理資訊系統）					盈餘
	技術發展					
	採購					
	後勤	運作	配銷	行銷	售後服務	

▲ 圖 3-2　企業價值鏈

　　利用價值鏈分析架構，來說明比較零售業的競爭優勢或競爭力高低，可以得知任何同態業內、異態業間或國際上的同業態、異業態間，零售業的價值鏈分析架構運用，經過詳細嚴密的分析後，就可以清楚的瞭解零售企業本身與競爭企業對手之間彼此的優勢、劣勢在哪裡，並以此為據，並進而努力改善自己本身在零售業市場領域的競爭力。零售企業提供給顧客的產品或服務，其實是由一連串的活動組合起來所創造出來的，每一種活動，都有可能促成最終產品的差異性，並提升價值。

3.1.5　產業鑽石體系

　　在國際競爭間，企業可以將活動延伸到幾個不同的地點，並藉著全球性的網路協調，讓不同地點的活動產生潛在的競爭優勢。利用波特在「鑽石體系」（又稱菱形理論）中所提到的分析架構（圖 3-3），可以得知加強本身企業創造和競爭優勢的速度包括：

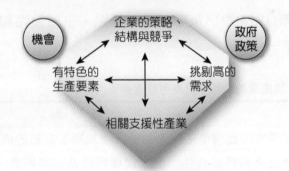

▲ 圖 3-3　鑽石體系分析架構

1. **生產要素**：一個企業將基本條件，如規模性、品牌、商品、商店轉換成特殊優勢的能力並持續建立特殊的優勢。

2. **需求狀況**：零售產業對該市場所提供或服務的需求數量和成熟度。

3. **相關產業和支援產業表現**：產業想要登峰造極，就必須有一流的供應商，並且從相關產業的企業競爭中獲益，這些製造商及供應商形成了一個能促進創新的產業「群聚」。

4. **企業的策略、結構和競爭對手**：這是最後一個影響企業競爭優勢的因素，零售企業的組織方式、管理方式、競爭方式都取決於所在地的環境與歷史，若有政策與規則的刺激企業提升能力、開發新市場與固定資產投資，零售企業自然有競爭力。另外，若是有很強的競爭對手，也會刺激企業不斷的提升與改進。

鑽石體系是一個動態的體系，它內部的每個因素都會相互推拉影響到其他因素的表現，如果掌握這些影響因素，將能型塑零售企業的競爭優勢。

3.1.6　零售業經營策略 V.S 策略九說

學者吳思華(1998)提出策略九說之觀點，主要論點和學說可以應用於零售業之策略。

▼ 表 3-2　策略九說主要論點和學說應用於零售業

學　說	主　要　論　點
價值說	・聯結零售商品價值活動，創造或增加顧客認知的價值
效率說	・配合生產與技術特性，追求規模經濟及範疇經濟，以降低零售營運成本 ・發揮學習曲線效果，獲取零售成本的優勢
資源說	・經營零售市場是持久執著的努力 ・創造、累積並有效運用不可替代的核心資源，形成零售策略優勢
結構說	・獨占力量越大，績效越好 ・掌握有利位置與關鍵資源，以提高談判力量 ・有效運用結構獨占力，以擴大利潤來源

▼ 表 3-2　策略九說主要論點和學說應用於零售業（續）

學　說	主　要　論　點
競局說	・經營是一個既競爭又合作的競賽過程 ・在零售市場中，聯合次要敵人，打擊主要敵人
統治說	・零售組織是一個取代傳統市場的資源統治機制 ・和所有的事業夥伴建構最適當的關係，以降低互相交易成本
互賴說	・零售組織是一相互依賴的共同體，彼此間應建構適當的網路關係 ・事業共同體應共同爭取環境資源，以維繫共同體的生存
風險說	・維持核心科技的安定，促使效率的發揮 ・追求適當的零售投資組合，以降低經營風險 ・提高零售策略彈性，增加轉型機會
生態說	・環境資源主宰零售組織的存續，應採行適當的生命繁衍策略 ・建構適當的利基寬度，靠山吃山，靠水吃水 ・盡量調整本身狀況和環境同形

資料來源：吳思華，《策略思考的本質》，臉譜文化

3.1.7　克特拉市場競爭策略

　　克特拉市場競爭策略依市場區分競爭地位、市場領導者、市場挑戰者、市場跟隨者及市場利基者。

▼ 表 3-3　市場競爭策略理論架構

市場	對抗競爭策略　→			← 　行銷管理策略		
競爭 地位	策略目的	基本策略 方針	策略領域	策略基礎	策略目標	行銷組合
市場 領導者	・市場占有率 ・利潤 ・信譽	全方位型策略	經營理念（顧客需要中心）	・擴大周邊需要 ・同質化（模仿競爭對象） ・非價格競爭 ・最適市場占有率	涵蓋全體市場	・中高品質／中高價格 ・完全商品線 ・高度促銷活動 ・開放型通路策略

▼ 表 3-3　市場競爭策略理論架構（續）

市場	對抗競爭策略 →			← 行銷管理策略		
市場挑戰者	·市場占有率	對領導者差異化策略	顧客需要和獨特能力之結合	·上述以外的策略（市場領導者所不能的策略）	全體市場／選擇特定市場	·對市場領導者差異化的組合形成（如低價格、折扣、低品質、贈品等）
市場跟隨者	·利潤	模仿策略	通俗的理念（品質佳、價格便宜等）	·迅速模仿市場領導者和挑戰者做法	涵蓋二次、三次市場；全體／選擇特定市場	·臨機應變型的行銷組合
市場利基者	·利潤 ·信譽	市場細分化策略	顧客需要、獨特能力、目標市場再區隔	·在特定市場內成為小型領導者	焦點市場／特定需要	·特定需要訴求型的行銷組合

資料來源：許英傑，《流通經營管理》，新陸書局

3.1.8　零售業適應策略架構

適應策略架構分為策略型態、目標、適用的環境條件、適當企業構造與管理過程來探討應如何因應及適應整個零售業的型態（表 3-4）。

▼ 表 3-4　適應策略架構

策略型態	目標	適用的環境條件	適當的企業構造與管理過程
防禦者	安定、效率	穩定	緊密控制、效率、作業、低費用
探尋者	彈性	動態	鬆散構造、革新
分析者	安定、彈性	中度變動	嚴密控制、彈性、作業效率、革新
反應者	不清楚	任何狀況	不清楚

資料來源：許英傑，《流通經營管理》，新陸書局

3.2 門市程序與作業

3.2.1 門市基本程序

零售業策略與規劃的執行，過程往往也不能疏於策略的控制。

基本策略乃是各項支援策略所支援的對象。基本策略有三個不同的層次。其中最低的層次，為產品策略，或服務事業的服務策略；第二個層次的基本策略，為事業策略；目的在於步向企業機構的事業目標。最後一項是機構策略，為基本策略中層次最高的一類策略。機構策略的架構，視整個企業機構為一個整體，為企業機構整體計畫的推動指向。

零售業策略的基礎，可分為三大領域：

1. **零售產品和服務策略基礎**：係指依產品或服務特性、構成要素、多樣性程度與利潤來源而定的策略。

2. **零售市場及競爭策略基礎**：係指依市場的性質、產品在市場的壽命週期曲線上所處的階段、市場的結構及依競爭對手的家數、性質、個性等因素而定的策略。

3. **零售事業本身策略基礎**：係指依事業某項主要職能的學習曲線位勢、事業的壽命週期、事業的相對實力及市場位勢高低而定的策略。

此三大策略基礎，並非相互獨立，而是必須接受管理階層的控制。

零售策略(retail strategy)就是零售商店的全盤計畫或行動方針，此項計畫期間至少一年為宜，任何零售策略都應具有以下功能：

1. 可促使業者對經濟環境及市場機會，予以研究、規劃。

2. 可顯示本商店和競爭者之間相異之處，並訴之於顧客。

3. 可協調公司各部門的活動與努力方向。

4. 可提高經營效率。

3.2.2　門市的經營目標

門市的經營都有其長、短期的目標，並且希望能達成該目標。有明確的目標，將可幫助零售店的使命轉化為行動。一般而言，零售業者所尋求的目標主要有：銷售（包括成長、穩定、市場占有率）、利潤（包括獲利程度、投資報酬、效率）、滿足大眾（包括股東、顧客、供應商和員工）、和形象（包括顧客和同業的認識）等方面，有些業者希望達成以上全部目標，唯有大部分業者只希望能充分達成其中的某些目標。

（一）銷售

銷售目標和業者的銷售量有關。有些零售業者認為應將銷售成長列為第一優先，這樣公司就可能全新致力於擴充業務和銷售量，對於短期利潤反而不太計較，持有這種主張的人，大都認為目前的投資可以形成未來的利益。

有些零售業者以維持商店銷售量和利潤的穩定為目標，如小零售商對於維持銷售量穩定就甚有興趣，因為這樣可以保證其生活安定，而且免除業務忽盛忽衰所帶來的壓力，還有些零售商則根本無意擴張，只以吸引原有顧客為目標。

（二）利潤

獲利目標是指零售商於特定期間所欲達成之最低利潤水準。

零售商將大量資本用於土地、建築物和設備等，故亦有以投資報酬率作為公司的目標，以便和其他投資互相比較，如果報酬率較其他投資為高，則自然會吸引更多的資金，通常公司先設定報酬率，在以此比率和年終的實際報酬率比較，以衡量是否達成目標。

投資報酬率＝淨利／投資

　　銷貨效率也是零售商的經營目標之一，若銷貨效率增加，零售業者的利潤也會提高，所以數字越大，則效率越高，零售業者的利潤也越大。

　　　　效率＝1－銷售費用／銷貨額

（三）滿足大眾

　　所謂大眾是指股東、顧客、供應商和員工等關係人。有些公司採穩健作風，使每年銷貨和利潤呈緩慢增加，避免太大的改革，目的是在安定股東，滿足顧客是零售商的主要信念，因為滿足了顧客，則其他的目標便會達成。

（四）形象

　　形象就是顧客對商店的看法。通常零售商店可根據商品品質、價格、商品種類、品牌、服務、氣氛等，以塑造自己的特定形象。

3.2.3　門市的行銷規劃

　　規劃是管理程序的起點，泛指包括界定目標、制訂策略、擬訂計畫等事項，有時也把任務分派與人力調度等前提事項包括在內。

　　消費者每天都接觸到許多企業的行銷活動。例如：廖先生在電視上看到維力泡麵的廣告，到超商消費並參加抽獎活動，但消費者可能很少想到這些行銷活動是維力企業花費許多心思設計出來的。

（一）零售業的行銷規劃流程

　　行銷觀念是抽象的，要具體的將它落實在企業的行銷活動中，必須透過一連串的步驟來完成，零售業行銷規劃的流程（圖 3-4）包含以下五個步驟：

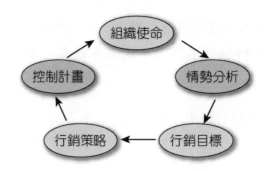

資料來源：丁逸豪，《零售學》，華泰書局

▲ 圖 3-4　零售的行銷規劃流程

1. **界定組織使命**：組織使命是指組織的長期承諾和長期目標，奠基於組織的歷史、管理階層的偏好、資源、獨特能力以及環境因素。

2. **進行情勢分析**：情勢分析，亦稱 SWOT 分析，是指對組織的內部優勢 (Strengths)、劣勢 (Weakness)、外部機會 (Opportunities) 和威脅 (Threats) 進行分析。

3. **訂定行銷目標(Marketing Objectives)**：訂定銷售目標、市場占有率 (Market Share) 目標和其他行銷目標。

4. **擬定行銷策略(Marketing Strategies)**：包括選擇目標市場 (Target Market)、決定定位 (Positioning) 和行銷組合 (Marketing mix)。

5. **研擬控制計畫**：研擬監聽和控制計畫，以瞭解行銷計畫的執行情形和達成行銷目標的程度。

（二）零售業的行銷計畫

　　對行銷人員而言，計畫是最自然的分析單位，對產品、定價、推廣以及通路加以組合，行銷人員希望能提高公司產品獨特的價值，並提供顧客不同的滿足程度。當計畫生效時，便可以提高競爭能力、滿足消費者，並提供顧客不同的滿足程度。

　　零售業的行銷計畫有兩種型態，以產品為中心的計畫與以顧客為中心的計畫。許多消費品公司的品牌制度，就是以產品為中心的計畫行銷。品牌或產品經理負責整合的開發、廣告、包裝、研究與定價，以擴大市場占有率，即使銷售工作是由零售業務部門負責，品牌經理也應該透過特殊的促銷活動，以及對銷售管理階層進行說服工作，使自己所負責的品牌受到特別的注意與關照。

　　零售業行銷規劃的結果會獲得一份書面的行銷計畫。零售業行銷計畫是零售業行銷規劃的最終產物，其內容大綱，包括供主管參閱的摘要，以及組織使命、情勢分析、行銷目標、行銷策略、預算、進度和控制計畫等部分。

3.2.4　門市計畫的用途

　　行銷的計畫有三項重要的用途：

1. 提供一種有規律的方法來分配公司的資源。

2. 是行動的藍圖。它協調組織內外參與行銷工作的每一個人的活動，並集中注意這些活動。

3. 可作為一種衡量的基準。在建立可衡量的目標之後，管理階層可利用銷售分析或其他研究方法來確定目標是否達成。

　　零售業行銷計畫的大綱：

(1)組織使命
(2)SWOT 分析
(3)行銷目標
　├(a)銷售目標
　┤(b)市場占有率目標
　└(c)其他目標
(4)行銷策略
　├(a)目標市場
　┤(b)定位
　└(c)行銷組合
　　├・產品
　　┤・價格
　　┤・通路
　　└・推廣
(5)預算和進度
(6)控制計畫

3.2.5　門市零售的策略規劃

在決定了企業目標和主要顧客群後，零售商就可進行擬定安全盤策略，此項策略包括兩個部分，一為零售商所能直接影響者，如營業時間、銷售性方式，此為可控制變數；一為零售商所不能影響而須本身自行調整者，如法律、經濟和競爭情況等，此為無法控制的變數，在設計策略時須記住這些變數。

（一）可控制變數(Controllable Variables)

在零售策略中零售商可予以控制的各項決策如下：

1. **商店的地址和業務**：零售商在選擇店址時，必須決定是座落在一般地區抑或是特定地區，並考慮競爭者、交通情況、人口密度、周圍環境、供應商之便利等因素。

2. **所提供的商品和業務**：這方面的決定包括商品的廣度（亦即商店所擁有的商品種類數）和深度（就是某類商品所備存貨規格的齊全性）、每一種商品的平均存貨量、進貨標準（包括次數、期間等）以及評估各項銷貨成效的控制程序。

3. **樹立商店的形象**：商店給人的形象極為重要，如果目標顧客不能認識該商店所欲建立的形象，則此商店就不容易成功。這種形象必須和目標市場的需要相符合。此外，商店對顧客的服務以及社區關係等，也可用作塑造有利形象的工具。

4. **促銷技術**：通常零售商所採用的促銷技術有三種：
   (1) 應用大眾廣告（媒體）將消息傳達廣大的消費者。
   (2) 透過人員銷售使零售商和顧客有一對一的關係，增進對顧客的說服性。
   (3) 採用特價、競爭、抽獎、購物袋、氣球、點券等促銷手段，吸引消費者作購置的決定。

5. **價格策略**：零售商必須選擇適當的價格政策。

（二）無法控制的變數(Uncontrollable Variables)

零售策略中還有些不可控制的因素，需零售商調整其策略中可控制的部分，並予以因應配合，這些變數包括如下：

1. **顧客**：提供適合此客群的商品與服務。

2. **競爭者**：零售商只要選定店址，就無法限制同業參與競爭。

3. **技術**：如電腦系統已可用於存貨控制和收帳業務、監視器可以防盜或對偷竊有嚇阻作用、有效及快速的倉儲和運輸設備、資訊傳送的便利等，均對商店經營有所影響。

4. **經濟狀況**：經濟情況是零售商所無法控制的因素，通貨膨脹、失業、利率、稅法和國民生產毛額這些環境因素，都是零售商必須變動配合的，大的零售商在擬定策略時，還要考慮並預測國內外的經濟情勢。

5. **季節氣候**：零售商的銷售預測常因氣候反常而擾亂，銷售運動器材、成衣和新鮮食品的零售商，必須考慮其商品的季節性，即不良氣候所可能引起的影響。

3.2.6　門市目標行銷的步驟

目標行銷，有三個主要的步驟，可應用於門市目標行銷：

（一）市場區隔化(Market Segmentaton)

第一個步驟是將一個異質性的市場劃分為數個比較同質性的市場。

1. 確認區隔基礎。　　　　　　　　2. 剖析區隔市場。

（二）目標市場的選擇(Market Targeting)

其次要評估各區隔市場的吸引力，並選定一個或數個區隔市場做為銷售的主要對象。

1. 衡量各區隔市場的吸引力。　　　2. 選定目標區隔市場。

（三）市場定位(Market Positioning)

第三個步驟是為每一個目標市場發展出競爭性的定位和擬定詳細的行銷組合。

1. 發展定位策略。   2. 擬定行銷組合。

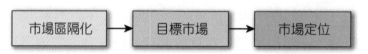

資料來源：黃俊英，《行銷學》，華泰文化

▲ 圖 3-5　目標行銷的步驟

3.3　服務態度與原則

3.3.1　定位的意義與層次

定位是運用某些產品屬性，以圖形顯示顧客或其他人對各種品牌或產品類型及企業整體的看法，而市場定位則是指顧客對某產品或品牌在市場區隔中所處位置的認知。

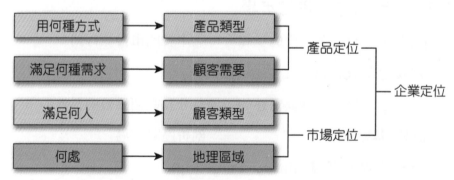

資料來源：樂斌、羅凱揚，《電子商務》，滄海書局

▲ 圖 3-6　定位的層次

　　定位的內涵有其層次，如圖 3-6 所示。「用何種方式滿足何種需要」的部分反映了產品類型與顧客需要，屬於產品定位的層次，「何人」的部分反映了顧客類型及其所屬的地理區域，屬於市場定位，兩者加起來即為學術界所稱的產品－市場定義，也就是實務上通稱的企業定位。

3.3.2　定位的重要性

　　「定位」之所以重要乃是因為現今的消費者，處在一個「傳播過度化(Overcommunicated)的社會，太多的商品及廣告訊息，往往令消費者產生抗拒的心理，自動地將許多的市場資訊過濾而僅留下少許能與其自身的知識或經驗相連結的部分，正因為如此，廠商即使投入大筆的廣告預算，其效果亦極難彰顯。所以如何能在目標消費者的心目中，為品牌建立一個獨特的「位置」，是非常重要的，所以建議規劃產品定位時所須考慮的三個重點：

（一）誰是公司的目標消費者？

　　釐清公司的目標市場，因為產品定位其實是消費者心裡的定位。

（二）產品的重要屬性為何？

　　所謂「產品屬性」指的是真正影響消費者購買的因素。

（三）誰是我們的競爭者？

　　定位的最終目的，是要塑造品牌本身獨特的品牌個性，有別於其他競爭者且能深植於消費者的心中。

3.3.3　定位的程序

　　定位是一項具體的行動，可經由下列六個問題的分析來幫助企業進行定位的工作：

1. 目前在消費者心目中擁有的是什麼樣的定位？

2. 企業希望擁有的定位為何？

3. 如何擁有企業所希望的定位？

4. 公司是否具有足夠的資源？

5. 對於擬定的「定位策略」是否能堅持到底？

6. 廣告創意是否能配合所擬定之「定位策略」？

3.3.4 定位策略的選擇

　　基本上可有下列六種定位策略供行銷人員選擇：

1. 以產品的重要特色定位。　　2. 定位於利益、問題解答或需要。

3. 以特定的使用時機定位。　　4. 以使用者來定位。

5. 對競爭者來定位。　　6. 可以不同產品類別定位。

3.3.5 定位策略的執行

　　企業選擇了定位策略後，接下來便是執行。定位策略的執行分為以下三個步驟：

（一）找出潛在的競爭優勢以形成定位

　　企業可以從產品差異、服務差異、工作人員的差異、形象差異等幾個方向去找企業的競爭優勢。以 Yahoo 來說，Yahoo 在產品上提供了差異化，華人可以使用中文介面的 Yahoo，英文系國家使用英文介面的 Yahoo。相對其他一律以中文或英文為主的搜尋引擎，Yahoo 顯然更可以滿足不同地區的使用者。

（二）選出正確的競爭策略

　　如果企業有數個潛在的競爭優勢，接下來便是選出一個或數個優勢以建立定位策略。有些優勢對消費者而言並沒有很大的意義，此時企業就要放棄以這些優勢建立定位的計畫。如果企業的優勢很特別，競爭者短期內無法抄襲，企業可以只選擇一個優勢來建立市場定位。

（三）有效地溝通及傳達選定的定位到區隔市場

　　當企業選好定位後，就要將這市場定位傳達給顧客，而且企業的行銷組合（產品、通路、廣告、價格）都要支持定位策略。

3.3.6　產品市場定位

　　產品市場定位，是企業為尋求「產品可以從事市場活動之最佳市場」。但在市場定位步驟上，仍宜以市場區隔為工具，產品市場定位的步驟有三：

1. 研究該市場，確定產品顧客之群體，究竟哪些因素對他們最感重要？

2. 安排哪些突出的特點以造成產品地位。

3. 市場地位就前二項觀點評價，若其結果尚屬良好，是否可設法繼續鞏固其地位。

　　因此，市場定位與市場區隔，不僅在理論上有密切關聯，且在技術上兩者通用。

3.3.7　產品定位決策之規劃

　　產品定位是否成功，在於企業對於產品本身及產品市場，是否有深刻之瞭解。因此產品定位決策之前，必須作好市場調查及產品分析工作。此兩項工作主要在於以下三類資料之蒐集：

（一）相似與相異資料

在市場上同類產品間及各廠牌之間，各具不同特性。假如企業若能知道自己產品與其他廠牌產品之間其相似與相異的程度，進而調查最暢銷廠牌具有哪些特性，以及被消費者最樂於接受的特性有哪些，企業在比較這些廠牌優劣的結果，當可找出產品如何改進及修正的方向。

（二）偏愛資料

偏愛資料是產品定位的指南。就個別消費者而言，對於所消費之產品，不論何種廠牌心目中自有理想的消費概念。

（三）特性資料

所謂特性是指產品所具有的重要特質，消費者藉此特質以區別同類產品的差異，構成消費之偏愛者。

3.3.8　消費者行為觀念

今日工商業社會，高度競爭的經濟體系，早已由以生產為中心的「重商主義」時代，演變至以消費為中心的「市場行銷」時代，亦即經濟的思維模式已由生產導向蛻變到市場導向了。這種思維的方式，推動了生產者以創造利潤及滿足消費者最大欲望為其目標。

嚴格來說，購買者有別於消費者。所謂的消費者是一種產品的最後使用者，而購買者則是真正去買的人，他可能是消費者也可能不是消費者。在購買的過程中，細分的話還有發起者、影響者、決定者等。下列就基本的名詞加以討論：

（一）知道

廣告人員、推銷人員必須使顧客對商品有一個認識，但每位推銷作業人員常遇一個問題，即哪些應讓顧客知道，哪些又不應讓其知道以免影響推銷力量。

（二）瞭解

顧客瞭解的程度是衡量行銷作業的依據。顧客不僅要知道有這些產品，還須進一步明白它的特點。

（三）態度

David Krech 和 Richaid Crulchfiel 定義態度為「對個別事物的某些觀點，激勵上、認知上、感情上的持續過程」。態度可支配對刺激的反應，並且引導行動。

通常態度改變，跟著而來的是行為改變。市場推銷成功與否，和其瞭解、預測、影響消費者的態度有直接的關係。行銷者必須確認：

1. 現在的態度如何。

2. 如果商品目前銷售狀況改變則應改變目前的態度。

3. 如果引進新的產品則須創造新的態度。

（四）偏好

顧客態度對產品的偏好形式表現，可作為決定產品特性的依據。

（五）象徵性

產品的象徵性指購買該品所含的意義。因此有些人購買商品買的不是其商品本身而是它的社會特質。

（六）意向

指決策者對未來欲做事情的傾向。行銷者知道決策單位的意向可：1.說明計畫的程度進而可得知要購買哪一種形式的貨物；2.幫助預測顧客的決策過程。由於產品不同，顧客的意向也有差異。

3.3.9 消費者生存在經濟社會系統中

消費者從經濟系統得到商品與勞務，滿足其生活之需要。因此其深受經濟系統左右。通常經濟系統含兩大特性：

1. 為個人生存在經濟系統中，自然具有社會的屬性。

2. 為消費者個人生存在經濟系統之中，期望能分享大家努力的成果。

現代的經濟系統分為生產、分配、消費三大部門。生產部門負責製造品與勞務以供消費者之需，分配部門門負責購買、營運、將產品與勞務送達消費者手中。消費者耗費產品與勞務，皆在整個經濟系統中占相當重要的地位。形式效用是對產品本身滿足的程度，時間效用是消費者在購買時就有令人滿意的產品出現，地點效用即消費者能容易地買得到他所要購買的產品，所有權效用是財貨能發生相流通的作用，此四種效用易分辨，但卻不容分割。

3.3.10 行為科學的貢獻

對消費者行為的認識須瞭解到心理學、社會學、人類文化學的影響和貢獻。普通心理學方面，諸如動機理論、記憶、學習、認知、態度、情緒、意見等都應用到消費者行為的分析上。研究消費者行為的心理原因，協助企業人員製作廣告以招攬消費者，其購買目標、激起其興趣、誘起其興趣、誘發其行動，後者則在廣告、品名、價格等活動上有裨益。

3.3.11 行銷活動必須使消費者滿意

為滿足消費者之需求，行銷活動必須採取主動，發掘消費者的期望或欲望，並指引滿足欲的途徑。

　　消費者是市場的動力，在市場不僅擁有絕對的權力，而且能左右產品、價格及企業機構的決策。現在的「購買者市場」乃呈現幾點特徵：

1. 消費者導向。　　　　　　2. 高級主管注重行銷活動。

3. 行銷研究漸受重視。　　　4. 強調市場及商品的研究。

5. 促進企業機構的革新。　　6. 使企業注重研究發展工作。

　　購買行為的類型：

　　依涉入程度把購買行為再區分為三部分：

（一）複雜的購買行為

　　當消費者在考慮購買高涉入的產品時，如汽車、珠寶、出國旅遊等高價格、高風險的貴重產品對品牌問題已是不重要，一定會多方蒐集資訊，以切實瞭解產品的屬性，依本身的需求而訂出評估的條件，再依自訂的條件來評估產品後作出決策。

（二）減少失調購買行為

　　消費者在購買高涉入產品的決策過程大多非常慎重。購買後，消費者在實際使用這產品時會發生與其決策前所訂的條件不符合，這時消費者重新蒐集資訊以證明其決策是正確的，以減少失調現象。

（三）習慣性的購買行為

　　消費者在購買低涉入產品時，因價格低和風險低，加以相互替代性高。對資訊的尋求都是被動式的接受。大多會先作購買決策，經使用後再評估產品的效能，這些產品的同質性高，故品牌就扮演重要角色。

3.3.12　高涉入購買決策過程

　　購買決策可以區分為五個過程：

（一）問題認知

由於消費者受到外界的刺激，如廣告、促銷活動或消費者正在使用中的產品快消耗完畢、或面臨使用年限快終結而故障叢生時，則需面臨需採取購買行動與否的問題。

（二）資訊蒐集

消費者在問題認知確定後，就需要蒐集相關資訊以解決問題。資訊的蒐集可分為從消費者本身記憶系統的內部資訊，亦可從外界蒐集而得到的資訊。

消費者會依不同目的而選擇資訊來源。消費者要瞭解有關產品價格、品質或服務等資訊大多從企業管道獲得。

（三）選擇方案評估

當資訊蒐集完成後，消費者依其價值認知的重要性而排列出評估的標準或條件，這些標準或條件大多出於產品屬性或產品功能的要求。

（四）購買決策

消費者經過以其價值認知的重要性而決定評估標準或條件的資訊分析後，會在不同的產品或品牌中產出偏好，從偏好而產生購買意願。購買意願形成後而尚未作出購買行動前，消費者還受二項因素的影響，即他人的態度和風險認知。

（五）購後使用評估

消費者在作出購買決策時，皆認為該產品符合設定之條件。消費者對產品屬性與功能的預期期望就會產生，經購買後實際使用了產品，當能導致出兩個結果，即滿意與不滿意。

3.3.13　消費者行為模式

消費者行為模式可以區分為下列二種：

（一）馬歇爾模式

　　馬歇爾主張溯源於亞當斯密的「自我利益」動機及「國富論」學說，且提出人們為「精於計算」的說法。他以供需分析來綜合經濟思想，成為個經的主源。

　　馬歇爾模式可從不同的角度觀察：

1. 定義觀點言，本模式是正確的，因本模式認為購買者依其「最佳利益」而行動，但此種真理，並沒有給我們什麼可用之指標。

2. 模式屬於「準則性」而不屬於「敘述性」，只是提供買方達成「理智」行為的邏輯標準。消費者決定買原子筆時，雖不可能用經濟分析，但決定是否買新房子時即可派上用場。

3. 各市場多少受經濟因素的影響，因此若要詳細瞭解消費者行為，必須考慮各方面的經濟因素。

　　本模式的基本假設如下：

　　(1) 價格越低銷售越多。

　　(2) 產品價格越低，其替代品銷售越少。

　　(3) 某產品價格下跌，其互補品銷售越多。

　　(4) 除劣貨外，實質所得越大，銷貨越多。

　　(5) 推廣費用越多，銷售也越大。

　　經濟因素對實際購買情形的影響，可以實驗設計法或過去資料的統計分析去研究，其需要方程式可適用於許多產品。有一點必須特別注意的，經濟因素無法單獨解釋所有產品的銷售變化，因馬歇爾模式忽略了產品及品牌偏好如何形成的基本問題。

（二）巴夫羅夫模式

　　巴夫羅夫的模式在廣告策略上可做為指導原則。全行為科學家瓦特森乃支持重覆刺激的典型者。

巴夫羅夫模式亦可做為廣告文稿策略的指導原則。廣告欲成為有效誘因，必須能激發人們的驅策力，因此在文詞運用上要確定最強烈的驅策力。廣告從業人員要深入瞭解文字、顏色及圖畫所表現的誘因，並選擇某個能產生最大驅策力的誘因。

3.4　面銷與促銷計畫

3.4.1　推廣組合之意義

所有推廣組合(Promotional Mix)的共同使命，便是對外傳播有利於產品生存競爭的訊息。這些訊息，為求最大的溝通效益，必然是傳播主（業主）特意篩選、企劃、有計畫的放送，而其呈現的幾種主要形式便是：廣告、公關、促銷以及人員銷售。

3.4.2　推廣之功能

推廣之功能有下列九點：

（一）知名度

經由各種不同的傳播管道發布訊息，能提高品牌的知名度。品牌越熟悉，被消費者選購的機率也就相對提高。

（二）試用

試用可能導致下列兩種情況：1.對於試用結果感到滿意，於是產生第二次購買行為；2.對於試用結果感到不滿意，所以不會想再一次購買此產品。

（三）續購

「續購」就是針對原有的消費者，鼓勵其繼續購買的行為。促銷活動可以催化下次購買行為的發生，並藉以養成消費者的一種購買習慣。

（四）增加購買量／消費量

這種策略大多是產品已達高峰期之後才會採取，例如：「買幾送幾」，就是一個量販的概念，同時也期望刺激銷量加倍。

（五）品牌轉換

這類促銷活動的目標在於「挖」競爭品牌的顧客。很多產品到了成熟期只能依賴這招來吸引會轉換的顧客。

（六）人潮

業主相信人潮和銷售量呈正比，只要來的人在賣場裡停留、遊走，消費的機率自然會提升。

（七）貨品流轉率

貨品流轉率是指在一段時間內，產品所賣出的單位，其計算的時間單位，視產品的購買週期而定。

（八）鋪貨

鋪貨是指產品在市場上流通的狀況，鋪貨率則是指產品進駐所有可陳列、販賣店面的百分比。

（九）銷售量

上述功能都可引導銷售量的提高，而促銷的最終目標也在於銷售產品。

▼ 表 3-5　「推廣組合」在促銷功能之比較

行銷目的＼推廣活動	知名度	試用	重覆購買	忠誠度	品牌轉換	增加購買量	建立形象
廣　　告	△					×	△
公　　關	△				×		△
個人銷售	×		△	△			
促　　銷		△	△	×	△	△	×

說明：「△」表示影響力強，「×」表示影響力弱。

資料來源：黃憲仁，《促銷管理實務》，憲業企管顧客有限公司

3.4.3 推廣組合之內容

推廣組合，其四項必須相輔相成，共同達成推廣的任務，在此將針對四項推廣組合的內容分別詳細介紹說明：

（一）廣告

根據美國的行銷協會(American Marketing Association)對「廣告」所下的定義是「廣告主要以一對多的方式，利用付費的大眾媒體，將特定的訊息傳送給特定的目標對象」。「廣告主」即是付費以達成其傳播目的者，它可以是單數，也可以是複數的，如合作式廣告；而「付費」則點出了廣告商業傳播的本質，媒體本身沒有刊播廣告訊息的義務，因此必須透過版面、時段的購買，這些訊息才得以公諸於世。

廣告的運用對於產品有下列四種功能：

1. **促進銷售**：藉由廣告的推銷，可以促進銷售量，刺激消費者購買的欲望。

2. **說服顧客**：廣告說服了許多潛在持保留態度的顧客，最終採取了購買行動。

3. **創造需求**：廣告可以創造消費者對產品的需求。

4. **迅速推廣**：廣告信息使新的產品立即被消費者得知，並迅速的在市場推廣發展，具有經濟上的效率，使產品成功的機率大增。

零售商可以從報紙、廣播、電視、雜誌、戶外廣告、直銷信函、購物指南、電話簿及網路（含 APP）中來選擇所需的廣告媒體。不論是何種廣告媒體均有其優缺點，將由表 3-6 表示之：

▼ 表 3-6　廣告媒體之優缺點比較

廣告媒體	優　　　點	缺　　　點
報紙	較具彈性與時效性；涵蓋範圍廣；接納度廣，可信度高。	廣告壽命短；廣告表現程度較低，在國內版面區分為多種，不容易控制涵蓋面。
廣播	成本較低，極為普及，地區及人口階層選擇彈性較大。	只有聲音表達，易受干擾，費率不一，吸引力不強。
電視	兼具聲光、動作之美，因此感官訴求力強，有吸引力，接觸面廣。	瞬間即逝，絕對成本較高表現凌亂而不深入，收視人選擇性低。
雜誌	地區及人口階層選擇性較大，可信度及聲望度高，印刷效果佳表現壽命長，「轉知」的閱讀人較多。	時效慢，前行準備時間長對非目標市場顧客形同浪費，廣告刊登位置不定。
戶外廣告	具有彈性，可重覆表現，成本較低，競爭少，表現時間較長。	閱讀人選擇性低，廣告表現能力較差，創意表現限制大。
直接郵遞	閱讀人選擇性高，地區及人口階層可自由選擇，有親切性，有效表現時間長。同一媒體內無廣告競爭。	廣告成本較高，且耗人力。時常予人有「濫寄」現象。

資料來源：陳振茂，《行銷學》，巨浪出版社

（二）公關

　　利用新聞報導或事件的方式，將產品的訊息介紹給大眾是為公關，由於好的公開宣傳深具銷售潛力，公司均不遺餘力地慎重運用此公開宣傳或稱「免費廣告」，亦即編輯一些有關公司或產品的新聞性故事體裁，以吸引新聞界採用並作為新聞報導，正因為公關訊息並沒有明顯的商業動機，通常一般的大眾對其的信任度比其他幾種方式為高。在長程推動企業或產品的形象與好感上是較有利的。

公關的特性有以下幾項：

1. 高度真確感

由於新聞報導是由記者說出或寫出的，代表公司外第三者的看法，所以顧客會以為具有高度客觀性及真實性。

2. 不設防

避免公司廣告或推銷人員干擾的顧客，不會排斥新聞報導，因為這是一種「新聞」化的活動，而不是銷售導向的傳播，在心理上不必時時擔心被騙。

3. 戲劇化

新聞報導和廣告一樣，都具有把公司及產品在顧客面前造成轟動的潛在作用，遠比個人之推銷威力廣大。

公關的報導內容是必須有其趣味性或是新聞性，才得以報導出來。公共報導的目的是希望藉由活動而造成消費者回應，藉此也改善企業的形象。其報導工具有：

1. 發布新聞稿

此種方法是零售商藉由新聞報導來陳述它們的相關訊息，例如：各種特別活動、新店開幕或年銷售利潤報導與營業方針的改變…等。

2. 記者會

此種方法是藉由與新聞界的朋友面對面傳達出公司的訊息給大眾知曉，會比發布新聞稿的效果還要好，例如：歌手推出新專輯而召開的記者會或是新書上市所召開的發表會…等。

3. 專欄文章

是大多數的刊物，尤其是商業類雜誌所允許刊登的專欄文章來描述有關零售業的相關人、事、物。

4. 演講

　　零售業的管理人員常常有機會到產業工會、商業餐會、研討會或者是校園的演講，藉由此種方法進行宣傳是宣傳公司最好的機會，其優缺點將由下表示之：

▼ 表 3-7　公共報導的優缺點比較

優　　　點	缺　　　點
1. 表現零售商訊息的客觀來源，提供其可信度。 2. 展現或者是提升企業形象。 3. 訊息的使用不須付費。 4. 可說服大眾。 5. 有可能產生引導效應。 6. 人們會較注意新聞事件。	1. 零售商控制報導的內容、報導時機及涵蓋範圍事先規劃較困難，較適合短期規劃。 2. 雖然沒有媒體成本，但有公共關係部門、規劃活動、活動成本，以及活動本身（如遊行和商店開張）的經常費用。

（三）人員銷售

　　人員銷售最主要的特徵為的小眾式溝通。業務人員本身便是訊息傳播的媒介，此種訊息管道最大的優勢便是因人而異的訊息內容。銷售人員可針對各個目標對象不同的特定需要，調整其傳播形式與內容，以市場區隔的概念來看，「分別擊破」應是最精確的溝通模式。

　　實施人員銷售的時機有以下幾種情形：

1. 市場集中或客戶集中程度明顯時

　　當潛在購買者高度集中在某一地區時，運用人員推銷為較有效的方法，例如消費者集中在某條街道，此時運用人員沿街推銷，或發傳單，密集式推銷，成功機率較高。

2. 產品的銷售，需要透過人員來解說示範時

假如產品的銷售需要示範介紹才能使消費者確信其產品的特點時，則運用人員銷售較為經濟有效，例如一些新的商品當消費者都不知其效用及使用方法時，可利用人員直接銷售的方法，除了可示範其作法外，亦可立刻知道消費者的反應狀況。

3. 產品需要作售後服務時

顧客在購買產品後，因使用方法不當或保養不當，使產品發生故障或損壞，這時顧客就會召來該產品的業務員，請其提供售後服務。

4. 要激發客戶對產品的需求時

當顧客對此項產品有需求時，業務員就須扮演滿足客戶的角色。

（四）促銷

促銷是指提供臨時性、短期性且具有誘導性質的促銷手段，以鼓勵消費者對某特定產品或服務的消費，以得到良好的銷售效率。

3.4.4　常見促銷的方法

（一）遊戲、競賽

遊戲的促銷是指提供不同的獎品或獎金，只讓少數的消費者可以獲得，容易激發消費者興趣及參賽的心情，並可強化商家的形象，吸引消費者注意到產品，增加其對商品的認知，可針對目標作訴求。但是其費用龐大，需輔助其他宣傳手法。

（二）購買點展示(Point of Purchase Display, POP)

任何在賣場裡出現，用來展示產品、銷售產品的製作物，如：懸掛、張貼的吊旗、掛旗、海報、標籤和貼紙，廠商特製的山形、樹狀的特殊陳列架或商品堆積方式，甚至櫥窗擺飾、熱氣球等都是。

（三）抽獎活動(Sweep Stakes)

以高額的獎金或贈品，一人或多數人獨占形式的附獎銷售，例如：「購買產品，可中高級轎車」或「免費歐洲旅遊」等誘人的廣告詞句都屬於抽獎形式的促銷活動，此種活動適合高價位高利潤的商品。

（四）贈品促銷(Premiums)

以送產品以外的獎品或其他額外的好處吸引消費者，刺激銷售。和樣品不同的是，贈品所贈送之物不是產品本身，且若要獲得贈品，必先經由購買產品才可得之。

（五）降價或折價促銷(Discounts)

是一種讓消費者以實際獲得經濟誘因的方式刺激銷售的促銷活動。這種有直接、間接法，直接者如打折、降價等，消費者對折扣的比例或金額一目了然。例如：買一送一的促銷就形同是 50％的折扣，只是名目不同而已。它可以增加購買量、提升產品的流轉率、抵制競爭者，並可刺激消費者的購買意願，增加產品的試用率。

（六）折價券(Coupon)

藉由沿路發送、報紙廣告或雜誌夾頁的方式，讓消費者取得特別折扣券，可以在其店內購物時得到減價的優惠。例如：麥當勞、肯德基都有類似的活動。

（七）購物印花(Trading Stamp)

當消費者購物達到某一定金額，就可免費贈予購物的印花或點數。例如全聯超市集點可用較低的價格換取高級刀具組。

（八）獎品

當消費者購物達到某一定金額，零售商就會提供免費給予的獎品，通常只要購買達到某一定金額就可以獲取一件獎品，並不限次數。

（九）免費樣品試用活動

是指讓消費者免費試吃或試用的商品，它可能放在店內讓人取用，也可能在街上發放或一家一家的遞送，有時也會在超市中提供試吃。提供樣品的目的，是使消費者在試用了公司的產品後，能夠在商店實際購買。

（十）介紹人禮物

送禮物給介紹新消費者的原有消費者。

（十一）舉辦特別活動

例如流行秀、作者的簽名會、藝術品展覽及各類型的假日活動，或是在特定的節日舉辦，如耶誕節、父親節。

一、公司簡介

　　85 度 C 這好記又特別的名字，取名來自「咖啡在攝氏 85℃ 時喝起來最好喝的意思」，因為根據咖啡專家資料，100℃ 熱水經過咖啡機內部的管線後，就如同離開瓦斯爐的熱水一樣，溫度會自然稍降，沖煮咖啡的溫度大約在 90~96℃ 之間，而最適合喝咖啡的溫度應是 85℃ 左右，在此溫度下可讓您品嚐到咖啡中甘、苦、酸、香醇等均衡的口感，而這也代表的是 85 度 C 品牌希望產品呈現給顧客都是最優質質量、最美味、超值的精神，也期待消費者到 85 度 C 消費都能感受到品牌所帶給的甜蜜幸福感動。

二、產業現況分析

（一）環境

　　海外市場尚有土地、市場可以拓展，據可靠數據顯示，目前全球已經開設了上千家門店。

（二）價格

85 度 C 所走的平價路線，不論是咖啡產品價格或是在麵包、糕點價格上都比較便宜。

（三）產品

85 度 C 的咖啡雖然價格平價，但是咖啡豆來源於世界最好的咖啡產地－瓜地馬拉，為求其咖啡豆品質的穩定，85 度 C 和咖啡豆農之間的關係必須要維持良好，雙方建立起互助互惠的合作關係，則能確保其貨源品質及穩定性方面；為迎合消費者需求，研發適合當地消費者口味的產品，例如：美國分店的海鹽咖啡，後來成了全球各家門店銷售之冠軍。

85 度 C 除了提供平價咖啡及蛋糕，也不斷研發新的產品讓顧客品嚐。85 度 C 擁有 20 多種飲料和咖啡、60 多種蛋糕、88 種麵包，遠遠超過一般的西點麵包屋，例如：凱撒大帝、芝士球、招牌 85 度咖啡、藍莓乳酪、抹茶紅豆等品項，十分受到消費者的歡迎。

85 度 C 販售的是五星平價蛋糕，藉由各個具顯赫來頭的五星飯店主廚，透過中央廚房機制化統一控管製造，以最平價、最高級的咖啡加蛋糕新鮮組合，販售平價高檔的消費體驗。同時 24 小時營業的經營方式，讓消費者不管何時都能來享受咖啡、蛋糕或其他商品。

（四）服務

85 度 C 的服務員態度熱情真誠，面帶微笑地說「歡迎光臨」、「歡迎下次再來」；服務主旨是「咖啡就是一種飲料，它不摻雜什麼文化和品位的概念」，店面沒有優雅的環境，僅放兩三張桌椅，方便顧客在排隊等待時的休息，非常貼心，徹底地顛覆了已經經營非常成功的星巴克咖啡模式。85 度 C 準確的抓住了消費者的需求，在同行當中為消費者提供了更為實用的產品和服務。

（五）通路

增加銷售據點來擴展通路；也在 2009 年時，與網路公司合作，推出網路訂購服務來增加顧客群。

（六）推廣

透過媒體介紹來增加曝光率。也結合了其他下列行銷方式：

1. 飲料購買 200 元即可外送。

2. 提供季節性產品以吸引顧客。

3. 常舉辦許多新產品的宣傳活動。

4. 配合節日折扣銷售商品。

（七）消費族群

85 度 C 是以開放式空間設計，對消費者來說，很容易讓人感到親近，如果好奇商品也可以直接在蛋糕櫃前觀看商品，不用介意店員的眼光，所以舉凡早起散步的阿公阿嬤、帶小孩上學的媽媽、趕上班的上班族，學生等，都有可能被吸引，消費族群可說是十分廣泛。

三、市場環境分析

（一）85 度 C 的 SWOT 分析

優勢 Strength	劣勢 Weakness	機會 Opportunity	威脅 Threat
提供外送服務。	通路品質不易控制。	海外市場拓展（中國、澳洲、美國）。	加盟店水準不一品牌形象建立不易。
高品質低價位。	品牌偏好度不足。	臺灣人喝咖啡的習慣增加。	原物料價格上漲。
黃金店店面。	店面擺設桌椅不多。	下午茶文化。	平價的專賣店紛紛興起。
產品精緻。	展店速度過快。	成熟的咖啡、蛋糕市場。	臺灣食品安全問題。

（二）85 度 C 的 STP 分析

市場區隔(Segment)	針對喜歡用低價就能享受高品質的消費者。
目標市場(Target)	1. 上班族：方便外帶。 2. 女性：喜歡精緻糕點、愛好下午茶。 3. 學生：學生能消費的起，喝咖啡聊是非的好地方。
產品定位(Position)	1. 強調以高級的材料和專業的技術，帶給大家平價的享受。 2. 沒賣完的產品不會留到隔天繼續販賣。 3. 24 小時的服務。

四、領導者風格

◎ 理念－品質、專業、創新、責任

基本原則	目標政策	全員共識
品質原則	全面提升產品品質。	一流的設備才有一流的產品，嚴格的管理才有優良的品質保證。
專業原則	A.專業人才訓練。 B.商品研發優質。	重視門市訓練才有專業的人才，重視產品的改良才有優質的競爭力。
創新原則	因應整個環境，不斷求新求變。	以創新領先的思想做法，配合時代變遷需要，不斷開發研究，自我提升參與國際競爭。
責任原則	永遠關懷並持續要求企業之於加盟業主、員工及消費者的責任。	持續性要求輔導、協助創業加盟主精益求精、追求最大消費者滿意，發揮最大化的企業責任。

領導風格五大要素

五、成功關鍵因素

1. 24 小時貼心服務。

2. 現磨咖啡與美味蛋糕等其他美食。

3. 高品質產品。

4. 注重食材。

5. 大眾風味的茶飲、蛋糕、麵包。

6. 舒適環境。

7. 不定期推出新產品及特惠。

8. 產品多樣化。

9. 中央廚房生產。

10. 平價銷售。

EXERCISE 練│習│試│題

18100 門市服務 乙級 工作項目：門市銷售管理

單選題

1. （　）一家門市的經營風格及外觀，第一印象首重①店面裝潢②服務態度③商品多寡④人員外貌。

2. （　）對於一家新門市第一次進貨之流程順暢是相當重要的，模擬進貨流程第一步驟是①擬定計畫②計畫與實際對照③盤點貨品④遞送茶水。

3. （　）下列何者為商品陳列架上最佳視覺位置？①入口處②視覺黃金金三角③上視點④店內正中央。

4. （　）下列何者非商品防耗損的方法？①將盤點作業制度化②每一項商品傳送、清點流程皆派人監督③建立完整傳票管理④給予從業人員教育訓練。

5. （　）在店內有限的空間座位中，想要提高營業績效，下列何種作法較適宜？①延長營業時間②提高翻桌率③提高單價④提高進貨量。

6. （　）經營有機餐飲店，要提高營業額，下列哪一個方法不可行？①餐點內容要多，讓顧客能有多樣化的選擇②要延長有效營業時間，下午的非用餐時段，推出有機點心及有機飲料③店內的裝潢氣氛要燈光美、氣氛佳④與菸酒商品專門店複合式經營。

7. （　）每一家店所陳列的商品及設備等都是一樣的，每一樣東西所放的位置，都有固定的位置，而且不論到哪一家店，所放的位置都是一樣的，稱為①商品陳列標準化②裝潢標準化③商品標準化④服務流程標準化。

8. （　）在上班之前檢查員工的服裝儀容，不應包括下列哪一個項目？①是否穿著規定的制服，制服是否乾淨、整齊②指甲、雙手是否乾淨③頭髮是否整齊、清潔④是否有上妝。

9. (　) 下列何者不是店頭廣告的重要性？①流行商品的介紹，吸引消費者注意②提升企業形象，並且提高商品的優良特性③配合季節與廣告促銷活動④指引顧客至出入口的標示。

10. (　) 門市作業檢查中，關於關店前後的作業下列何者為非？①須作門市巡檢②協助疏導顧客③核算營業額④檢視電源開關。

11. (　) 門市人員的管理，關於人員的訓練與指導，下列何者為正確的選擇？①依客戶消費等級招待②為求效率，最精簡的商品介紹說明③教導其正確的經營服務理念④為瞭解商品知識，須配合外訓。

12. (　) 小規模寬淺型門市賣場在運用其空間，下列敘述何者正確？①可採店頭行銷方式②最好能將顧客誘導深入店內③可供顧客仔細從容挑選④最好是直的移動路線。

13. (　) 有關賣場櫥窗表現的運用，下列何者有誤？①表達商品內容或訊息的途徑②以觸覺感官的傳達來達成展示或銷售③傳達企業經營理念④是企業形象代言者。

14. (　) 增加門市賣場活性化演出，不需下列哪一措施？①店頭活動②海報、POP③殺價競爭④銷售人員親切指引。

15. (　) 有關門市作業之交接班管理，下列何者有誤？①核對上一班營業金額②最好每次都由店長擔任監交人③每次應點交相關鑰匙④人員排班異動在排班表上註明。

16. (　) 下列何者不屬於零售商店購買後的服務？①禮品裝袋②退換貨③安裝④試穿（吃）。

17. (　) 下列何者不適於用來評估商店的銷售效果？①平均經過該地區的人流量②進入商店的入店率③進入商店且購物的購買率④損益平衡分析。

18. (　) 當顧客抱怨發生時，下列何者不是銷售人員應有的態度？①置之不理②快速回應③和顏悅色④傾聽顧客抱怨。

19. (　) 在新商品上市前，為了讓消費者知道某項商品的訊息，應採下列何種作為？①大量廣告宣傳②降價促銷③發送折價券④避免商品曝光。

20. (　) 下列何者非零售商店創造自有品牌(Private Brand)的主要目的？①增加利潤②提高商店競爭優勢③降低成本④強化供應商品牌力。

21. (　) 在零售業中對於商品的陳列，下列敘述何者為非？①商品按價位分類②商店陳列要有季節性③商品陳列要有美感④先進的商品要排在前面。

22. (　) 傳統市場中，小販的叫賣聲是符合賣場活性化中哪一項？①聽覺活性化②視覺活性化③觸覺活性化④味覺活性化。

23. (　) 下列何者不是零售商店賣場設計的基本原則？①易入②易看③易拿④易用。

24. (　) 11 月第二週之星期四是薄酒萊的上市日期，請問此時薄酒萊對於賣場而言是屬於下列賣場中的何種商品？①主力商品②輔助商品③展示商品④重要商品。

25. (　) 為了防範服務疏失的發生，零售商店應①第一次就做對②設計服務疏失報表以便補救③鼓勵顧客抱怨④申請 0800 專線。

26. (　) 台灣的便利商店一開始便採高價進入市場，違反零售業的理論基礎，您認為造成此一結果的主要原因為何？①市場競爭差異②人員差異③政府法令④人格效應。

27. (　) 零售業與高科技的結合是零售業發展的主要趨勢，下列何者不是其興起的原因？①提高作業效率②提升管理能力③增加市場競爭力④提高促銷使用。

28. (　) 人在零售業服務傳遞之過程中扮演著重要的角色，下列那種人在服務傳遞的過程中最難以被控制？①行政人員②第一線銷售人員③營業主管④店經理。

29. (　) 商品陳列的效果表現分為下列三訴求：一、展現排面氣勢，二、強調季節商品，三、①強調流行商品②強調廠牌分開③包裝重新處理④強調價錢分類。

30. (　) 下列何者非商品陳列的目的？①促進陳列商品的銷售②刺激消費者購買慾③透過生活情報訊息的傳達④區分年齡層。

31. ( ) 下列何者非門市防搶方法？①門市內外時刻保持警覺②對於門市內外錄影監控③千元大鈔立即投庫④ATM 存款或至金融機構匯款作業時，確實維持固定路線，不任意更換。

32. ( ) 下列何者是開店中現場規劃的最主要決定者？①營業主管②行銷主管③商品部主管④財會主管。

33. ( ) 商品包裝的主要目的為何？①為了美觀②預防破損③刺激消費者之購買慾④方便購買。

34. ( ) 集客力就是①吸引顧客來店的能力②集中來客的能力③主動開發客源的能力④集合顧客能來店消費。

35. ( ) 消費者購買商品決策過程為需要的確認、資訊蒐集、方案評估、購買決策，還有下列何項？①購後行為②思想行為③調查方式④客戶來源。

36. ( ) 下列何者非集點活動的優點？①短時間即可完成②低成本促銷③增加消費者採購量④創造商品或商店本身之差異。

37. ( ) 「服務即是勞務」，用以滿足消費者的需求，通常服務被視為商品的①一部分②主要部分③品質部分④全部。

38. ( ) 門市盤點報表法，下列何者錯誤？①零售價盤點法②成本會計法③盤損與盤盈的意義④分析問題點並提出改進建議。

39. ( ) 門市收銀人員的基本動作不包含①維持收銀機台週邊清潔②兌換新鈔③複誦顧客購買的商品與金額④協助包裝。

40. ( ) 下列何者非商品驗收須注意事項？①商品名稱②商品說明③商品數量④商品規格。

41. ( ) 門市人員不應該在賣場表現出來的動作為何？①協助指引商品的正確位置②隨時注意商品的保存期限③保持通道的順暢④打行動電話聊天。

42. ( ) 商品存貨管理之內容為何？①未過期商品篩選②貨架管理③不良品保存與退換④過期品篩選。

43. (　) 下列何者為促銷的目標？①提高營業額②增加員工向心力③新商品介紹④提升企業形象。

44. (　) 有關 POP 的敘述下列何者正確？①方便瞭解供應商②增加店內設計感③簡易介紹商品特質④建立店內布置完整性。

45. (　) 顧客認為量販店最應具備的條件為何？①價格合理②商品多元化③商品布置良好④服務態度佳。

46. (　) 下列對於促銷目的的敘述何者有誤？①增加員工訓練機會②增加特定商品銷售③增加來店購買率④穩定既有顧客。

47. (　) 下列何者不是折價券發放的主要方式？①以 DM 方式寄送②隨包贈送③經由親友開始發送④人員定點分發。

48. (　) 試用樣品不適合何種商品推廣？①成熟期商品②一般性消費商品③使用頻率高商品④價位低的商品。

49. (　) 促銷企劃需先進行資料收集與分析，其內容不包括下列何者？①商品分析②供應商分析③競爭者分析④消費者分析。

50. (　) 下列何者非優待券活動的優點？①容易預測活動成效②刺激顧客購買意願③提高營業額④促進零售業的進貨量。

51. (　) 下列有關顧客要求退換貨或退款之處理何者不正確？①無論原因，超過 7 天不可退換貨或退款②要求退換貨依據公司政策作合理判定執行③藉由退換貨及退款的原因可瞭解顧客不滿意或統計原因以作為改進的依據④最好在服務台或指定地點進行作業。

52. (　) 下列何者為最具經濟誘因之促銷方式？①降價促銷②加購商品促銷③贈品促銷④試用品促銷。

53. (　) 下列何者不是商店促銷應檢核之重點？①促銷商品品質是否良好②商品是否恢復原價③促銷商品是否齊全④商品數量是否足夠。

54. (　) 流血價格戰的原因為何？①提高商品利潤②存貨週轉率低③擴大市場占有率④經濟蓬勃發展。

55. (　) 下列何者不是有效的商品出清手法？①適量適價的多量少款策略②適量適價的少量多款策略③提高正品銷售比之商品銷售檢查與調轉貨④計畫生產與波段出貨。

56. (　) 下列何者非為影響電子支付成功因素？①簡單的付款工具②交易的安全性③交易的方便性④可以延後付款。

57. (　) 如果顧客的電子發票已存入載具後，才告知要列印發票，此時收銀員要如何處理？①重新列印發票②交易取消後重新結帳列印發票③收銀員向顧客道歉告知無法重印發票④收銀員換一台收銀機重打發票。

58. (　) 下列何者屬於電子發票共通性載具？①信用卡②自然人憑證③悠遊卡④電子發票 APP。

59. (　) 顧客使用具有電子發票載具功能的一卡通結帳，下列哪一個步驟無法節省？①找零錢②列印發票③列印交易明細④掃描手機條碼載具。

60. (　) 「您好，總共是 100 元！請問刷卡、付現還是手機支付？」收銀員依顧客所使用不同的支付方式結帳付款，下列敘述何者正確？①若顧客出示某通路的會員綁定信用卡支付條碼須使用感應式刷卡機付款②若顧客出示信用卡直接刷手機條碼支付③若顧客出示 Apple Pay 直接刷條碼結帳付款④若顧客出示 LINE Pay 支付可使用行動收款機付款。

複選題

61. (　) 下列哪些作法有助於提高門市營業額？①延長門市營業時間②增加門市的來客數③提升顧客的客單價④與競爭店展開降價大戰。

62. (　) 下列有關商品迴轉率的敘述哪些正確？①商品迴轉率=平均存貨/銷售額②商品迴轉率係指一定期間內商品迴轉次數③商品迴轉率越低越好④商店經營者若能有效地掌握商品的迴轉率可提高管理績效。

63. (　) 從銷售報表可以獲得哪些資訊？①單一品項商品銷售排行榜②每日各不同時段之銷售業績③商品報廢數量④客戶銷退貨明細。

64. (　) 商店營業額的構成指標包括哪些？①顧客入店人數②購買率③客單價④客訴率。

65. ( ) 店長在營業時間的工作為何？①注意商品銷售狀態②處理顧客意見③隨時清點商品數量④員工出缺勤狀態確認。

66. ( ) 下列有關零用金管理的敘述哪些正確？①零用金數量可根據營業需要與狀況來決定②每日營業前須將各收銀機內的零用金準備妥當③營業期間若零用金不足可先向其他收銀機調換④零用金可用以支付進貨的應付帳款。

67. ( ) 下列有關收銀作業管理的敘述哪些正確？①為保障每日營收的現金安全，應委派人員定時將款項存入銀行或放入店內保險箱中②非現金類（如購物券、禮券等）也應每日結算，但不須併入現金類處理③列印銷售日報表後應與現金盤點交接表上的金額加以比對無誤④偽鈔、偽幣的判別，不屬於收銀工作的範圍。

68. ( ) 下列哪些屬於便利商店收銀櫃檯的業務範圍？①過期商品處理及報廢作業②顧客退、換貨處理③現金管理及發票開立④面銷及顧客關係建立。

69. ( ) 門市在商品管理方面應注意的事項為何？①新商品的銷售追蹤②市價調查③商品活動之推動④填寫報銷單。

70. ( ) 下列有關 POS 系統的敘述哪些正確？①POS 系統可提供歷史銷售資料，提高訂貨準確度②使用 POS 系統有助於簡化收銀作業③POS 系統大同小異，均可適用於各業種業態④POS 系統有助於強化商品管理。

71. ( ) 下列有關商店外觀規劃設計之敘述哪些正確？①招牌越大越醒目越好以讓過往人潮能注意到店家②招牌設置要考量與品牌形象是否相符③門面櫥窗設計有助於發揮商品展示功能和廣告促銷效果④商店出入口的規劃應根據人潮流量來設計。

72. ( ) 下列有關商品組合購買優惠的敘述哪些正確？①商店以一個價格同時販售兩個或多個不同的商品②消費者購買時會比個別購買時優惠③必須是具有吸引力的組合才能引起消費者的興趣④必須考量商品的關聯性，使消費者覺得合購較為划算。

73. (　) 下列哪些為促銷的目的？①增加特定商品的銷售②增加顧客的購買率③提升品牌知名度④提升競爭力。

74. (　) 下列有關促銷活動的敘述哪些是正確的？①便利商店推出第二件六折活動為提升知名度的促銷活動②百貨公司請來人氣影星擔任一日店長活動為提升來客數的促銷活動③超市推出滿額抽獎活動為提高客單價的促銷活動④量販店辦理限時搶購活動為吸引在場顧客增加購買量的促銷活 動。

75. (　) 下列有關奇數定價法的敘述哪些正確？①奇數定價是指設定價格尾數是奇數的訂價方法②奇數定價法是假設顧客心理感受較便宜的定價方式③適合用於價格敏感度低的商品④採用奇數定價法會增加銷售找零的困擾盡量不要使用。

76. (　) 下列有關賣場的動線規劃之敘述哪些正確？①顧客從入口進入後到結帳出口所移動的路線稱之為顧客動線②賣場布置應盡量增加顧客、人員、物品的移動距離③賣場動線應依照商店構造及商品群進行相關規劃④員工進行補貨作業時所移動的路線稱之為服務動線。

77. (　) 下列有關門市賣場空間的規劃之敘述哪些正確？①可運用色彩和照明凸顯賣場的個性②賣場可藉由音樂播放塑造賣場整體氛圍③展示設計統一可表現賣場整體一致感④提高服務場所空間與人員利用率。

78. (　) 下列有關實體門市氣氛營造的敘述哪些正確？①餐廳播放快節奏的音樂有助於消費者有較高的消費金額②門市內採用明亮的白色燈光有助於增加購物欲望③門市透過量感陳列、關聯陳列可刺激顧客購買欲望④舉辦現場活動有助於製造銷售的氣氛。

79. (　) 有關貨架的空間配置，下列敘述哪些正確？①格子狀擺設所需店員人數最少②自由式擺設可增加顧客在店內停留的時間③跑道式適合運用在精品店、購物中心④格子式擺設所需要的防竊措施最多。

80. (　) 下列有關直線型動線和曲線型動線的比較哪些正確？①曲線型動線顧客隱密性較佳②直線型動線空間配置效率較佳③曲線型動線商品展示成本較低④直線型動線易於營造輕鬆的賣場氛圍。

81. (　) 下列有關店頭行銷的敘述哪些正確？①垂吊 POP 廣告有助於營造賣場氣氛②簡單易懂的 POP 廣告可替代銷售員說明商品特性③POP 廣告有助於刺激購買欲望、增加現場銷售的可能性④POP 提供給消費者的資訊越多越好。

82. (　) 商品在垂直陳列時的原則為何？①上小下大②上箱下組③上輕下重④排列整齊。

83. (　) 下列有關商品陳列方式哪些正確？①將特價商品陳列於賣場的最後面②於視線高度的黃金段陳列高需求低毛利的商品③依商品使用關聯性採用同類的商品系統化擺放④將高迴轉商品陳列於主要動線陳列區。

84. (　) 下列有關商品陳列的敘述哪些正確？①價值高的商品適合採用開放式陳列②商品多樣、色彩繽紛的陳列有助於讓消費者產生選購的念頭③可將高品質、高價格的商品與暢銷品適度搭配陳列，有助提高其能見度或銷售④以實地展示的方式有助於消費者體驗感受商品。

85. (　) 下列有關主力商品的敘述哪些正確？①主力商品必須具有新鮮感、獨創性與競爭力②主力商品必須表現出商店的性格③最好選擇處在生命週期導入期階段的商品作為主力商品④應選擇能確保商品迴轉率或利益率的商品。

86. (　) 下列有關賣場管理的敘述哪些正確？①各品目商品的排面陳列量應和銷售量成正比②商品迴轉率高的商品的存貨也要提高③最暢銷的商品應放在顧客容易看到拿到的地方④降低價格是吸引顧客的最佳策略。

87. (　) 顧客要求退換貨的處理方式哪些正確？①依據公司政策判定與執行②瞭解顧客退換貨的原因③已收回之銷售憑證應註明為銷貨退回④委婉的拒絕消費者退貨。

88. (　) 庫存過高會對門市產生哪些影響？①品質降低②營運效率提升③滯銷品增加④積壓資金。

89. (　) 下列有關補貨上架作業的原則哪些正確？①將標好價的商品依照既定的陳列位置補充至商品貨架上②補貨時依據後進先出原則③重視衛生，保持商品及貨架的清潔④商品正面朝外。

90. (　) 下列有關零售定價的敘述哪些正確？①價格為行銷組合中最容易被競爭對手複製學習的要素②零售業銷售相同的商品或服務給顧客，卻收取不同的價格（差別取價）是合法的③重視顧客的感受提供貼心的服務可以提升商品的價值④消費者對零售門市的印象會影響商品的價格水準。

91. (　) 下列有關客單價的敘述哪些正確？①是指每一顧客平均購買商品金額②客單價越高營業額越高③提高門市商品售價有助於提升客單價④客單價＝銷售額÷來客數。

92. (　) 下列有關便利商店來客數的敘述哪些正確？①可於商店門口安裝計數器計算來客數②是指一定時間內的入店人數③可以發票數來估算來客數④是指一定時間內入店購買商品的人數。

93. (　) 下列哪些因素可以增加顧客的入店率？①門市環境氣氛良好②門市辦理促銷活動③門市清潔光鮮亮麗④建立完整單品管理。

94. (　) 如何可使顧客對門市留下良好印象？①面帶笑容第一時間向顧客打招呼②記住顧客姓名，可在第一時間叫得出顧客姓名③請顧客務必留下資料，以利未來聯繫④顧客進門後亦步亦趨的為顧客介紹商品，將各種商品拿給顧客看。

95. (　) 下列有關顧客服務的敘述哪些錯誤？①通話中被顧客叫喚時，可同時打電話及接待顧客，避免顧客等候②當顧客想要的商品缺貨時直接告訴顧客沒有即可③當顧客提出打折之要求時可客氣地向顧客說明無法打折的理由④當顧客抱怨要求退貨賠償時應盡量解釋避免顧客退貨。

96. (　) 當顧客執意要購買某項 A 牌商品但該門市僅販售 B 牌商品，身為門市人員的你，要如何應對？①觀察顧客②說明理由③異業組合④推銷 B 牌。

答案

1.(1)	2.(1)	3.(2)	4.(2)	5.(2)	6.(4)	7.(1)	8.(4)	9.(4)	10.(3)
11.(3)	12.(1)	13.(3)	14.(3)	15.(2)	16.(4)	17.(4)	18.(1)	19.(1)	20.(4)
21.(1)	22.(1)	23.(4)	24.(1)	25.(1)	26.(1)	27.(4)	28.(2)	29.(1)	30.(4)
31.(4)	32.(1)	33.(3)	34.(1)	35.(1)	36.(1)	37.(1)	38.(4)	39.(2)	40.(2)
41.(4)	42.(4)	43.(1)	44.(3)	45.(1)	46.(1)	47.(3)	48.(1)	49.(2)	50.(4)
51.(1)	52.(1)	53.(2)	54.(3)	55.(2)	56.(4)	57.(2)	58.(2)	59.(3)	60.(4)
61.(123)		62.(24)		63.(124)		64.(123)		65.(124)	
66.(123)		67.(13)		68.(234)		69.(123)		70.(124)	
71.(234)		72.(1234)		73.(1234)		74.(234)		75.(12)	
76.(13)		77.(1234)		78.(34)		79.(123)		80.(12)	
81.(123)		82.(134)		83.(34)		84.(234)		85.(124)	
86.(123)		87.(123)		88.(34)		89.(134)		90.(1234)	
91.(14)		92.(34)		93.(123)		94.(12)		95.(124)	
96.(124)									

04

CHAPTER

門市人力資源管理

4.1　人力資源規劃與配置

4.2　人力資源任用與教育訓練

4.3　人力資源管理與績效評估

4.4　離職人員互動

案例分享　黑貓宅急便的發展與未來

練習試題

4.1　人力資源規劃與配置

4.1.1　組織運作規則

組織具有「機械系統」特性，強調效率目的，重視分層負責及程序規範，主要在於發揮其經濟功能，久而久之易產生結構僵化之現象，必須藉助組織內部文化之形成與調和，得到「內部一致性」的效果。不過，長期文化過度同質，又容易產生頹廢退化之現象，要消滅這些劣化現象，需藉助組織「有機系統」之機動因應與創新整合，達到「外部一致性」的效果。組織的本質及運用，及其可能產生之缺失如表 4-1 所示。為防止組織本質過度被強調，引發的負面作用應配合組織之發展設立適當之規則。

一個成功的組織，應該要結合「產業特質＋文化理念＋領導風格＋組織抉擇」方能成為四位一體的有效組織。

對於零售組織之管理到組織的運作通常都依循著一些主要的管理原則，像是工作專門化、責任給予、統一指揮，以及其他一些主要的原則，在此分述如下：

（一）分工專業化

零售組之中的活動是變化相當多的，分工專業化即是將所有的工作劃分為不同的範圍，然後指派具備專業知識的人員去負責執行。

分工專業化可以分成兩種型態，第一種是以「人」為專業化基礎，其作法是訓練某個人，使他能比別人更勝任某項工作，再經由經驗的累積，工作的品質與效率可以不斷改變。此種類型的專業化多適用於較小的組織。

　　第二種型態的分工專業化是以「工作」為基礎，做法是將一個人的工作細分為更小、更重覆性的活動，以便一個較無訓練或經驗的員工也可以很快的熟練其狹窄的專業工作。這類型的專業化多適用於較大規模的組織。

▼ 表 4-1　組織本質與運作理性分析表

組織本質	運作理性	設計規劃	可能缺失	管理使命
機械系統	· 強調經濟功能與效率	· 經濟目的 · 效率導向 · 層級結構 · 分層負責 · 程序規範 · 能力主義	· 僵化 · 防衛 · 惰性 · 對立	1. 發揮理性，決定組織目的、使命。 2. 設計工作，產生最大生產力。 3. 凝聚共識，善盡社會責任。 4. 化解矛盾，引導願景。
文化系統	· 強調社會功能與調和	· 理念共識 · 忠誠行為 · 溝通網絡 · 組織承諾 · 正義取向 · 道德倫理	· 頹廢 · 平等 · 隱瞞 · 退化	
有機系統	· 強調互動與權變	· 民主開放 · 機動反應 · 彈性互動 · 創新整合	· 脫序 · 難控 · 顛覆	
政治系統	· 強調關聯互賴與權衡	· 關聯互依 · 差序格局 · 權力平衡 · 利益折衷	· 明爭 · 暗鬥 · 劣化	

資料來源：吳秉恩，《分享式人力資源管理》，翰蘆圖書出版有限公司

（二）權力給予原則

在權力給予原則下，公司裡每個職位的責任與權力都被分配成垂直的階級，因此每個決策都能迅速的完成，員工在他們的職位上能感到滿足並更盡力的工作。「權力」象徵一種力量，它能發揮它的影響力，使得決策的過程更加順利，而在階級及責任劃分的原則下，每個職位上的工作人員必須盡自己最大的努力去完成他們所應做的工作。

（三）直線與幕僚制度

公司在管理上的工作都能稱為是一種直線制度，在這細長狀制度下，權力和責任也是依序而下的。決策由上而下分層負責與執行，於是形成一種階梯狀的狀態，上級指導下級，下級負責完成，如此逐次執行。至於幕僚制度，是一群特殊階層的人士，他們可能是專家或技術人員，他們提供意見給直線式的管理人員。

（四）統一指揮原則

在管理的理論中我們知道：若是直屬上級不只一位，而他們的意見又經常地不一致，那麼員工將會感到困惑。因此指揮必須統一，如此工作才能發揮應有的效率。

（五）控制的範圍

如何確定控制的範圍，對高階主管來說，是一項極大的挑戰。要將統籌的範圍分成若干人數的單位以便控制，關係到主管的工作效率和能力。而影響其成敗的因素有三：1.管理者的能力；2.幹部的能力；3.工作的性質。

（六）商品陳列部門化

為了方便消費者，零售機構需將其商品分門別類陳列於不同的區域或部門間。例如大型連鎖書店，將文具、大眾書籍、專業書籍等商品陳列在不同樓層與區域即為一例。商品陳列部門化的結果可使零售機構的經營效率提高外，也具有下列的好處：

1. 方便購物者找到他們所要的商品。

2. 便於針對部門定出營運目標與未來發展的方向。

3. 銷售人員的專業能力可藉由適當的部門分配而得以發揮。

4. 協助零售商辨別出高周轉率與低周轉率的商品。

5. 類似的商品組合在一起販賣可便於管理，並可增加銷售量。

6. 定期評估比較過去和現在的績效，或是比較部門間的績效。

（七）組織部門化

　　零售組織依工作性質可分為功能性質、商品性質、地區性質、顧客性質以及綜合性質等，組織部門化的劃分基礎分述如下：

1. 按企業功能劃分

　　組織部門可按企業功能來劃分，如促銷、採購、商店運作等，而此種組織型態是必須具備專業知識的。一般來說，大型的零售組織較常採用此種劃分。

2. 按商品劃分

　　組織部門可按商品的性質與種類劃分，首先決定是以商品或服務為基礎，再從消費者認知上對不同商品的不同需求做分類，例如百貨公司內分為女裝部、童裝部、美食街等。

3. 按顧客類型分

　　組織部門可依顧客類型劃分，如男士、女士、兒童、銀髮族等。

4. 按地區劃分

　　為適應地方特性，組織部門可按地區來劃分、授權給各地區經理負責管理與控制。

5. 綜合型部門劃分

此種類型多半見於大型連鎖零售組織，它是結合以上各種組織型態而成的，例如 7-Eleven 原為統一企業下的一個事業部門，後來獨立成為「統一超商股份有限公司」，其公司組織除了以功能來劃分（行銷、營業、管理等），營業部門亦以市場區域（北一、北二、彰中、南區）為分類標準。

4.1.2 零售組織類型

零售組織的種類與特性關係到零售企業經營管理策略與戰術，也直接影響到組織內人力資源之配置，以下表 4-2 說明幾種代表性業態之特性。

▼ 表 4-2　各類零售組織特色表

業　　態	多樣性	品類齊全度	服　　務	價　　格
百貨公司	寬	深至中等	中等至高	中等至高
傳統小型商店	寬	淺	中等	低
傳統折扣商店	寬	中等至淺	低	低
傳統專門店	窄	深	高	高
品類專門店	窄	非常深	低	低
超級市場	寬	中等至淺	中等至低	低
大型超商	寬	中等	低	低

不過，即使是同類型的公司，其作法也未必相同，由此顯示，除業態外，還有其他因素造成不同的組織設計與機能發揮。其他因素如：企業的合資對象、企業文化、營業額多寡、賣場面積大小、是否連鎖經營等，也都會影響組織設計與人員配置。

(一) 小型零售業組織設計

　　小型零售業很少有專業化分工，員工經常必須身兼數職，因此大多只分商品職員和作業職員。商品職員主要負責產品銷售、服務、廣告等業務，而作業職員則負責商品儲存和財務等工作。

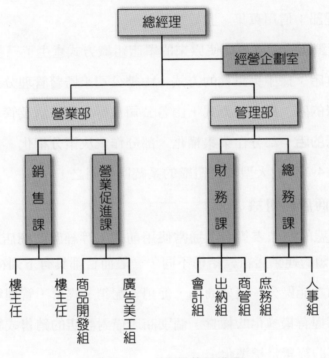

▲ 圖 4-1　小型零售組織圖

(二) 百貨公司之組織設計

　　百貨公司的經營型態可分為以下三種：

1. 社區型百貨公司。

2. 全方位型百貨公司。

3. 連鎖百貨公司。

許多大型或中型百貨公司將零售活動分為以下四部分：

1. **商品部**：銷售、購買、進貨計畫和控制、行銷企劃等。
2. **販賣促進部**：櫥窗和裝潢、廣告、計畫和執行促銷活動、公共關係。
3. **管理部**：顧客服務、人資管理、設備和器具之維護、營運活動等。
4. **財務管理部**：信用蒐集、預算控制等。

由於連鎖店的成立，促使原來的單店組織方式產生了三種改變：

1. **母雞小雞店**：採中央集權的方式，由總公司來監督管理分公司。
2. **分開經營的店**：採分權方式，由各公司自行負責採購及管理事宜。
3. **平等經營的店**：部分作業集權化，部分作業決策分權化。

並以圖 4-2 一般大型零售組織的系統圖說明之。

（三）連鎖商店的組織

不同型態的連鎖零售商，通常使用前述平等經營的商店組織型態。雖然不同種類的連鎖店組織結構不同，一般而言都具有下列特性：

1. 有大量的功能區分，諸如商品、促銷、配銷、經營、管理等。
2. 連鎖總部握有集權化的權責，個別商店僅對該店的銷售成績負責。
3. 多數分店的經營是標準化。
4. 由一個嚴密的控制系統聯繫所有管理訊息。

（四）超級市場

超級市場的組織可分為一般單店式的超級市場組織和連鎖超級市場組織兩種形式。前者多分為營業部門及管理部門，不過亦有將商品採購業務自營業部門獨立出來，或者不設管理部門，而另分為總務以及會計兩部門者。

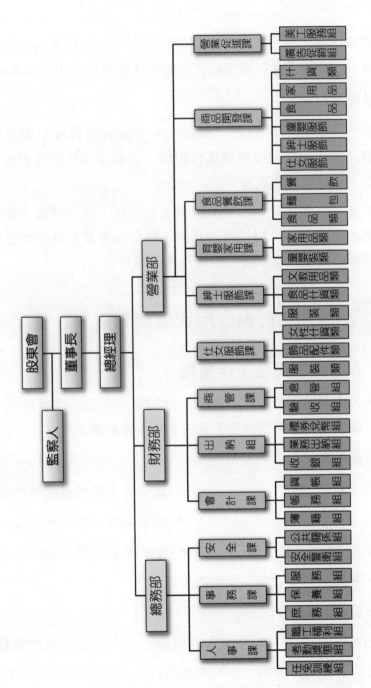

▲ 圖 4-2　一般大型零售組織系統圖

當超級市場連鎖經營時，可以考慮把單店共同作業的工作，集中在總部處理，如將後場生鮮處理的工作集中在總部處理中心等方式。

（五）零售多角化

所謂的多角化零售業者，係指在企業集團內藉著中央共同的所有權，同時經營多種不同型態的零售組織。一個多角化的零售商可開展更多的銷路，並降低經營風險。

例如統一集團經營（投資）家樂福量販店、統一超商、型錄郵購、康是美藥妝店等商店，屬於複合式的策略組合，其實施多角化的經營方式亦代表著必須發展及維護更為繁複的組織策略。

4.2　人力資源任用與教育訓練

4.2.1　人力資源管理工作重點

從人力資源管理理論與實務中可以瞭解，人力資源管理成功與否，對零售組織來說，關係到員工士氣與公司組織整體運作。

人力資源管理工作重點如下：

1. 人力資源組織強化。　　　2. 建立人才採用及訓練制度。

3. 人才培育。　　　　　　　4. 薪資制度之制定與改善。

5. 降低流動率辦法擬定。　　6. 福利措施制度及改善。

7. 考核、異動、升遷之制度及改善措施。

以及下列三個主要的管理原則：

1. 人性的尊重。　　2. 生產力的提高。　　3. 公平性的維持。

零售業中的人力管理，由於產業的特性，以至於在人力資源管理工作上有下述幾點特質：

1. 員工普遍年齡層低。　　　　　　2. 流動率高。

3. 工作時間調配困難。　　　　　　4. 工作內容難以公式化。

5. 工作環境複雜。

6. 人力資源管理制度由於組織的複雜多變，往往較為欠缺。

　　下以圖 4-3 說明人力資源管理體系。

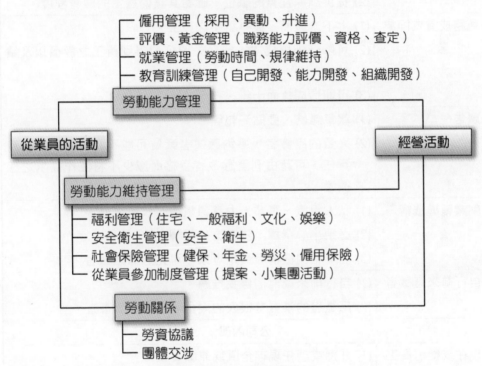

資料來源：林正修、王明元，《現代零售業管理》，華泰書局

▲ 圖 4-3　人力資源管理體系圖

4.2.2　人才來源

　　組織職位產生空缺或是基於組織膨脹或特殊專業人才需求等原因，企業可自內部或外部兩種管道取得人才來源。

一般招募管道可參照下表 4-3。

▼ 表 4-3　招募的來源與特質

來　　源	特　　質
公司外部	
教育機構	(1) 高中職、大專院校之畢業生或在校生。 (2) 提供訓練性質的職位，確認其具備適當的教育程度。
通路成員或同業	(1) 上下游廠商、競爭對手之員工。 (2) 可降低訓練成本，能從先前公司得到員工之評價以及績效。 (3) 可能造成負面士氣。
廣告	(1) 報章雜誌、張貼海報等。 (2) 大量的應徵者，平均應徵者素質可能不高，須加強審查責任，可藉由刊登應徵者資格而減少不符工作需求之應徵者。
就業輔導機構	(1) 私人組織、專業人力資源組織、政府機構。 (2) 必須小心選擇、決定誰付報酬。 (3) 因為相關機構職員是專家，可先過濾應徵者。
自行前來應徵者	(1) 自行前來或寫信自我推薦。 (2) 應徵者的素質有很大的變化，必須審慎審查。
公司內部	
現在或從前員工	(1) 升遷或調任現存全職或兼職員工。 (2) 僱用已離職員工。 (3) 瞭解公司內部政策，並備有應有之知識。 (4) 可提升士氣。
員工推薦	(1) 員工之親屬、朋友。 (2) 推薦的價值在於誠實以及現有員工之判斷。 (3) 介紹人對工作及被介紹者皆有所瞭解，可事先過濾。

資料來源：改編參考自周泰華、杜富燕合著，《零售管理》，華泰書局。

▼ 表 4-4　內升制與外聘制之優缺點比較表

內升制(Promotion from within)			外聘制(Recruitment from without)		
優點	缺點	適用對象	優點	缺點	適用對象
(1) 較熟悉內部制度 (2) 減少社會化成本 (3) 激發員工生產力	(1) 缺乏新動力 (2) 難開創多元發展	(1) 適用於 J 型組織 (2) 漸進式創新活動 (3) 穩定成長之企業 (4) 高中階員工之進用	(1) 可促進企業內新陳代謝 (2) 創造組織新文化 (3) 尋求菁英份子	(1) 內部員工易生挫折感 (2) 增加社會化成本 (3) 需要較長的調適時間	(1) 較適用於 A 型組織 (2) 跳躍式創新活動 (3) 快速競爭之企業 (4) 中基層員工之進用

資料來源：吳秉恩，《分享式人力資源管理》，翰蘆圖書出版有限公司

4.2.3　外部招募員工

以下將就幾種常見的外部招募員工方法敘述之：

(一) 徵才廣告

招攬應徵者，刊登廣告是一個常用的招式，尤其在募集基層、計時薪制員工，及科學、專業、技術人員時更為有用。下為常見之廣告：

1. 報紙求職版：可成為基層主管、文書人員的重要招募管道。

2. 商業級專業性雜誌：專門技術人員之招募。

3. 張貼海報。

4. 綜合廣告：如 DM 發放。

5. 應用廣告：如第四臺、宣傳車、公共看板等。

（二）學校就業輔導處推薦以及建教合作

學校就業輔導處或各科系辦公室推薦，再從所推薦之名單中選用員工。此外，就員工流動率頗高的零售業來說，可設法與學校合作，追求長期穩定人力來源，可穩定零售業之基層勞力需求。

（三）職業介紹所或專業人力資源機構

目前政府在各區設有就業輔導中心，這些機構可為企業募集基層人員。中高階人力資源可透過民間人力資源機構之求職網站取得。

（四）內部同仁介紹

可藉由公司內部員工，推薦合適之人選，以尋得新進員工。

（五）挖角

可向同業優秀人才轉換至本公司工作之意願。

（六）老同仁歸隊

可與已離職之同仁聯繫，詢問其重返工作崗位之意願。

（七）舉辦聯合人才招募活動

聯合數家廠商，並配合政府、學校機構，舉辦聯合人才招募活動。

4.2.4　零售人員之遴選

如何在眾多應徵者中，選擇最合適的人選加以聘用，是一門大學問，且為了避免資遣人員對公司內部士氣的影響，選用人員時應更加謹慎。良好的遴選活動可以達到下列功效：

1. 降低人員流動率。　　2. 提高生產效率。　　3. 維持高昂士氣。

4. 奠定良好信譽。　　　5. 節省培育成本。

　　一般來說，遴選程序包含了工作分析及描述、填寫申請表、面試、推薦信、筆試等，視零售業之特性、工作內容和職位重要性而定。用人單位將上述項目整合分析後再決定錄用人選。

　　圖 4-4 為招募遴選之程序圖說明遴選之程序。

4.2.5　工作分析

　　工作分析可謂是規劃過程中最基礎的一項作業，工作分析在人力資源活動中所扮演的角色如下：

1. 為招募及遴選人才奠下基礎。　　2. 為培訓計畫奠定基礎。

3. 為績效評估形式奠定基礎。　　　4. 為新籌決策奠定基礎。

5. 為職員紀律奠定基礎。　　　　　6. 為安全及健康計畫奠定基礎。

　　工作分析的方法及程序大致如下：

1. 設計工作分析的計畫。　　　　　2. 遴選工作分析人員。

3. 蒐集分析資料。

　　　資料蒐集的方法一般有如下述幾種：

　　(1) 實地分析法：分析人員實地參與工作，以獲取資料。

　　(2) 觀察法：分析人員觀察工作人員的作業狀況，記錄所需資料。

　　(3) 調查法：利用問卷調查表，瞭解工作情況。

　　(4) 面談法：以面談的方式分析資料與蒐集資料。

　　(5) 綜合法：分析人員依據所需資料不同，採用不同之方法。

4. 撰寫工作說明書與制定工作規範：

　　(1) 工作職位之職稱。　　　　　(2) 工作目標。

　　(3) 工作性質與應負擔之責任。　(4) 所需之技能與知識。

　　(5) 工作條件。　　　　　　　　(6) 上司與下屬的關係為何。

　　(7) 與其他工作間的相關情形。　(8) 工作人員個人條件。

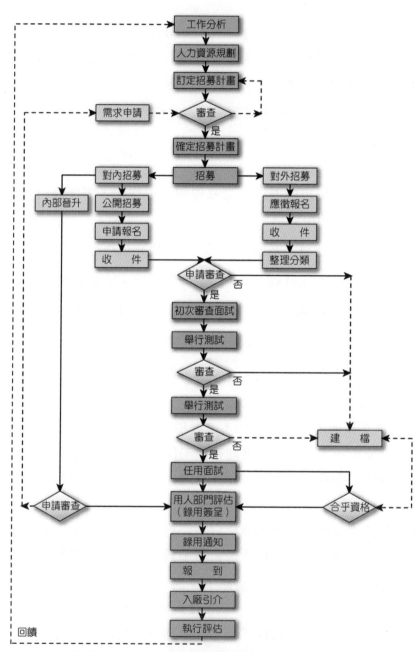

資料來源：吳秉恩，《分享式人力資源管理》，翰蘆圖書出版有限公司

▲ 圖 4-4　招募遴選程序圖

▼ 表 4-5　工作說明書之範例

工　作　說　明　書	
工作名稱：＿＿＿＿＿＿＿＿＿＿＿	日期：＿＿＿＿＿＿＿＿
工作所屬部門：＿＿＿＿＿＿＿＿＿	編號：＿＿＿＿＿＿＿＿
	從事本工作之人數：＿＿＿
任務概述：＿＿＿	
工作上所使用之工具儀器：＿＿＿＿＿＿＿＿＿＿＿＿＿＿＿＿＿＿＿	
工作上所使用之機械設備：＿＿＿＿＿＿＿＿＿＿＿＿＿＿＿＿＿＿＿	
工作上所使用之原料器材：＿＿＿＿＿＿＿＿＿＿＿＿＿＿＿＿＿＿＿	
所需教育程度：＿＿＿＿＿＿＿＿＿＿＿＿＿＿＿＿＿＿＿＿＿＿＿＿＿	
所需經驗：＿＿＿＿＿＿＿＿＿＿＿＿＿＿＿＿＿＿＿＿＿＿＿＿＿＿＿	
所需創造力：＿＿＿＿＿＿＿＿＿＿＿＿＿＿＿＿＿＿＿＿＿＿＿＿＿	
所需體力：＿＿＿＿＿＿＿＿＿＿＿＿＿＿＿＿＿＿＿＿＿＿＿＿＿＿＿	
所需智力：＿＿＿＿＿＿＿＿＿＿＿＿＿＿＿＿＿＿＿＿＿＿＿＿＿＿＿	
所需視力：＿＿＿＿＿＿＿＿＿＿＿＿＿＿＿＿＿＿＿＿＿＿＿＿＿＿＿	
對工具設備之責任：＿＿＿＿＿＿＿＿＿＿＿＿＿＿＿＿＿＿＿＿＿＿＿	
對原料產品之責任：＿＿＿＿＿＿＿＿＿＿＿＿＿＿＿＿＿＿＿＿＿＿＿	
對保守機密資料之責任：＿＿＿＿＿＿＿＿＿＿＿＿＿＿＿＿＿＿＿＿＿	
工作環境：＿＿＿＿＿＿＿＿＿＿＿＿＿＿＿＿＿＿＿＿＿＿＿＿＿＿＿	
可能發生的危險性：＿＿＿＿＿＿＿＿＿＿＿＿＿＿＿＿＿＿＿＿＿＿＿	
填表人：審核人：＿＿＿＿＿＿＿＿＿＿＿＿＿＿＿＿＿＿＿＿＿＿＿＿	

資料來源：吳美連、林俊毅，《人力資源管理理論與實務》，至聖文化

5. 人力資源計畫：

　　人員的進用應依循企業之人力資源計畫的大方向。

6. 申請表審查：

　　申請表示蒐集應徵者資料最好的方法，其中應包含如姓名、學歷、電話、地址等基本資料，且業者應斟酌自身招募員工的資格，設計申請表的相關項目，再依據此項目作第一階段的篩選。

7. 面試方式：

(1) 非導引式：訪談人提問無系統化，隨性所至探索應徵者反應。

(2) 定型式：事先訂立固定模式的問題。

(3) 結構式：與定型式類同，但特別針對工作方面的問題。

(4) 系列式：此法乃指應徵者接受多位主試人員訪談（但非同時），如此可作為相互比較訪談之結果。

(5) 陪審團式：多位主試官同時與應徵者訪談。

(6) 安排多位主試官與多位應徵者，可交叉提出不同問題，測試應徵者的反應及靈敏度。

(7) 壓力式：刻意詢問較艱難的問題，或追根究底的問，以瞭解應徵者面對壓力的應對方式。

8. 測驗：

　　測驗乃是加強選才過程中客觀因素的重要過程，但零售業一般不會舉行筆試，而僅採面試方式進行。

9. 錄用：

　　一般基層人員多採口頭通知的形式，中高層人員除了口頭與書面通知外，有部分企業會以發給聘書方式為錄取。

10. 試用與評估：

　　零售業者有部分採取試用的途徑，以瞭解員工在工作崗位上的實際工作情形。

4.2.6　培訓計畫具備要點

　　一個好的培訓計畫要能兼顧員工的發展和組織的需求，一方面可因材施教，讓人才有發展之空間，一方面可避免無謂的訓練，造成不必要的浪費。因此，一個好的培訓計畫應具備下述幾個要點，並以圖 4-5 說明之：

1. 培訓目標確實。　　　　　　2. 員工發展需要之評估。

3. 培訓方法之改良。　　　　　4. 課程設計與講師選擇之謹慎。

5. 培訓績效評估之制度。

　　教導者應具備下述心態：

1. **人人皆才**：應充分瞭解每位員工專長特色，對優缺點加以分析，依此來決定教導的先後順序及技巧。

2. **用心教導**：對於工作態度、所需技能、工作必備知識等必須全心教導，摒棄藏私的心態，才能培訓真正門市所需的人才。

3. **將心比心**：應以學習者的心態來思考，秉持耐心、恆心與信心持續教導。

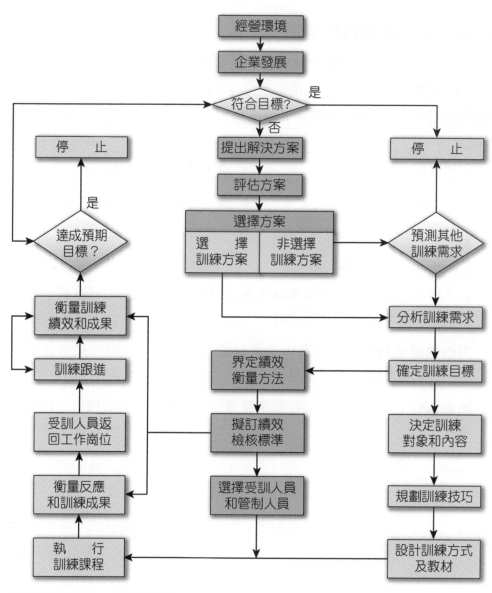

資料來源：曾柔鶯，《現代管理學》

▲ 圖 4-5　教育訓練實施計畫表實例

4.2.7　教導者應具備之知識

除外，教導者應具備下述幾項知識，才能擔任一個好的教導人：

1. **職責領域**：有關門市的經營政策、方針、理念、管理制度、權責與義務都要瞭解。

2. **工作知識領域**：有關工作上必備的基本知識、工作流程、事務標準、工作態度等都必須瞭解。

3. **改善的領域**：對於門市的人事物的改善基本技能與對策都要瞭解。

4. **教導能力**：必須瞭解學習者的能力，因材施教、循循善誘，懂得教導的技巧及有效的學習模式。

5. **領導能力**：須具備相當的領導技巧才能有確實的效果。

4.2.8　教育訓練需求

此外，尚需注意訓練的時機，一般來說，教育訓練的需求都來自於下述八種情況：

1. 新進人員加入門市工作時。

2. 人員晉升或調度職務時。

3. 事故或錯誤產生，影響作業及管理時。

4. 客戶抱怨影響商譽時。

5. 門市預定拓展規模或增加新店時。

6. 業績衰退而營運成果下降時。

7. 門市推出新商品時。

8. 人手有異動趨勢或流失前。

4.2.9　新進人員指導

在新人指導方面，應遵循下述步驟，以期收到最大效益：

1. 準備工作：塑造歡迎新人的氣氛，並做好教育計畫之準備。

2. 熟悉環境：告知企業（門市）內外環境。

3. 說明工作內容的工作規則。

4. 帶入團體：引見其相關工作人員。

5. 指導訓練。

6. 提升能力。

總而言之，門市面臨現今社會環境快速變動的趨勢，應更加重視人才培育之工作，以期門市能夠永續經營。

4.3　人力資源管理與績效評估

4.3.1　人員績效評估

績效評估是一種對員工工作成果之評價，評估的結果可以作為升遷、加薪、分紅利的基礎，也可以作為是工作輔導、決定訓練需求及員工生涯規劃之依據，甚至是調整職務、中止僱用的參考。

績效考評之所以重要的原因如下：

1. 績效考評乃激發員工士氣，促進營運綜效的利器。

2. 績效考評扮演策略與人力資源管理的核心。

3. 績效考評為促使「激勵」發揮實效之關鍵。

4.3.2　員工績效考評之基本理念

（一）績效考評體系

　　員工績效考核應與內外部環境及其他人事活動息息相關，由下圖可知，在外部環境方面，需瞭解同業對績效考評的做法以及產業競爭者勢態以供參考，並且參考相關法令規定。內部環境方面，高階人員或企業負責人之價值觀對考慮之程序與後續作業方式有極大影響，不能疏忽。

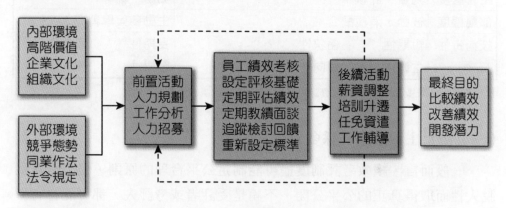

資料來源：吳秉恩，《分享式人力資源管理》，翰蘆圖書出版有限公司

▲ 圖 4-6　員工績效考評之體系關係圖

（二）績效考評目的—全局考慮

　　一般企業施行績效考評的主要目的乃是作為 1.調薪；2.晉升；3.任免資遣；4.獎金；5.工作輔導；6.潛力發展；7.生涯規劃；8.人力規劃之參考與依據。前四項較屬於「反應式」—也就是考核導向之評核獎懲，後四項為「開發式」，而所謂的開發導向之發展方法，以表 4-6 表示其差異性。

▼ 表 4-6　考核導向與開發導向考績制度之比較表

項　目	考核導向	開發導向
作業方式	沒有明確標準，易生黑箱作業之疑慮	公開的遊戲規則
基本目的	評斷員工過去績效作為獎懲依據	目的在於改正員工未來的努力方向
運用方法	通常為常態分配，以平等排名方式評比	目標管理導向，並依實際績效評估
主管態度	判斷、評核	協助、輔導
部屬態度	被動、消極配合	主動參與學習
技術特性	短期性　　　偏狹性 主觀性　　　單向性	長期性　　　系統性 客觀性　　　雙向性

資料來源：吳秉恩，《分享式人力資源管理》，翰蘆圖書出版有限公司

（三）防止主觀缺失—採多元化

　　一般而言，績效考評制度盡可能制定公平合理的原則，但仍較難跳脫人性而取得真正的公平公開，不論是受評者或考評人，都可能會有影響考評結果的情感迷失或認知失調狀況，以下就受評人及考評人易犯之主觀缺失論述之。

1. 受評人

　　(1) 抗拒心態：無論獎勵或懲罰，員工皆易有被監視、不被尊重之屈辱感。

　　(2) 短視心理：因為衡量其績效的標準為一定期間內之表現，員工易養成短視近利的心態。

　　(3) 本位主義：績效考評由於一般較偏重個人效率，員工為達成效率極大化，易產生本位主義。

　　(4) 顧此失彼：績效考評基於便利性及客觀性，容易忽略非量化的能力，如領導力、協調性等。

　　(5) 表面虛應：員工易養成陽奉陰違的惡習。

2. 考評人

(1) 月暈現象：考評人可能因為對受評人近期內的表現印象良好，或第一印象良好，遂推論其整體表現優良，易有偏頗情況，對受評人能力過度高估。

(2) 刻板印象：乃指考評人對受評人觀察過度簡化。

(3) 尖角作用：考評人因少數特殊原因，對受評人能力低估的狀況。

(4) 類似心裡：受評人與考評人擁有類似特質時，易使考評失真。

(5) 集中趨勢：因難以區分明顯的優劣，故多數人都集中於中庸程度。

(6) 極端傾向：考評人標準過寬或過嚴。

(7) 比對誤差：因評比順序不同，而其前後差異較大時，可能會給予較高的評價。

　　針對上述可能的狀況，考評標準應盡可能多元化，以防止受評人應特殊評核標準而無法符合工作要求。此外，應利用下述幾種方式，協助考評人員達到公正：

(1) 自我評估。　(2) 同僚評估。　(3) 複式評估。(4) 交叉評估。

(5) 部屬評估。　(6) 委員制評估。(7) 全方位評估。

4.3.3　績效考評之程序與做法

步驟一：主管應清楚告知部屬其要求為何，以工作說明書為主，除非組織調整，否則不輕易改變，此標準亦不受工作人員影響，並盡可能將其量化。

步驟二：定期評估員工績效，並與員工懇談。

步驟三：根據評估結果，擬定改善計畫。

步驟四：如考評過程有缺失，應採取改善行動。

步驟五：對員工績效基礎之認定，須重新檢討，以作為循環之參考。

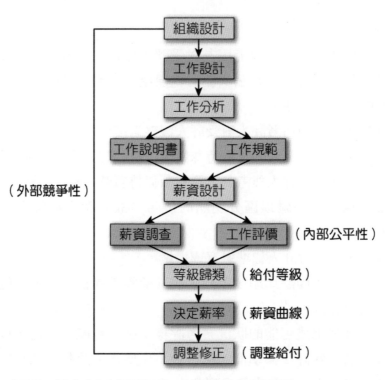

資料來源：吳秉恩，《分享式人力資源管理》，翰蘆圖書出版有限公司

▲ 圖 4-7　績效考評之合理程序

4.3.4　人員薪資及福利

　　薪資可作為激勵員工之工具，但有其前提與條件，歸納重點如下表 4-7：

▼ 表 4-7　學者對薪資之激勵效果觀點彙整表

學　者	論　點
H. Maslow	當生理安全需求為「支配性需要」時，薪資具激勵作用。
J.S. Adams	薪資滿足決定於參考群體，比較之公平知覺，表示越感覺公平越有效。
V. Vroom	金錢為主要激勵工具，然必須工作努力後，其績效之實現與預期相符，同時績效後之獎酬亦與預期相符，激勵效果始得發揮。
E.E. Lawler	薪資給付與調整，必須確實來自於績效，才能有薪資滿足感。
E.A. Locke	薪資滿足決定於實際所得與預期所得之差異，差距越小越有激勵效果。

資料來源：吳秉恩，《分享式人力資源管理》，翰蘆圖書出版有限公司

4.3.5　薪資體系之設計

　　圖 4-8 可知薪資制度設計前，在外部環境方面應考量現有產業狀況、競爭激烈狀況與人力供需狀況，並以同業狀況為參考。

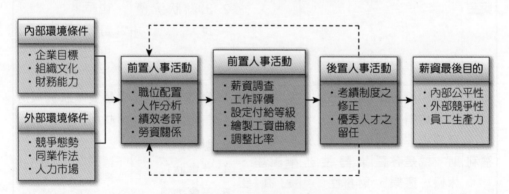

資料來源：吳秉恩，《分享式人力資源管理》，翰蘆圖書出版有限公司

▲ 圖 4-8　薪資設計之體系關係圖

　　此外，以下表 4-8 說明一般薪資福利的構成項目。

▼ 表 4-8　薪資構成項目特性與衡量方式比較表

薪資項目	名　　稱	性　　質	目　　的	衡量基礎	衡量方法
本薪	正薪保障薪基本工資	基本性、經常性與固定性	滿足生活、工作、地位之基本需要	1. 學經歷 2. 年齡、年資 3. 工作能力	1. 採用工作評價區分高低。 2. 訂定薪資表，區分薪等、薪率
津貼	房租津貼、專業加給、超時加給與出差費	特殊性、個別性與財務性	顧及生活與職務特殊需要	1. 生活 2. 職務←專業性 3. 時間←夜間 4. 空間←地域	衡量實際需要與財務狀況加以訂定
獎金	工作獎金業績獎金年終獎金	激勵性變動性財務性	激勵員工或慰問其辛勞	1. 工作或營運績效高於標準 2. 出勤狀況優良	1. 設定績效標準，再與實際表現做比較得出結果。 2. 訂定獎金的額度與分配方法。
福利	工作場所之保險、結婚、生育等事件之補助，或是各種休假、康樂、失業救濟、退休之給予	補充性、間接性、個別性及集體性非財務性	協助組織運作順暢、降低離職率、提高士氣、增進就業安全	1. 資格 2. 員工需要 3. 財務狀況 4. 社會狀況 5. 工會力量	衡量實際狀況與財務狀況加以訂定

資料來源：謝長宏、馮永猷，「激勵性薪資管理」，《人力資源管理》，中華民國管理科學學會

4.3.6　健全薪酬制度的特點

一個優良的給付制度，是需要由勞資雙方共同決定的。在資方所需的條件是：

1. 能鼓舞員工盡力達成公司的長期目標。

2. 吸引員工能使其留在公司。

3. 確定一個適當的生產水準。

在勞方所需的條件是：

1. 對其工作有公平的回報。　　2. 安全感。

3. 生活的保障。　　　　　　　4. 提供一些並行的利益。

5. 加班時能有較高的收入。

4.3.7　依薪酬計畫建立制度

當一個公司成長時，設置一種經由優良表現而決定薪資的計畫以幫助組織建立一種制度使能達到它所需要的目標。開始之初，可以依照以下幾個原則而設定：

1. 決定工作。　　　　　　　　2. 評估工作。

3. 設定這工作的報酬。　　　　4. 設置制度。

5. 與員工對此制度作溝通。

6. 在這制度下，對員工的績效作評鑑的工作。

健全的薪酬制度規劃三個主要的步驟：第一、包含了前面談過的工作和工作說明。第二、所有存在的工作都是可以比較的，而根據範圍，工作和責任的水準則可形成數個群體。第三、檢查相同工作內的範圍，使這種具有公平性和競爭性的環境，作為達成目標的一種手段。

4.3.8　薪酬制度的種類

通常企業薪酬制度分為薪金制、佣金制與兩種混合制三種。

（一）薪金制

在這種制度下員工所得的薪酬是固定的。在所有的行業裡，這種有規則的給付制度都給予員工對於未來有一種安全感，而固定的收入也能使他們對財務能有預算。

（二）佣金制

大部分佣金制是針對行銷人員而設定的。具體而講，他們所獲得的薪酬是依本身銷售所獲得的成果，從中抽撥若干比例的金額當作佣金。佣金制度提供了極大的獎勵給銷售人員，他們可以直接盡心努力發展銷售技巧與耐性以獲得最大的銷售業績。

（三）兩者混合制

混合制有以下幾種：例如「薪金與佣金混合制」、「薪金獎金混合制」、以及「限額的獎金制」。通常一般零售商店都喜採用混合制，銷售人員在正規情況下領取薪金，並有小部分額外的獎金。

4.3.9　福利措施

除了固定的薪金外，還有一些其他的福利，譬如由公開比例金額的毛利分配給員工，當作業績獎金。

而關於大部分的福利措施，而且是目前多數商店所採行者包括：

1. 假期給予。
2. 假日休息的權利。
3. 疾病時的福利。
4. 員工本身購買的折讓。

4.4　離職人員互動

4.4.1　解僱考量

解僱往往非管理人樂於從事的工作，但基於大環境的不景氣、併購或競爭、公司改革等因素，企業有時候不得不裁減員工，零售業者應從下述兩個方向做努力，以降低員工反彈聲浪，維持企業經營之穩定。

（一）開源

調整營運策略、緊縮無利潤之事業線、開發新市場等。

（二）節流

1. 資遣：較大規模的解僱員工，短期即可奏效。

2. 人事凍結：不再招募新員工。

3. 鼓勵提早退休。

4. 遇缺不補。

5. 減少工作時數。

6. 將臨時人員解散或人員調動。

4.4.2　策略性人力資源管理

因組織結構應追隨策略，而不同之組織結構對人力資源規劃的要求也不同。圖 4-9 說明組織策略、外界環境與人力資源策略之關係。

組織策略應涵蓋組織內所有功能領域，包括人管功能，故人力資源策略應與組織策略同步發展，互為影響。規劃人力資源策略時，組織需考慮長期性之人力配置，而此配置除社會、政治、經濟狀況、科技、產業結構與市場規模等物理因素的影響外，亦受組織內之管理哲學、組織文化與價值、技術、工作任務特性等影響。

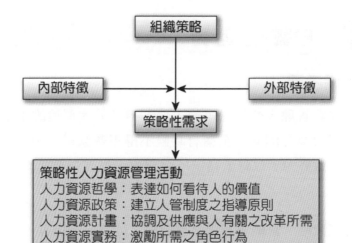

資料來源：吳美連、林俊毅，《人力資源管理理論與實務》，至聖文化

▲ 圖 4-9　組織策略、內外環境與人力資源策略的關係

4.4.3　勞資爭議之定義

勞資爭議，為勞資權利事項與調整事項之爭議。

權利事項之勞資爭議，係指勞資雙方當事人基於法令、團體協約、勞動契約之規定所為權利義務之爭議。（大部分的勞資爭議均屬之）

調整事項之勞資爭議，係指勞資雙方當事人對於勞動條件主張繼續維持或變更之爭議。

勞資爭議之類型：可略分為 13 類：

1. 解僱。　　　　　2. 退休金。　　　　　3. 資遣費。

4. 積欠工資。　　　5. 職災補償。　　　　6. 勞保爭議。

7. 特別休假。　　　8. 職務調動。　　　　9. 預告工資、預告期間。

10. 年終獎金。　　　11. 產假。　　　　　12. 事業單位改組、轉讓或合併。

13. 就業歧視。

黑貓宅急便的發展與未來

一、公司簡介

（一）發展歷程

1. 黑貓宅急便最早的前身是日本的大和運輸，1919 年於日本東京，以四輛貨車草創，成立之初以企業間貨運為主要營業範圍。

2. 貨運行業競爭激烈，大和運輸注意到家庭及個人消費者配送市場的龐大潛力，導入「宅配」的服務觀念。

3. 於 1976 年 2 月正式轉型，推出以「宅急便」為名稱的宅配服務，主旨「一種全面提供個人包裹遞送的服務」，強調便利快速以及任何地點均可配送到達的特性。

4. 1999 年，臺灣統一集團和大和運輸簽訂技術合作契約，正式將「宅急便」服務引進臺灣。

5. 2000 年 10 月，「黑貓宅急便」正式營運。一開始的服務範圍僅有桃園以北，第一天營運僅有 54 件包裹。

6. 2005 年包裹總數已高達 5,000 萬個，連離島也可方便寄送，成功達成營運總裁一開始設下的目標「人在家中坐，貨從店中來」。

（二）公司形象與目標

1. 整齊劃一的制服。

2. 365 天全年無休的服務。

3. 創造新的鮮食文化。

4. Logo 設計形象，母貓啣著小貓代表著謹慎搬運顧客託運的貨物，富涵著對骨肉的心態，用小心翼翼的態度面對每次的託付。

（三）經營理念

1. 建立全球配送網：致力於構築至全球各家庭配送網。

2. 提供一致的服務：為消費者創造更便利舒適的生活。

3. 朝公共事業努力：以成為社會公共事業為目標貢獻。

（四）服務內容

1. 可指定配送時段。

2. 可利用電話或網路進行貨物追蹤查詢。

3. 一通電話，到府收件。

4. 代收店及營業所超過 17,000 家。

5. 基隆、桃園、臺北、新北、新竹、竹北六地互寄上午寄出，當日送達。

6. 常溫、冷藏、冷凍、低溫配送最專業。

7. 不分距離依尺寸統一計算。

二、市場環境分析

（一）內部環境的 SWOT 分析

S-優勢

- 擁有國際宅配服務，服務方面多元化。
- 異業聯盟結合電視購物、網路商城等。
- 積極開發配送業務。
- 強勢通路優勢，收寄件點多，有效率。

W-劣勢

- 無法滿足需寄送大型貨物的消費族群。
- 寄件花費金額較高。
- 配送價格較郵局便利箱服務貴。
- 消費習慣不容易改變。

O-機會

- 運用7-11品牌的獨特性，擴大通路。
- 與日商合作創造國際商機。
- 電子商務盛行，宅配需求增加。
- 開放兩岸線上拍賣網，與大陸物流業者進行策略聯盟，增加兩岸宅配市場。

T-威脅

- 服務性質造成模仿。
- 同業的競爭將市場大餅瓜分。
- 競爭廠商眾多。
- 石油上漲，成本上升。

（二）內部環境的策略分析

1.SO-進攻策略

利用 7-11 品牌宣傳使公司在無形中降低成本，提高公司整體優勢。

2. ST-多元策略

利用多處營運所來解決石油上漲的問題，推出網路更多便捷的功能。

3. WO-扭轉策略

削價競爭下引發同業價格的競爭，可以提供圖文的資訊平台，以滿足不同需求的消費者。

4. WT-防禦策略

推出重量滿多少的降價活動，購買省油車種、滿足客人寄送大型貨物的服務。

（三）STP 分析

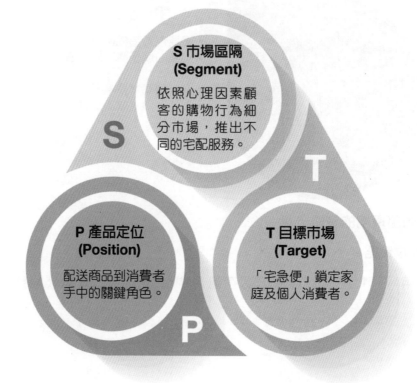

（四）4P 行銷理論

產品策略	低溫配送成為其優勢產品，而服務項目日益增多，可結合網路商店行銷加強宣傳。
價格策略	針對不同族群，差別訂價。
通路策略	以量取勝，擁有兩萬個實體據點，提高消費者便利性。
推廣策略	客群以大眾為主，故行銷手法以電視廣告可更廣為傳之。

（五）五力分析

1. **現存的競爭者**：大規模物流業者及配送能力強的貨運業者。

2. **潛在的競爭者**：郵購業者、直銷業者。

3. **顧客的議價能力**：顧客都有主觀的「一次否定性」故服務品質的要求也越來越高。

4. **供應商的議價能力**：統一速達隸屬於統一集團，故也利用母公司的資源來降低成本。

5. **替代品的威脅**：主要替代者為除了其他宅配廠商之外，尚有郵局。

三、成功關鍵因素

　　黑貓宅急便能成功有五大關鍵因素：

1. **顧客理論**：宅急便提供一致的優質服務，為消費者創造更便利的舒適生活。

2. **高密度集配站**：設置多點集配站，架構綿密的服務運輸網，無論是市內、高山及離島，皆能快速提供配送服務。

3. **員工觀念培養**：專業員工訓練，正確觀念養成：「小心翼翼，有如親送」，讓消費者能安心收送包裹。

4. **完善資訊管理**：建立完整的查詢系統，透過網路就能快速、準確的知道包裹的流向，以及處理階段。

5. **創新商品開發**：全力整合各項通路發展，多元化開發各項業務。

四、未來展望

1. 徹底加速傳統快遞服務觀念的改革。

2. 加強與其他通路合作，以形成更緊密的運輸服務網。

3. 開發獨居老人的新市場。

4. 加快服務金馬地區。

5. 強化顧客的續用率。

EXERCISE 練|習|試|題 ▼

18100 門市服務 乙級 工作項目：門市人力資源管理

單選題

1. （ ）下列何者不是門市員工高流動率的原因？①工作時間長②員工薪資低③重視員工生涯發展④工作內容單調乏味。

2. （ ）門市人力資源管理是屬於零售店的何種管理工作？①商店管理②策略管理③後勤行政管理④商品管理。

3. （ ）下列何者不是門市招募員工的主要來源？①同業挖角②老顧客③徵才網站④員工的親朋好友。

4. （ ）下列何者是正確的門市正職人員徵選作業程序？a.審查履歷表 b.進行智商、能力、性向與興趣測驗 c.進行面試或面談①b→a→c②a→c→b③b→c→a④a→b→c。

5. （ ）下列有關員工績效評估的敘述，何者不正確？①門市服務人員績效的評估通常由店長來執行②門市服務人員績效的評估結果，可作為改進員工工作品質的依據③對於比較沒有經驗的員工，除了正式評估之外還可以採非正式的間接評估，讓員工有充分的時間來改善自己的工作狀況④門市服務人員績效的評估，主要是辨識哪一名員工不適任以便予以解雇。

6. （ ）有關門市員工績效的考核，下列何者是正確的？①考核項目應該讓員工知道②考核項目應該嚴加保密③考核時應該先聽其他人的說法④考核時應該只對人不對事。

7. （ ）下列有關門市新員工在職訓練之敘述何者正確？①在職訓練是訓練新員工的廉價方法②在職訓練會讓新員工從主管或其他員工處，承襲到壞習慣③門市新員工的在職訓練是一種將顧客當作試驗品的方法④門市新員工的在職訓練目的是為了留住顧客。

8. （ ）有關員工訓練的方法，下列何者無法培訓出良好的服務？①著重執行工作的技術性訓練②讓有經驗的員工或主管示範工作技巧並傳授應有

態度③讓受訓員工接觸顧客並自行判斷如何解決顧客的問題④著重良好服務的價值觀與態度的社會性訓練。

9. (　) 下列何者不是維持員工具有長期工作衝勁的方法？①平淡無奇的工作內容②讚美與獎賞③合理的薪資④給予明確生涯規劃。

10. (　) 下列有關門市的人力資源之敘述何者不正確？①門市工作是屬於勞動密集的工作②便利商店的門市員工經常店務繁忙③門市服務人員流動性很高的情形下，師徒制可維持門市服務的品質④門市如工讀生的比例增加，人力資源開發將成為門市的重要課題。

11. (　) 由下列何種資料可得知應雇用一定條件的人來擔任特定工作？①工作說明書②人力資源盤點報告③工作日誌④工作規章。

12. (　) 下列哪一種情形不需要招募新員工？①有員工離職時②有員工請假時③員工因業務需要而調至其他門市時④店內員工人數在標準以下且缺少人手。

13. (　) 下列有關內部升調的敘述何者不正確？①內部升調可以引進新觀念與新創意②內部升調可以激勵員工的士氣③內部升調的人選應與組織的價值觀和文化相符④內部升調可充分利用現有的人力資源。

14. (　) 下列有關面談的敘述何者正確？①研究發現大多數的面談人員在面談前就已根據應徵者的申請資料與外貌做好遴選決定②面談人員在面談時大多是在尋找不利於應徵者的資訊③面談人員容易偏愛與自己態度相同的應徵者④面談進行的時間越久應徵者的答問內容越完整。

15. (　) 下列何者不是新進工讀生訓練的目的？①降低新進員工的緊張與焦慮②提升新進員工解決問題的能力③讓新進員工順利進入工作狀況④讓新進員工很快的熟悉組織環境。

16. (　) 下列何者為門市較少採用在職訓練的方式？①新進員工訓練②工作輪調訓練③儲備幹部訓練④外派受訓。

17. (　) 下列何者不是評估門市服務人員表現所採用的方式？①每小時銷售額②每小時來店顧客人數③提供顧客服務所需的時間④未從事任何生產力的工作時間。

18. (　) 下列有關門市人力配置的敘述，何者不正確？①門市人力配置是提升門市作業效率的方法②門市人力配置可以避免門市人力工作分配不均③門市人力配置可以杜絕門市人力的浪費④門市人力配置可以提升門市銷售量。

19. (　) 下列何者會導致門市人力配置不順利？①兼職人員無法按照標準規則進行作業②店長在營業時間中，監督門市作業是否按照配置計畫進行③員工低流動率④顧客詢問有關商品問題時，由門市服務人員接待。

20. (　) 下列哪一項目的規劃無須掌握門市作業現況？①預測未來門市的業績②門市作業量規劃③裝潢規劃④商品規劃。

21. (　) 下列何者非尖峰時段門市人力配置考慮因素？①門市服務人員數②門市作業量③商圈大小④顧客來店數。

22. (　) 管理者與其部屬進行溝通時，管理者應站在何種立場？①解決問題②說服對方③瞭解對方立場④聽取對方抱怨。

23. (　) 下列何者不是未來人力需求規劃的必要工作？①人力盤點②員工考核③銷售計畫④工作評估。

24. (　) 下列有關員工訓練之敘述何者不正確？①訓練有素的員工不但可提升其生產力與銷售量，還可增加其信心、熱忱和自我價值的肯定②經由訓練可以改變員工的人格特質③接受完善訓練的員工，可激發出高昂的士氣④適當的員工訓練可以增加員工信心，降低員工流動率。

25. (　) 下列有關員工績效評估的敘述何者是正確？①定期的績效評估可以肯定員工的工作與績效表現，也讓員工有受到重視的感覺②員工績效評估的結果對薪資考核絕對沒有影響力③員工績效評估主要是決定績效不彰的員工名單④員工績效評估需要花費相當多的時間，所以必要時才進行員工績效評估。

26. (　) 下列有關在職訓練的敘述何者不正確？①學習過程中，員工會因不純熟而降低門市服務品質②訓練有助員工效率提升③新進員工的生產力，無法在短時間內可以快速提升④在職訓練可提升本職學能。

27. ( ) 管理者在員工犯錯時給予批評的處理，下列敘述何者不正確？①應就事論事，避免人身攻擊②不可威脅員工日後可能受到處罰③最好在犯錯的當下給予批評④最好在全體員工的面前批評。

28. ( ) 曉琪這星期經常遲到早退，工作時心不在焉常常出錯，身為店長的你應如何處理？①僅按規定紀錄曉琪遲到早退與犯錯事項，作為績效評估的依據②主動瞭解曉琪無心工作的原因並善加引導，以化解其問題與不愉快情緒③給予曉琪嚴厲批評並要求改善④書面通知曉琪，再有遲到早退或犯錯的情形即予以解雇。

29. ( ) 下列有關人力資源管理的敘述何者不正確？①管理者要確保員工素質並掌握現有的人力資源，必須做好現有的人力資源與未來人力資源需求評估②管理者應該要以「雞蛋裡挑骨頭」的方式，精挑細選完美的員工③有正確的經營方針仍需要有好的員工來執行與規劃，所以人力資源對管理者是很重要的④管理者應以工作所需的專長與性格特質來選擇人才。

30. ( ) 下列有關人員任用的敘述何者不正確？①應重視實際的品行、才能與工作績效②應以工作的需要、職務的性質以及應徵者的實力來決定錄用與否③學歷只是參考資料，能力與品格才是最重要④家世背景不錯的人，能力與品格也一定不錯。

31. ( ) 下列有關工作說明書用途的敘述何者不正確？①讓應徵者瞭解工作內容②讓新進員工知道自己被期待做什麼③作為日後商品管理的基礎④提供在職員工的實際工作內容與應負責任是否符合的比較考核。

32. ( ) 下列何者是門市人力配置正確的作業程序？a.評估現有員工工作能力 b.尋找適任人才 c.對人力現況進行盤點 d.規劃未來的人力需求①b→d→c→a②a→c→b→d③c→a→b→d④c→d→b→a。

33. ( ) 下列敘述何者是正確？①對於具有工作倦怠感的員工，管理者應多加關懷鼓勵或調整工作內容②對於具有純熟的專業技術並且想另謀高就的員工，管理者應動之以情留住該員工③對於積極主動能力強卻謙虛待人的員工，管理者可以放心不用費神④對於經驗不足工作意願高的員工，管理者應緊迫釘人防止其犯錯。

34. (　) 下列何者不是良好的員工訓練計畫所應具備的條件？①員工自願參與②管理者也能獲得成長③計畫完全由管理者負責規劃與執行④會帶領員工和管理者一起成長。

35. (　) 下列何者不是門市人員考核的功能？①降低員工流動率②提高門市作業效率③增加培訓機會④獎勵的評核。

36. (　) 下列何種情形不需要員工訓練？①錄用新進員工時②有部分員工調動工作時③有員工離職時④推出新商品時。

37. (　) 下列何種情形不需要辦理工作交接？①有員工離職時②有員工請假時③有員工調動工作時④有員工升遷時。

38. (　) 下列何者非勞動基準法等法律規範人力資源，對於勞資雙方加以限制與保障主要契約內容為何？①勞動基準法第 1 條第 1 項②勞動條件最低標準③保障勞工權益，加強勞雇關係④定型化契約條款。

39. (　) 下列何者非門市店長可以滿足的員工需求？①滿足需求②生理需求③社會需求④安全需求。

40. (　) 下列何者非一般從業人員培訓目標？①進行消費者教育②提升專業技術能力③強化人際溝通能力④培養解決問題能力。

複選題

41. (　) 下列有關門市人力資源管理之敘述哪些正確？①門市管理者在與部屬進行溝通時應站在解決問題的立場②店長須依據管理規章處理員工問題③門市人員出勤狀況不佳，將影響門市整體的營運④門市人事費占成本的比率頗高，故在雇用員工人數上要嚴格管理。

42. (　) 下列哪些為門市招募人才時應注意事項？①盡量僱用同質性高的員工方便管理②招募時應瞭解應徵者的動機、意願及積極度③應評估應徵者對工作的認知與適任性④在高流動期間應預先做好人力規劃。

43. (　) 下列哪些為門市招募員工應注意的事項？①雇用與面試者自身態度相同的應徵者②優先錄用主管介紹之應徵者③應徵者的儀態、表達能力、對職務的認知均是考量依據④過去工作離職原因應納入評估。

44. ( ) 下列有關門市教育訓練之敘述哪些正確？①新進人員訓練主要在協助門市新進人員盡早瞭解工作內容②連鎖總部教育訓練的機能在使不同區域的顧客享受一致的服務③門市為了樽節開支所僱用之兼職人員多從事簡單的工作不需要教育訓練④連鎖店儲備幹部之訓練主要在強化門市作業能力。

45. ( ) 下列有關零售組織設計之敘述哪些正確？①小型零售組織的員工通常必須身兼數職②小型零售組織用人較少、工作多元化③百貨公司因服務水準要求較高，故需較多的銷售人員④零售店連鎖經營時可以將門市相關標準化作業流程之規劃集中在總部處理。

46. ( ) 下列哪些為零售業人力普遍存在的現象？①人力資源管理制度的健全與否關係著員工的士氣與流動②擁有專業素養的中高層零售管理人才不易覓得③零售業中基層人員的流動率偏高④門市人員工作時間調配困難。

47. ( ) 下列哪些為門市營業人員的主要工作事項？①環境、設備、商品清潔②賣場氣氛布置③服務與觀察顧客④查帳與報表審查。

48. ( ) 下列有關門市人力資源環境的敘述哪些正確？①較長的工作時間②正職員工比例低③形形色色的顧客需求④員工流動率低。

49. ( ) 下列有關門市人員績效評估的敘述哪些正確？①是針對員工個人工作表現的評價②可以做為人員升遷的基礎③可以做為是否需加強技術和能力訓練之參考④採用固定薪資制有助於員工間的和諧。

50. ( ) 下列有關人效之敘述哪些正確？①可用以評估零售人員的績效表現②是指零售商店的平均營業額除以該店的平均員工數③可作為零售業評估人力是否發揮的參考數據④可以評估每位員工的貢獻度。

51. ( ) 下列有關零售人力需求規劃之敘述哪些正確？①就每一季、每星期、每天及每時段的人力需求人數和類別事先規劃②盡量減少僱用員工人數降低僱用成本③人力規劃時需考慮顧客等待之損失④盡量使用自助式設備減少人員的需求。

52. (　) 下列有關員工績效考核之敘述哪些正確？①考核項目應該嚴加保密②考核時應對人不對事③營業人員之考評除銷售業績外也應評估顧客的評價④績效評估須公平、客觀。

53. (　) 下列哪些為門市服務品質不易提升的原因？①員工的訓練、知識及技能不足②服務作業難以標準化③人員流動率高④採取師徒制。

54. (　) 下列有關員工訓練之敘述哪些正確？①訓練可幫助員工獲取工作職位所需的知識與技能②門市主管應該擔負員工訓練與發展的責任並提供其機會③經由教育訓練可降低員工流動率④經由訓練可以改變人員的人格特質。

55. (　) 門市的人事作業應包含哪些項目？①門市組織與人員編制②人力招募與選才③人員培訓④標準化作業手冊。

56. (　) 門市新進人員之指導應包含哪些項目？①告知公司內外環境使其熟悉環境②引見相關工作夥伴③說明工作內容與工作規則④訓練領導能力。

57. (　) 下列有關員工績效評估之敘述哪些為正確？①門市人員的績效評估通常由店長來執行②可採用正式或非正式評估的多元評估方式，瞭解員工的能力③門市服務人員績效評估的主要目的在找出不適任員工④績效考評可適度引導激發員工士氣。

58. (　) 門市店長進行店務工作分配時應考量哪些因素？①各時段的來客數與業績②各人員之工作熟練度③門市人員與店長的熟識程度④工作負責量的大小。

59. (　) 勞動基準法等法律規範人力資源，對於勞資雙方加以限制與保障主要契約內容為何？①紀律管理②童工③勞動條件最低標準④女工。

60. (　) 一個想要進入零售業的求職者應具備哪些條件?①熱誠②純潔③積極④負責。

61. (　) 門市有哪些基本人力資源？①店主②店長③兼職人員④督導。

62. (　) 優秀的店長任務功能有哪些？①對外身為門市的代表者②負責門市成敗的經營者③推動組織學習的促進學習者④開朗耐心。

63. (　) 身為店長，如遇員工曠職造成空班，應如何處理？①建立職務代理人
    制度②請求總部支援③自己補位④找好友暫代。

答案：

1.(3)	2.(3)	3.(1)	4.(4)	5.(4)	6.(1)	7.(4)	8.(3)	9.(1)	10.(3)
11.(1)	12.(2)	13.(1)	14.(3)	15.(2)	16.(4)	17.(2)	18.(4)	19.(1)	20.(3)
21.(3)	22.(1)	23.(3)	24.(2)	25.(1)	26.(3)	27.(4)	28.(2)	29.(2)	30.(4)
31.(3)	32.(4)	33.(1)	34.(3)	35.(3)	36.(3)	37.(2)	38.(4)	39.(1)	40.(1)
41.(1234)		42.(234)		43.(34)		44.(12)		45.(1234)	
46.(1234)		47.(123)		48.(13)		49.(123)		50.(1234)	
51.(13)		52.(34)		53.(123)		54.(123)		55.(123)	
56.(123)		57.(124)		58.(124)		59.(124)		60.(134)	
61.(123)		62.(123)		63.(123)					

05

CHAPTER

門市營運計畫與管理

5.1　營運與績效評估

5.2　門市輔導與管理

5.3　店務溝通與營運稽核

5.4　內控品質管理

案例分享　石二鍋的營運與管理

練習試題

5.1　營運與績效評估

5.1.1　營運計畫之意義

慎重的擬定計畫，按部就班的執行，如此門市才能一步步地按照預定的計畫路線步上營運之正軌。

完整且考慮周詳之企劃將指引公司邁入獲利的發展路途，假如執行任何業務都能預先擬定計畫，那樣的話企業經營之效率將會大增，生產力亦會增加，而費用相對降低。

5.1.2　營運計畫之目標

為了達成既定的目的，就必須擬定一套經營方針，也就是在經營時所必須要有的最基本計畫，營運計畫之目標大致分為以下幾項：

（一）營業額目標

營業額，也就是業績，正是一家門市經營好壞的一個最基本的指標。此外，每年營業額的成長率亦需依照競爭店之情形及經濟景氣指標之成長來訂定每年的成長率。

（二）銷售商品目標

也就是商品結構規劃，其商品項目通常會超過一萬種以上。就連小型的便利商店商品數也在 3,000~5,000 之間，若是專賣店，商品數也都會在千種左右。需依照大分類、中分類、小分類，去組合成最適合店格及顧客消費習性的商品結構。

（三）費用目標

有開支也必須要節流，因此，如何規劃各項費用、設定費用科目、訂定預算，進而控制費用在預算之內，也是一項重要的工作，可依損益表之格式來運作控制。

（四）人力資源運用目標

在人力資源的規劃上，在需要運用多少人力必須做一詳細之評估。

（五）採購目標

採購規劃之重要度是不亞於營業計畫的，有了好的採購可降低進貨成本，增加利潤，同時必須開發有潛力之新商品。

（六）推廣目標

最常使用的推廣方式就是促銷：如特價、送贈品、摸彩、試吃試用等。而促銷除了提升業績之外，亦有開拓門市商品知名度功能。

5.1.3　營運計畫的內容

有了基本的公司營運目標後，就須列出一套周全的計畫，以便於在執行上做依據。這才是現代零售業者在經營時所必須具備的要件。對於各項計畫的要點，如下列所示：

（一）營業額計畫

重點在於營業額預算之設定。通常考量的重點有：

1. 市場狀況。
2. 經濟、物價情形。
3. 競爭店或過去的之業績。
4. 門市努力之目標。

（二）商品計畫

就是為了做到所設定之營業額目標，整個門市究竟要擁有什麼商品，通常必須針對設定的營業目標與構成系列的比重加以推算，以找出正確之商品組合。

1. 公司商品系列構成的決定。
2. 各商品系列的品目構成決定。

3. 商品品目之採購量、存量、銷售量之決定，同時設定商品迴轉基準。

4. 個別品目實施方案的具體策定。

5. 有關商品漲價、降價、總利益、純利益等的價格計畫及利益計畫。

（三）採購計畫

依據前述所提出之商品計畫，在實際展開採購作業時，為求採購資金之有效運用及商品構成的平衡性，必須針對設定之商品內容，去進行採購計畫之排定。

1. 採購進度的準備。　　　　　　2. 進貨廠商的選擇。

3. 個別品目的選定及採購洽商。　4. 採購量及追加的決定。

5. 採購量及追加量的交貨期限追蹤。

（四）銷售促進計畫

為求業績的有力推展，不能被動的等待顧客上門，而是必須主動的吸引顧客來店。所以有關情報的提供及環境的形成乃構成銷售促進的二大支柱。在此二大支柱下，由於零售業態的不同，立地環境的差別以及經營條件的互異，自然在促銷方式的運用上有所差異，但一般而言乃是透過下列七項要素加以組合而成的。

1. 商店立地。　　2. 店鋪設備。　　3. 商品配置與展示陳列。

4. 廣告宣傳。　　5. 人力販賣。　　6. 促銷活動。　　7. 服務措施。

（五）經費計畫

通常可以將整家店的經費皆設成固定費用與變動費用或是可控制費用與不可控制費用。可控制費用（變動費用）包含有人事類費用（薪資、伙食）、水電費、用度品費、雜項費用及販促費用等。不可控制費用（固定費用）則有各項稅捐、租金等。

（六）人員計畫

　　人力因素仍是推動商店營運的主要動力，因此，如何有效將人力資源做合理的運用，進而配合公司長期發展的考量，有計畫的實施人員培訓及教育訓練計畫，正是目前中小企業所必須正視的問題。

1. 人事組織強化。　　　　　　　　2. 建立人才採用制度及訓練制度。

3. 人才培育。　　　　　　　　　　4. 薪資制度制定及改善。

5. 減低流動率辦法擬定。　　　　　6. 福利措施制度及改善。

7. 考核、異動、升遷之制度及改善措施。

（七）財務計畫（詳見 1-4 章節）

　　商店營運的目的就是要獲利，因此，對於是否有一套完整的財務運作系統，損益表的製作便有此一功能，借由詳列公司之收入與支出科目，便可以獲知公司之營運狀況。

（八）服務品質計畫

　　零售業服務的範疇涵蓋下列四大服務：

1. 商品服務

　　其內容包含商品組合、商品類別項目齊全、品質、價格、服務性商品、商品資訊等之服務。

2. 人員服務

　　包含售貨及服務人員之服裝儀容、服務禮儀、應對用語、諮詢服務、廣播服務、顧客抱怨處理、禮品包裝、試吃試用等。

3. 設備服務

　　包含外觀、招牌、內部裝潢、照明設備、購物車、購物籃、購物袋、停車空間、化妝室、公共電話、自動提款機、嬰兒車、意見箱等。

4. 販賣服務

　　包含營業時間、布置、色彩、背景音樂、環境清潔、各類標示、促銷活動、代換外幣、金融服務等。

5.1.4　營運計畫的推動策略

　　營運計畫的立案與決定，此乃整個業態活動的基本計畫，對於全盤進度的擬定，是否能夠有充分的準備與有效的展開有著顯著的關係。以下分為幾項功能來予以探討：

（一）販賣的基本對策

1. 依據競爭店或以往之業績訂定營業預算。

2. 加強營業人員素質，以達成預算為第一目標。

3. 設定三年內之成長率，再依據每年之經濟景氣變動調整。

（二）商品及採購基本對策

1. 商品完整性的加強。

2. 商品內容之適當調節及庫存控制，以加速周轉。

3. 協力廠商之配合，確保高進貨毛利及合理門市價。

4. 設定採購預算，在預算範圍內進行採購運作。

（三）推廣基本對策

1. 單向重點目標、月份與推廣活動之配合。

2. 推廣媒體之選定，並適時提供各類資訊情報給顧客。

3. 推廣費用預算之訂定及費用的有效運用。

4. 注重賣場布置與氣氛之強調。

（四）費用控制對策

1. 設定經費預算，以能省則省之原則進行預算訂定。

2. 預算不一定要用完之觀念的建立。

3. 區分店內變動及固定費用,針對變動費用加以控制。

4. 求出損益平衡點,以數據來管理公司。

(五)人事基本對策

1. 員工甄選之嚴格化,不可濫竽充數。

2. 組織體系之簡化,充分發揮人力運用適才適所。

3. 加強員工教育訓練,擬定全年之訓練計畫。

4. 注重員工福利,以提高工作效率。

(六)財務基本對策

1. 損益表之擬定與檢討。

2. 資金之有效運用與財務結構之健全。

3. 金融機關之熟悉。

4. 配合業務處理時效、電腦化作業之實施。

5. 內部稽核制度之運作。

6. 長期資金用於長期投資,短期資金用於短期投資。

(七)服務升級對策

1. 員工服務觀念之強化。

2. 賣場動線規劃之親切性,以便於購物為原則。

3. 訂定並實施服務之口號,如:謝謝、您好、歡迎光臨。

4. 切記顧客永遠是對的這句名言。

5. 各項資訊、情報提供給顧客,以供參考。

5.1.5　零售業營運績效評估

影響零售營運績效的因素有很多，所以用單一的方法來評估績效是很困難的。

（一）商品構成的績效評估

維持適切的商品庫存量，在營運資金的運用上必會更具靈活性。但是若能更進一步針對賣場商品的構成情況深入的檢討，則對於銷售方面將會有更大的助益，有關於商品構成的績效評估實施重點，茲提供一些要點以作為業者在實際管理上能有更進一步的比較基準：

1. 商品的構成必須與所設定的客層對象相符合。

2. 在商品的構成與管理上，對重點式的管理分析確有必要。

3. 為了構成商品在主從之間能有一比重，同時能增加與同業之間的競爭能力，在坪數的使用與主力商品、輔助商品及附屬商品面，要能維持平衡性。

4. 針對暢銷性的商品，一定要在數量與金額雙方面確實把握，並且經常與競爭店做比較。

5. 在商品構成的責任歸屬以及部門間作業配合的協調性一定要強化，才能力求作業的圓滿。

總之，一家商店若要做到商品構成面的績效，除了維持有效的庫存管理外，對於上述的查核要點更要隨時加以注意，確實做到內部作業有效的推動。

（二）庫存管理的績效評估

商品管理的重點以及盤點工作的執行要領，主要目的就是希望能透過這些管理技巧的運用，使商品存量能做合理且有效的控制，求得商品快速的周轉，以促進經營的績效。商品存量管理與控制重點：

1. 在存量的配合上，要能設定控制的基準以維持庫存的適切量。

2. 適切量的掌握，並分析其存量多寡以配合銷售上的需要。

3. 倉儲成本的控制以及人員的運用，須考慮投入與產出的均衡性。

4. 有關於整個商品管理的體制，若發現不合理之處，應隨時加以改善。

5. 盤點作業的實施，不但要定期舉行，而且更要進一步針對盤點的結果，深入分析，作為提供管理面決策的改進與參考之用。

6. 整個資訊的提供上，必須注意時效性，才能真實反映狀況。

（三）銷售活動的績效評估

　　對於零售業者來說，銷售活動乃是所有營業業務中最為敏感的話題，商店收入的多寡，就直接影響到經營的收益。

1. 在進行銷售活動時，事前必須要有妥善的計畫，同時在實施目標設定時，不只著重在整體的數字，而是要深入商品別、時間別等區分。

2. 對於所擬定的銷售目標，不但要利用有用的參考數據而且要蒐集各項的情報，更要考慮作業實施上與其他部門的配合關係。

3. 在展開各項管理活動時，一定要有專責的人員負責，同時要在事前、進行中以及事後，均隨時注意各部門的配合狀況、人員的執行情形以及分析檢討工作。

　　因此整體作業推廣，就是需要倚賴靈活的情報、數據的資訊以及計畫、執行、檢討工作的具體配合，才足以真正發揮一個門市的銷售業績。

5.2　門市輔導與管理

5.2.1　門市管理之基本原則

　　門市銷售作業之最終目的，在於能達到及時供應需要、何時採購與採購多少，為其重要考慮因素。

（一）適當的品質

　　在採購需要的觀點上，品質之適當合用乃為要求。通常適當品質須合乎三種原則：

1. 適合性

　　「適當的品質」並非指最好的品質，而是符合各類別的實際需要而言。其考慮具有經濟與實用兩方面之價值。

2. 可取用性

　　「適當的品質」另一涵義，即達到「可取用性」的要求。所謂「可取用性」，乃指能在合理期間內可隨時以合理價格獲得充分之數量。

3. 成本

　　「適當的品質」亦有另一涵義，即要使採購費用繼續維持在最低成本，期以達到經濟的利益。

（二）適當的數量

　　經決定適當品質後，其次即須決定適當的採購數量。配合販賣預測的數量、採購條件、進貨慣例、庫存量，採購必要回數、資金運用狀況及進貨費用等各項因素，而決定最適切的採購量。

（三）適當的時期

考慮過去販賣的變動情形、流行變化的趨勢、競爭者狀況、進貨廠商配合情形以及商店的活動行事，選定最有利的時期，進行採購計畫的實施。

（四）適當的價格

乃指採購所需物資，在適質、適量、適時及其他有關條件下，付出合適的價格而言。

（五）適當的場所

針對廠商內容、信用狀況、付款條件、販賣促進活動內容以及考慮店自身採購的持續情況，而選擇適宜的進貨廠商。

（六）適當的交貨

指採購物資，能夠依約定的地點與時間交貨，適時供應所需。

5.2.2　門市採購下單流程

一般的採購流程大致如下：

1. **報價需求或詢價單**：接到公司內部的請購需求後，須馬上確定產品名稱、規格以及數量，作為搜尋廠商的依據。

2. **尋找供應商**：透過商品目錄、商展、業界人脈等管道，尋找適合的供應商。

3. **進行評估**：蒐集相關的產品資訊及廠商生產能力，以確定供應商是否真的能夠提供所需的產品。

4. **下訂單**：確訂所選供應商之後，即可與之訂定契約並下訂單。

5. **驗貨**：供應商出貨前，公司應先行驗貨，確定品質和數量符合需求，以避免貿然出貨帶來更多問題和損失。

6. **供應商出貨**：追蹤供應商是否按照協議的方式出貨。

7. **付款提貨**：確定供應商如期出貨後即可付款。

5.2.3　商品採購預算

（一）預算計畫方式

　　預算的重點並不是決定個別商品的購買數量或成本，而是用來幫助商店決定所需購買資金的財務計畫，預算的計畫分為三種方式：

1. 由下往上分配

　　從商品分類層級開始估算，先整合成部門別的購買預算需求，最後整合成全店的商品採購預算計畫。

2. 由上往下分配

　　由上層主管做一個全面金額預算再分配預算給各個的採購部門。

3. 上層訂立方針，由下往上分配

　　由上往下分配的交互作用，即管理階層先設大範圍的採購指導方針，然後再由下往上提出購買需求，而其結果可能是較適當的採購計畫。

（二）預算計算程序

　　商業採購預算的計算測定上，必須透過下列的程序加以推算：

1. 本年度營業額目標的決定

　　即根據商店過去的販賣實績、新的營業方針以及經營環境的變化情況加以檢討分析而決定之。

2. 原價的推算

　　在營業目標決定後，同時配合毛利率資料即可推算，其公式為：

　　　商品原價＝營業目標×（1－毛利率）

例如：年營業目標為 3,000 萬，毛利率為 30%，則商品原價就等於 3,000 萬×(1－30%)＝2,100 萬

3. 本年度期末庫存量的決定

根據過去的庫存資料，配合販賣動向及存量管理狀況加以評定，一般簡單的平均庫存量的推算方式有：

平均庫存量＝（期初庫存量＋期末庫存量）÷2　　或

平均庫存量＝（期初庫存量＋期中庫存量＋期末庫存量）÷3　　或

平均庫存量＋（期初庫存量＋各月份庫存量累計）÷13

業者可以配合實際需要，採用適宜的計算方式。若實際作業上，則可以根據此資料配合販賣目標、庫存狀況及管理方針的設定，作合理的調整與修正。

4. 本年度採購額的算出

經由以上的數值，可以透過下列公式求出採購額，即：

年度採購預算＝原價預算＋期末預算庫存量－期初庫存量

5.2.4　商品分析

（一）選擇商品標準

為避免貨過多或不足的問題以達成銷售計畫，選擇商品的種類，有下列四項關鍵標準：

1. 估計消費者對商品的需求。　　2. 預計毛利。

3. 商品之預計良率品質。　　　　4. 商品之可靠性與商品交貨之迅速性。

（二）選擇過程的方法

以下幾種方法便於統計、計算選擇商品的方式，避免在決策的過程中過於草率而造成業者不必要的損失。

1. 線性加法模型

採購人員基於屬性的重要性，對每個屬性指派權數。

2. 聯合選擇策略

為每一產品屬性，設立最小的隔離數值，與競爭品牌比較，而後在最高分數的商品項目中選擇品牌。

3. 編纂選擇策略

在單一最重要的基礎下，比較替代性供給來源。

（三）對於商品的採購方法簡單的分為下列兩種

1. 集中採購

其採購之商品涵蓋：

(1) 季節性之商品（尤其是季初或季末）。

(2) 貨源不穩定之商品。

(3) 價格不穩定之商品。

(4) 新增加之商品。

(5) 供應商無庫存而以訂單生產之商品。

(6) 款式、花色、尺碼、材質經常變動之商品。

(7) 交貨期限超過 30 天之商品。

(8) 供應商數量有限，無法充分供應之商品。

(9) 必須以長期採購承諾訂購之商品。

(10) 特別促銷之商品（但永久性訂單之商品除外）。

2. 各營業單位續訂之原則

續訂商品原則上偏向：

(1) 較無季節性之商品。　　　(2) 貨源穩定之商品。

(3) 價格穩定之商品。　　　　(4) 供應商有足夠庫存商品。

(5) 交貨期限較短之商品。　　(6) 永久性訂單之商品。

5.2.5　採購談判技巧

　　談判，或有些人稱之為協商或交涉是擔任採購工作最吸引人的部分之一。談判通常是用在金額大的採購上。

（一）採購談判的目標

　　在採購談判的工作上，通常有下列五項目標：

1. 為相互同意的品質條件的商品取得公平而合理的價格。

2. 要使供應商按合約規定準時執行合約。

3. 在執行合約的方式取得某種程度的控制權。

4. 說服供應商提供公司最大的配合方案。

5. 與表現好的供應商取得互利和持續的良好關係。

（二）採購談判的項目

　　談判的項目通常包含下列各項：

1. 品質

　　符合買賣雙方所約定的要求或規格就是好的品質。

2. 包裝

　　分為兩種－內包裝和外包裝。

3. 價格

　　除了品質和包裝外，價格是所有談判事項中最重要的項目。

4. 訂購量

　　在沒有把握決定訂購量時，不應採購供應商希望的數量，否則存貨滯銷時，影響利潤的達成，造成本金之積壓及空間的浪費。

5. 折扣

　　通常分為新產品折扣、數量折扣、付款折扣、促銷折扣、無退貨折扣、季節性折扣、經銷折扣等數種。談判時需引述各種型態的折扣，使供應商讓步。

6. 付款條件

　　包括付款時間、種類的各種型態。

7. 售後保證服務

　　對於各類需要售後服務的商品，需要求供應商提供相關資料，如：地址、電話，以便於客戶日後的維修。

5.2.6　迴轉率

　　零售商透過庫存管理追求維持商品的適量，以不至造成商品庫存過多而積壓資金、損失和額外的支出及缺貨導致機會的損失。亦即在一年中庫存的商品可以周轉多少次而變回資金，其公式如下：

$$商品迴轉率 = \frac{銷售額}{平均庫存額（售價）}$$
$$= \frac{銷貨成本}{平均庫存額（售價）}$$
$$= \frac{銷售量}{平均庫存量（數量）}$$

　　依零售商之會計系統決定何種商品迴轉率之計算。由以上公式可判斷是否該提高迴轉率以提高銷售額或削減庫存額。迴轉率越高，表示商品好賣，不同行業有不同的商品迴轉率。

5.2.7　零售業人員管理實務

　　所謂人效，是指零售商店一年的營業額除以該店的員工數，人效可作為零售業評估其人力資源是否充足，或人力是否發揮的參考數據。零售業者可利用以下方法提高員生產力：

（一）謹慎的僱用程序

　　在僱用前，仔細地審查所有申請人，將可使員工流動率降低，並可使其有較好的表現。

（二）事先規劃人力需求

　　就每一季、每星期、每天及每一時段而言，所需的員工人數及其類別都必須先作規劃，以便能即時擁有適當的人力，並將閒置力予以靈活調度，以產生最高的人力效率。

（三）採用工作標準化和交互訓練

　　工作標準化可使不同部門但類似職位的員工之工作統一，而交互訓練使員工熟悉不只一項工作，例如百貨公司樓面管理人員可訓練成販賣促進人員。

（四）訂定員工績效標準

　　每個員工必須有清楚的績效標準，例如出納員以交易速度及錯誤率來評斷，採購人員就用部門銷售及減價的需要來評斷，而高階主管也可由企業的銷售及利潤達成程度來評斷績效。

（五）設計獎勵制度

　　當員工表現好的時候，可以給予財務酬勞、晉升及表揚等激勵方法，而員工的行為確也會因有獎勵制度的存在而更加努力。

（六）多僱用全職員工

長期僱用制是提升員工生產力的一種方式。通常，全職員工的生產力比工讀生或工作時間短的人來的高，全職員工較具專業知識，更想看到公司成功，因而不需要太多監督，也較受顧客歡迎，能被提升至較高階的職位，且較能接受與適應零售的特殊環境。對零售商而言，在許多情況下，員工的高生產力比其是否拿高薪更為重要。

（七）慎重採用自助式服務

如果使用自助式設備，人事成本將會減少，進而減少人員之需求。然而有兩點必須考慮的是：一是自助式較適合用在知名品牌以及特徵簡單或不需要解說與協助的產品／服務上；二是減少銷售人員，可能會使顧客覺的服務不周。

（八）追蹤考核員工的出勤狀況、服務狀況及工作效率

注意員工的出勤，避免發生因工作效率降低而影響到商店的出貨、補貨等狀況，進而影響到賣場的整體營運。良好的服務品質可成為零售店的優勢，所以要時時提醒外場人員注意儀容外表、禮貌及應對態度，還要隨時留意顧客抱怨及意見反應，千萬不能讓顧客覺得不滿或被忽略而不再上門。

（九）定期調查顧客滿意情況，並據以改善營運流程

每一季、半年或一年進行一次顧客滿意情況，不單是要瞭解零售商店外部顧客的滿意程度，也應針對員工（內部顧客）主動瞭解其滿意狀況。

5.2.8 門市貨管理實務

門市的存貨管理作業主要分三項：倉管作業、盤點作業及壞品處理作業：

（一）倉管作業

倉管作業是指附屬於商店的商品儲藏空間的管理，這些空間由於分散不集中，故由不同單位負責管理。也有業者因賣場空間有限，不另設倉庫，直接將貨架做得很高，而將上層充作儲藏商品之用。一般而言，若商品配送得當，最好不要設立倉庫，但以臺灣目前的廠商送貨情況，若未設倉庫，則易因交通擁塞及其他因素，發生嚴重缺貨的情形。所以倉管作業要把握下列幾點原則：

1. 先將倉儲空間予以規劃，使商品之存放不致零亂。

2. 在倉庫入口處，張貼配置圖一份，以利存取；此外，小量儲存用的料架上之商品儲存區應盡量固定，整箱儲藏區則可彈性運用。若儲藏空間太小或屬冷凍庫，亦可不固定位置而採彈性運用。

3. 倉庫內至少要分三個區域：大量儲存區、小量儲存區、退貨區，三者之間須隔離清楚。倉庫內每個角落都要有通道可達，不可產生死角。

4. 商品存放不可直接接觸地面，一則可避免潮濕，二則可堆放整齊。

5. 倉儲區因空間有限，故須分區使用。

6. 由於商品保存特性不同，要特別留意倉儲區之溫度、濕度管理，並保持空調，使通風良好，乾燥不潮濕。

7. 商品進出留意先進先出之原則，進貨時一定要檢查有效日期，而將快到期之存貨放在前端，優先移出補貨上架。亦可將顏色管理法運用於存貨之管理，每週或月採用不同顏色之標籤，以明顯辨識進貨之期間。

8. 商品存取要考慮效率，故要購置臺車、推車、堆高機、撿貨車等必要設備，此外重的、大件的商品，盡量放在入口處附近及料架下段，或以棧板方式堆放。

9. 料架上為使存放位置固定，須設置料架卡，以茲識別，若同時有存貨卡更佳。

10. 倉儲區在設計之前，即需設置防水、防火、防盜之設備，如排水溝、棧板、沙袋、滅火器、緊急照明燈、保全設施等。

11. 倉管人員要與訂貨人員作好溝通，控制到貨商品之存放；此外，亦得適時提出存貨不足之預警通知。

12. 倉儲存取貨品，原則上應配合賣場營業需要，但為考慮效率及安全，亦應與現場營業單位作好協調，制訂作業時間規定。

13. 倉庫要注意門禁管理，不得任何閒雜人在內逗留；且倉管人員下班後須上鎖管理。

　　盤點作業之流程，可以詳細繪圖如圖 5-1。

（三）壞品處理作業

　　「壞品」是指過期、包裝破損而不能販賣之商品，或是因停電、水災、火災、製造、保管不良之瑕疵品。

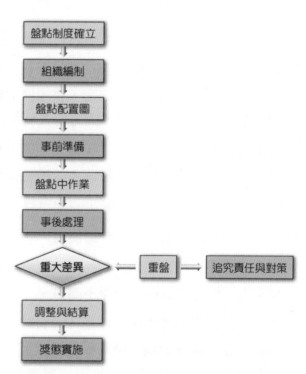

資料來源：李孟熹，《繁榮商店管理實務》，群泰企管

▲ 圖 5-1　盤點作業之詳細流程

　　在壞品處理時，必須注意以下幾點：

1. 確實清查起因，以明確責任歸屬，並盡速處理。

2. 壞品登記詳實，以便帳務處理及管理分析。

3. 確認稅法規定認可之要件。

4. 若可歸責於業者本身之疏失，如保存不當、訂貨過多、驗收不確實等，必須反省，並通報各單位，避免再度發生。

5. 壞品不可任意丟棄，必須作好紀錄、集中保管，等到會同銷毀單位確認無誤後，再共同處理。

　　為了改進存貨管理績效，業者可採用快速回應倉儲計畫，業者採用此計畫，利用較頻繁的訂貨、較低的數量來降低手邊的存貨數量，這使得存貨成本降低，使商品存放之需求空間達最小，並能使業者的訂單與庫存紀錄更加吻合。

5.2.9　商店維修與安全管理實務

（一）商店維修

　　商店維修涵蓋了所有與管理零售店實際設備有關的活動，商店的內外部設備應該盡可能的維持良好狀況。外部設備包括：停車場、出入口指示、周圍標誌、櫥窗以及鄰近商店的區域；內部設備包括：窗戶、牆、地板、冷氣、瓦斯、燈光、展示標語、固定設備及天花板。商店維修的品質會影響顧客對業者的看法，也會影響設施的使用時間長度及營運費用。

（二）商店安全管理

1. 安全管理項目

　　零售業者除了必須面對因意外帶來的損失，更嚴重的是必須面對賠償及商譽受損的問題，所以作好安全管理非常重要。安全管理的項目非常繁多，大致包括：

(1) 公共安全：消防安全、賣場陳設安全、員工作業安全，以及防颱措施等等。

(2) 內部安全管理：開（關）店之安全、保安報告、鎖匙保管、金庫管理、業務侵占之防範、偷竊、夜間行竊、搶劫、顧客的擾亂行為、專櫃之安全管理、恐嚇事件、詐騙，以及停電應變處理等等。

　　事變的發生大部分皆屬於臨時的狀況，但是如果能夠針對各項安全管理項，在平日做好事前防範的工作，就現有的人力編制「應變處理小組」，至少也需設有緊急聯絡負責人來處理突發事件。而在意外事故發生時，「應變處理小組」或負責人也能依據正確的作業程序迅速處理，則可將事故造成的傷害及財務損失降至最低程度。

2. 管理疏失改善原則

　　事實上，根據以往的經驗顯示，許多公共場所所發生的意外突發事件，往往不是意外，而是肇因於人為的疏忽。為了有效預防上述各項安全管理上之疏失，應就下面幾點原則加以改善：

(1) 事前：妥善規劃危機應變計畫以及指揮控制系統，授予不同階層決策者足夠的權力去採取行動，定期教育、定期演習、定期檢查、培養警覺心與合作默契。

(2) 事中：沉著冷靜，將重要訊息立即傳達到相關部門（如消防隊、警察局），並作迅速且適當的處理。

(3) 事後：事故原因的追查、責任的追查、補救措施的建立。

5.2.10　零售業顧客管理實務

（一）信用管理

　　信用管理是指向消費者收取應收帳款的政策及方式，下列這些主要的經營原則必須事先明定：

1. 可以接受什麼付款方式？

　　　有的零售商可能只收現金，有的會收現金及支票，有的收現金和信用卡，或者全部都收。

2. 由誰管理信用計畫？

　　　零售企業可以有自己的信用體系，發行零售商自己的信用卡，而且也可收主要的銀行信用卡。

3. 什麼樣資格的消費者可以開支票及刷卡？

　　　用支票交易，必須確認消費者的信用，如查看駕照、身分證；用信用卡交易，使用者必須符合規定的年紀、工作、年收入等資格；以及信用交易是否必須設立最低消費額度。

4. 使用什麼貸款或信用條件？

　　　零售商如果提供分期付款或信用卡，需要決定消費者何時開始付利息、利率多少及每月最少繳款額度。

5. 遲付或不付款如何處理？

　　　零售商通常必須在提供信用以提高整體營業額及處理信用付款的成本之間取得平衡，後者包括審查成本、交易成本及壞帳。

（二）顧客服務

　　要提供適當的顧客服務，企業首先必須發展出一套全面性服務策略，以及規劃個別的服務。表 5-1 說明零售商對顧客服務的分類，可供國內零售商參考，並針對競爭情況及顧客需求而加以調整。

▼ 表 5-1　顧客服務的分類

<table>
<tr><td colspan="2" rowspan="2"></td><td colspan="2" align="center">提供服務的成本</td></tr>
<tr><td align="center">高</td><td align="center">低</td></tr>
<tr><td rowspan="6">顧客對服務的價值感</td><td>高</td><td>建立顧客忠誠的服務：造成顧客忠誠背後最主要的高成本的活動。例如：交易速度、信用交易、禮物贈送。</td><td>鞏固客源的服務：低成本的小活動卻可增加顧客忠誠度。例如：禮貌、建議性銷售。</td></tr>
<tr><td>低</td><td>令人失望的服務：不實用又昂貴的活動。例如：為雙薪家庭提供的平常日送貨服務、不實用的課程活動。</td><td>基本服務：被視為應當存在的低成本活動。例如：免費停車、店內購物說明、寄放皮包。</td></tr>
</table>

資料來源：林正修，《中小型零售業經營管理實務》，世界商業文庫

　　在發展顧客服務策略時，零售商必須決定所提供服務的範圍、層次、選擇、價格、衡量及維持方式。

5.3　店務溝通與營運稽核

5.3.1　績效評估的意義及目的

　　所謂的績效是只為了實現企業的全體目標，構成企業的部門之所達成的業務上之成果。而績效評估是對企業所有計畫的目標及實際上產生的結果，加以比較後評估其實現度。評估後的結果，若未達到目標，則進一步追求及尋找出其原因，並想出各種可以達到目標的方法。

　　在零售組織中，要規劃營運策略前應事先評估經濟層面、競爭者的狀況、消費者偏好和人口組成。重新調整所有營運層面。有關於門市的總管理者，必須來執行公司目標，最後要落實到店內的部門管理人員。

（一）績效的評估

1. **績效的探索**：最好是數量化的衡量，否則會造成目標無法被正確的認定。

2. **達成目標的時間**：例如在一年之內要達成 1,000 萬的業績。

3. **達成目標所需要的資源**：例如投資在餐飲門市 500 萬元，賺回 1,000 萬，500 萬就是達成目標的資源。

　　能有效運用績效評估的時候，不但能提高公司的營運績效，也可以提高相關單位員工的士氣，且透過此評估活動評估單位的負責人，而使透過這種訓練成為企業的接班人。

（二）良好的評估準則

　　欲衡量出真正績效必須建立良好的評估準則；而良好的準則常應符合下列條件：

1. 應以組織目標為依據。

2. 應能使組織具有與其他組織相互比較的基礎。

3. 準則所包含的範圍除了生產力還應有其他相關內容。

4. 準則類型除了正面準則外應有限制方面的負面準則。

5. 準則必須合乎組織的獨特性。

　　在績效評估上是以銷售額、生產量、品質、庫存、交貨日期、安全等這些希望被達成的目標，作為計畫值或為基準值，這種目標是用來作為希望達成的數值。

5.3.2　評估的種類

　　一般而言，商店經營分析的內容與其他各項行業大同小異。大致上經營指標可以分成安定性指標、收益性指標、成長性指標、生產性及其他類指標等諸項，內容大致上如下：

（一）安定性指標

可以包括資本結構之健全性，資產構成之流動性，支付能力之檢討等項。其中資本結構之健全性則指流動負債構成率、流動資產構成比率、短期借款構成率、長期資本構成率；資產構成之流動性則指自有資本比率、固定資產構成率、應收款項構成率、存貨資產構成率；而支付能力的檢討則指流動比率、變現比率、固定比率、固定長期適合率的比率。

（二）收益性指標

包括營運資產迴轉率、銷貨收入對營業利益率、自有資本淨利率等項。其中營運資產迴轉率則指應收款項迴轉率、商品周轉率、固定資產周轉率、應付款項迴轉率等比率；銷貨收入對營業利益率則指銷貨毛利率、銷貨淨利率、銷貨收入對營業費用率、銷貨收入對用人費用率、銷貨收入對廣告費用率、銷貨收入對支付利息率等，而自有資本淨利率則指稅後淨利對自有資本的比率。

（三）成長性指標

可以包括量的成長與質的強化面，一般來說，量的成長較容易被重視，而質的強化面較容易被疏忽。但是對於整個的營運而言，無論量的成長或質的強化非常重要。其中量的成長方面則指銷貨增加率、銷貨總收益增加率、營業利益增加率、總資本增加率、自有資本增加率、人員增加率、存貨資產增加率、商場面積增加率等比率。

（四）生產性指標

在銷售生產性方面則指每人的營業額（人效）、每人銷貨總利益、每人營業利益、每人用人費、每人經常利益、每坪營業額（坪效）等項。而其他指標則指總資產迴轉數、流動資產迴轉率、自有資本迴轉數、總資本獲利率等項。零售業者的績效評估通常可分為三種：

1. **產出衡量**：是用來評估零售業者其投入可達成多少的產出。

2. **投入衡量**：是用來評估零售業者的投資決策成果為何。

3. **獲利衡量**：是以產出對投入之比來比較同業之表現。

5.3.3　公司層級的績效評估

評估公司績效的主要方法是業主權益投資報酬率，此方法比資產報酬率更能反映出實質的獲利率。

決定業主權益投資報酬率的三種績效衡量方法為：

1. **淨邊際利潤率**：主要在衡量業者可以在銷售活動中產生多少的利潤。

2. **資產周轉率**：可以表達業者之資產投資可以產生多少的銷售實績。

3. **投資報酬率**：高階主管可以從資產報酬率來瞭解投資所獲得的利潤。

（一）通路衝突

所謂「通路衝突」起因於通路內各份子之目標、角色、知覺程度及力量的差異。衝突是不可避免的。然而，衝突在某種程度下乃是有益的，只要能夠導引衝突成為力量。

管理一個通路系統通常包含解決一些衝突。例如，像一個系統的成員認為另一個成員妨礙其達成目標。下列四個主要的衝突來源：

1. 目標的分歧

目標和通路中其他成員的目標可能不同。製造商可能想從世界廣大的市場占有率中獲得報酬，但零售業者，卻只想要賺足夠的錢送孩子上大學並且舒服的退休。

2. 領域的不同

當擁有特別領域的通路成員所持觀點不同時，會發生衝突。這些領域可能包含：

(1) 服務的人口。　　　　　　　(2) 涵蓋的地理範圍。

(3) 表現的任務或功能使用。　　(4) 在行銷上的科技。

3. 對現實不同的知覺

這是人類基本的缺點。例如：零售業者不認為製造業者在協調廣告和訓練的支援上是足夠的，但製造商認為它對該零售業者和其他人提供的是成功的。

4. 權力的濫用

擁有權力的超級市場對進貨索取費用，稱為上架費，這對大公司來說是一些小麻煩，但對要進入通路的小公司來說卻是大問題。

（二）通路衝突之類型

通路衝突也是指，同一通路內不同階層間之利益不能一致所引起的衝突。例如：家電製造商對於不依其服務、訂價、廣告等策略之中間商，常以取消其代理資格迫使中間商就範。二種通路衝突類型：

1. 水平通路衝突

係指同一通路階層中各廠商的衝突，其主要原因是為了爭取相同的顧客群所致。例如：一些 T 牌汽車北部的代理商可能抱怨該區的其他通用代理商在定價和廣告上表現太積極，而搶走了一部分的生意。

2. 垂直通路衝突

係指同一通路體系內部不同階層間的利益衝突。例如家電製造商威脅那些不遵守其服務、定價或廣告政策的代理商，取消其資格。飲料批發商可能杯葛製造商，因為製造商對大型零售折扣商進行直接銷售。

（三）通路衝突的解決

在通路系統中發生的衝突可經由很多方法解決。解決衝突的四個方式，首先基本的方法是找出衝突在哪裡，然後試著去瞭解通路成員關心的議題。

1. 界定生產線的界線。

2. 與通路成員一同工作，發展環節問題的解決方案。

3. 安排較多資金於「推和拉」的活動。

4. 發展財務的安排，如佣金及高利潤。

5.3.4　通路的選擇決策

（一）通路策略的決策

在設定行銷通路策略時，需先定下幾個關鍵決策，三個影響通路選擇的因素。

1. **市場因素**：有關目標顧客的考量問題，地理市場和市場規模。

2. **商品因素**：依商品特性考量行銷通路。

3. **製造商因素**：考量製造廠商配銷與資源應用。

（二）通路的選擇類型

1. **直接與間接通路**

直接通路傾向使用推銷員，一個推銷員的主要優點在於能夠掌控，並且能夠完全奉獻在公司的產品上。間接的通路能接觸到更多的顧客及執行推銷員所不能達到的功能。

2. **多重通路系統**

使用了許多直接和間接的通路組合。

3. **混合系統**

通路成員對相同的顧客常常表現出互補的功能，其目的在於允許其特殊化，因此改進那些不同互補功能的成效等級。

5.4　內控品質管理

5.4.1　商品控制

商品控制的必要性可歸納如下理由：

（一）配合存貨和顧客需要

經營完善的商店，必須儲存有顧客心中想要的商品。先決條件在於研究顧客群的需要和偏好。

（二）減少跌價的發生

健全的存貨管制，必須迅速正確地報導存貨資料，尤其是存貨過多的情形。由於及早減價始能保有較佳的售價，所以減價最重時間性。

（三）控制缺貨

存貨控制若有效，必能適時報告庫存數。健全的存貨管制，始能迅指出缺貨所在，因而能及時採取有效的補救措施。

（四）控制存貨的投資

存貨占商店淨值的一大部分。實施存量控制，注意查核存貨之投資，能釋出資金，作擴充、改善等之用途。

（五）減少存貨處理費用

備置存貨需要很多的費用，包括租金費用、搬運費用、保險費，及其他開銷費用。

（六）改善進貨方法

採購員對於採購什麼、何時採購、採購多少的各項決定，實為商店作業成敗的分野。資料的最佳來源就是顧客需要的序時紀錄。

5.4.2　金額控制

以金額計數商品的方法，有用商品成本者，亦有採用售價者。故金額控制可用以取決存貨的成本，亦可做為一套完整的商品控制制度。

（一）商品之分類

商品控制的主要目的，還在於瞭解特定商品的特定資料。

1. 部門

當商品交易是以部門別，而非以整體來分析時，商品控制制度因之所獲的資料就更有益於高層主管和採購員。

2. 價格線分類

按商品分類的控制資料，不僅範圍縮小，且趨專門，因此所獲資料更有價值。

3. 電腦化分類

金額控制以商品別表示，確使資料更詳細、更有價值。

（二）控制方法

1. 永續盤存制

永續盤存制是以售價來計算存貨，而不查貨架上的存貨。永續盤存制的優點在於能迅速獲得資料。不僅提報購貨員的報告甚速，且利於編製損益表。

2. 定期盤存制

定期盤存制實地盤點存貨，銷貨數字由計算而得，其方法為：期初存貨加上本期進貨，即得本期待售存貨；再從之減掉期末存貨，就是本期銷貨和減價數字。

5.4.3　單位控制

正如金額控制的作用一般，單位控制是分析商品交易，編製資料報告的一個方法。

（一）廠商資料

單位控制制度可包括有關廠商的資料。如此一來，採購員便可獲得有關廠商產品的銷售性、每一廠商的銷貨利潤數、交貨日期的準時性、某一廠商產品的減價情形及其他對中層主管有價值的資料。

（二）資料更正確

單位控制報告所列的存貨，最易於實地點計。售貨員只要到特定貨架去點計，就可查對存貨報告的資料。

（三）短缺情形較易控制

採用單位控制法來盤點存貨，不僅易於發現短缺情形，而且知道存貨短缺之所在，對於設計安全存量辦法，甚有助益。

（四）商品在店時間資料

商品是以單位而非金額來控制，可保有其特定的資料，例如到貨日期，可使得採購員知悉哪些商品滯銷，以便採取減價或其他措施。

（五）尺寸規格和顏色資料

顧客對尺寸和顏色的偏好資料，是訂貨和補貨決定的最佳參考資料。

（六）時式商品資料

要想確定最佳的時式商品，就須時時評估並更新資料，分析銷貨的數量，就可查知該項資料。

（七）自動訂貨資料

一旦確定了時式商品，就可建立訂貨標準。

（八）其他採購資料

在單位控制制度下，有關缺貨情況、進貨時間、銷售促進和減價的資料，都可迅速備用。

5.4.4　費用控制

銷貨收入大於商品成本和營業費用之和時，就有利潤產生。

（一）費用之分類

費用控制工作的一部分，即在比較本店和同類商店、業界平均數字，或本店前期的費用情形。

要簡化費用的分配，可將費用分成兩類：一是直接費用，即該部門存在始發生的費用；一是間接費用，不管部門存在與否都發生的費用。

1. 淨利法

淨利法規定所有費用，不管直接或間接，都須分配到銷售部門以便確定每一部門的淨利。直接費用就分配至受益部門，間接費用則以合理的方式分配。

淨利法的主要優點就是，以其所列各銷售部門的淨利來判斷各部門的有效性。此外，因其將間接費用攤入各部門，使得部門主管瞭解增加利益填補這些費用的重要性。

2. 貢獻法

貢獻法將費用分配限於直接費用，以克服淨利法的缺點。其最後結果是可控制利潤，也就是部門對涵蓋間接費用和淨利的貢獻數額。

3. 折衷法

　　折衷法合併上述兩法而兼有兩法優點，也就是從可控制利潤就可對部門作評價。淨利可供訂價之參考，部門主管也瞭解間接費用對其部門淨利之影響。

（二）費用預算

　　費用預算是費用控制的通見有效方法，乃對未來特定期間費用的詳細計畫與估計。其優點如下：

1. **預作未來費用之資金準備**：主管階層若知悉未來費用的需要，就可預作資金準備，以應支用。

2. **使預計費用與預期銷貨相平衡**：要獲取預期的淨利，就必須估計銷貨、成本以及費用。

3. **提供績效衡量的標準**：費用預算的期間結束，就可將實際費用和估計費用比較一下。然後分析任何顯著的差異，以確定其增減原因，如此即可經常發現作業缺點之所在。

4. **劃定權責**：將特定費用指撥特定的部門支用，再指派一人專責注意，以確認該部門的支用是否合於預算。這位負責人最好應有權批准或批駁費用之支用。

5.4.5　其他控制

（一）顧客回饋

　　健全的管理決策需要顧客的持續回饋。例如，可以從事顧客調查來決定下列各項：

1. 組織機構的形象是否與管理階層所希望的相一致。

2. 顧客對銷售人員的勝任與親和力之體認。

3. 顧客對於售後服務、產品組合及類似層面之滿意水準。

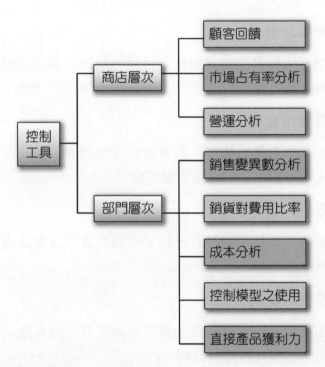

資料來源：Wilkinson，《零售學》，海角企業公司

▲ 圖 5-2　其他控制工具

（二）市場占有率分析

　　以銷售成長分析作為績效衡量尺度，讓管理階層瞭解其（相對於競爭者）績效。

（三）營運分析

　　各項問題之早期警示指標是十分重要的，監視特定的財務比率有助於指出任何形成中的問題。資產報酬率（稅後淨利除以總資產）及流動比率（流動資產與流動負債之比率）兩項經營比率，可以有效的區分失敗與成功的零售店。

（四）銷售變異分析

使管理階層比較實際銷貨與銷貨目標，以決定公司之銷貨是否落在預先所設立的限制之內。

（五）銷貨對費用比率

定期評估銷貨對費用比率，將有助於管理階層確認公司在達到銷貨目標的努力上，是過度支出還是支出不足。

（六）成本分析

成本分析的主要目標在於將行銷成本經過邊際貢獻法或全部成本法直接指派到個別部門。

（七）控制模型之使用

這種模型所使用的管制圖與品質管制圖類似，旨在決定目標績效是否落在管理階層所建立的管制限制之內。

（八）直接產品獲利力

就是零售價減成本價，加上進貨折扣及折讓，減去直接搬運成本。直接產品獲利力在個別商店中衡量個別零售商品項目的利潤，因此所衡量的利潤較所衡量的毛利為精確。

石二鍋

一、公司簡介

　　石二鍋為王品旗下品牌之一，於 2009 年成立，以平價石頭鍋及涮涮鍋打入市場，以王品獨有的親切、迅速服務，並兼顧優良的食材品質及口味，立馬在火鍋品牌界中打響名號，成為排隊名店。

價位高800元以上
例如：王品、夏慕尼

價位中450~800元
例如：原燒、藝奇、西堤、
陶板屋、聚、品田牧場

價位低150~450元
例如：石二鍋、HOT 7

二、產業現況分析

1. 火鍋業界生態已成熟，有許許多多的火鍋類型：

　　(1) 簡餐式火鍋—例如：集客人間茶館。

　　(2) 平民火鍋—例如：錢都涮涮鍋。

(3) 中價位吃到飽一例如：馬辣頂級麻辣鴛鴦火鍋。

(4) 頂級特色火鍋一例如：橘色涮涮屋。

2. 成本結構、相關技術、技能已經普及。

3. 中低階價格結構已難有差異化產生。

三、市場環境分析

（一）SWOT 分析

S -優勢

1. 平民的價格。
2. 優良的服務品質。
3. 簡單又簡潔的裝潢。
4. 開放式的廚房，讓顧客把關。
5. 利用王品的牌子打開知名度。

W -劣勢

1. 客人太多，停車空間不足。
2. 空間狹小。
3. 無法訂位，只能現場候位。
4. 沒有提供刷卡的服務。

O -機會

1. 消費者的外食需求增加。
2. 消費者注重服務品質。
3. 進軍中國市場。

T -威脅

1. 店外周遭不易停車。
2. 同業競爭激烈。
3. 食材受季節影響。
4. 物價持續上漲。

（二）STP 分析

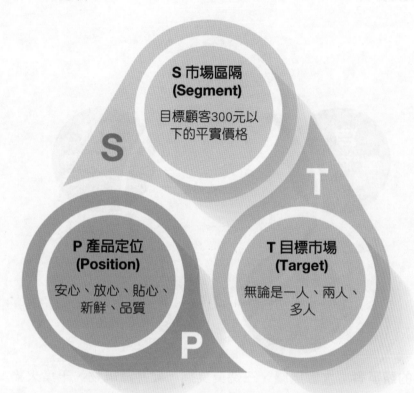

S 市場區隔
(Segment)

目標顧客300元以
下的平實價格

P 產品定位
(Position)

安心、放心、貼心、
新鮮、品質

T 目標市場
(Target)

無論是一人、兩人、
多人

（三）五力分析

1. **現存的競爭者**：大呼過癮、三媽臭臭鍋、輕井澤鍋物、千葉火鍋、北澤壽喜燒等。

2. **潛在的競爭者**：近年來的火鍋業朝多元發展，進入市場較容易，所以要有良好衛生的用餐環境，種類也要多樣化，服務態度要好，才能和競爭者競爭。

3. **供應商的議價能力**：石二鍋的食材是由王品集團採購，此以量制價可以壓低成本，相對可以降低供應商的議價。

4. **消費者的議價能力**：業者採標準定價，且食材是由公司細心挑選出來的，消費者吃得安心，不太會有議價能力。

5. **替代品的威脅**：燒烤店、小火鍋、小餐館等等。

四、領導者風格－創辦人戴勝益的海豚領導學

1. **深廣大池，吸引海豚入流來**：即時獎勵、立即分享。

2. **有重賞也必有重罰**：不准拿回扣、非親條款。

3. **不抱怨不挑剔，贏在服務力**：「服務好」、「客人就是恩人」、「客人的需求被滿足，就成為品牌的最佳代言人」。

4. **創意接力，延伸品牌生命力**：啟動經營革新的「醒獅團計畫」。

5. **微笑企業，幸福百分百**：「敢拚、能賺、愛玩」，「以人為本」的經營精神培養更多的人才，以適應未來的變動。

6. **精準定位，讓品牌說自己的故事**：最關鍵的是品牌間的定位、形象與市場差異化，成為爭相效仿與學習的標竿典範。

五、三大關鍵用心

（一）安心

對肉品品質堅持來自 CAS 或國際認證，給客人吃的新鮮；對烹調方式堅持古法烹調，吃的涮嘴。

（二）放心

餐廳也是特別規劃開放式廚房，讓顧客看見製作過程，這樣顧客不只吃的放心，也讓第一次來用餐的客人吃的安心。

（三）貼心

座位用心的設計了單獨來吃的吧檯式座位，不用擔心一個人吃飯坐了三、四個座位的餐桌，即使整個設計成本比同行多出好幾倍，但領導者為了顧客提供平價又最舒適特別的環境，仍然堅守「以客為尊」的貼心座位設計。

六、成功關鍵因素

1. 王品集團品牌加持並強調平民價格，讓石二鍋在火鍋業快速占有一席之地。

2. 開放式廚房可以清楚作業流程，乾淨明亮的環境，一目了然的廚房讓顧客吃得安心。

3. 外食人口漸漸增多，少人用餐越來越普遍，特別設置吧檯座位，使客人不用遭受異樣眼光。

七、未來展望

　　戴勝益指出，石二鍋雖然要賺錢很難，但相信展店至 50 家時，淨利能達 10~15%即可。目前真正的消費者中占 90%皆是中產階級，因此王品將著重在庶民經濟的發展，預估之後會再發展出新品牌，將以 300 元左右的中低價位為主，但後續餐廳的定位仍在討論中。

　　此外，針對近來的食安問題，戴勝益認為，臺灣廠商最大的問題「只是標示不符」，並不代表不能吃，很多元素國外也都有在使用，相信臺灣的廠商大多數都還是有良知的。

　　目前王品集團與東南亞、東北亞、歐美等都有幾個國家在談，但礙於沒有簽約不能公開，他相信國際化元年就是最好的開始，以前臺灣是王品集團的事業版圖重心，現在則改變成事業版圖的平台跳板。

練|習|試|題

18100 門市服務 乙級 工作項目：門市營運計畫與管理

單選題

1. （　）門市營業報表中分析統計交易客數最好以何種時間為單位？①日②週③月④年。

2. （　）下列何者為營業毛利的計算公式？①營業額－銷貨成本②商品售價－商品成本③營業額－人事成本④商品售價－管理費用。

3. （　）下列何者不是營業額的構成要素？①門市來客數②入店率③活動參與率④購買率。

4. （　）下列何者為商品迴轉率的計算公式？①年度銷售金額乘以平均庫存金額②年度銷售金額除以平均庫存金額③平均銷售金額乘以平均庫存金額④平均銷售金額除以平均庫存金額。

5. （　）下列何者不包含在門市經營基本計畫中？①商品銷售計畫②顧客服務計畫③公關計畫④人員配置計畫。

6. （　）門市營運標準化內容包含①門市運作流程與人員配置計畫、商品管理系統、待客服務、門市設備及情報管理②作業流程管理、商品管理系統、待客服務、人力資源、營業報表及情報管理③營業報表、管理系統、待客服務、人力資源及情報管理④門市管理、服務管理、人力資源、營業報表及情報管理。

7. （　）下列何者非門市營運績效提升的主要項目？①達成銷售預算與業績的管理②節省營業經費預算與有效的開銷③人力資源的開發④達成店別貢獻利益目標。

8. （　）下列何者非門市營業報表顯示的內容？①天氣記錄②營業額③交易客數④坪效分析。

9. （　）下列何者不是評定門市人員執行成果的標準？①出缺勤②成本③費用④收益。

10. (　) 門市營運輔導之對象主要依據為何？①所有②績效異常或持續衰退③隨機選擇或抽樣④績效良好或衰退。

11. (　) 下列何者不是管理報表分析之目的？①瞭解員工之適任程度②評估門市過去之經營績效③衡量門市目前之財務狀況④預測門市未來之發展趨勢。

12. (　) 店長溝通時，下列何者為門市人員應有的態度？①指導的態度②教育的態度③傾聽的態度④訓斥的態度。

13. (　) 店長在每日工作管理中最主要的四項任務，下列何者為非？①營業額提升②與他店連繫③控制費用④銷售管理。

14. (　) 門市營運管理中變更陳列、調轉貨、加強促銷等，是處理下列何項問題的方式？①呆帳②呆人③存貨④滯銷品。

15. (　) 門市營業額提升須致力於①人力資源與組織管理②資產管理③客數與客單價④控制與授權。

16. (　) 門市營業報表中營業額提升是指①購買數量與購買價格的提升②購買數量的提升③購買數量與平均購買單價的提升④購買價格的提升。

17. (　) 連鎖店為提升營運效率、確保營運品質，會以區域為單位若干店設一負責管理者稱之①督導或區經理②門市幹部人員③門市店長④營業處經理。

18. (　) 下列何者不是門市標準化作業手冊的內容？①服務流程②實作步驟③設備操作流程④薪獎辦法。

19. (　) 下列何者為取得門市營運績效最直接的方式？①顧客回應②重購統計③數據資料④問卷調查。

20. (　) 下列何項商品應予下架？①毛利高、銷售快②毛利高、銷售慢③毛利低、銷售快④毛利低、銷售慢。

21. (　) 下列何者不是提高毛利率的對策？①提高高毛利率部門之構成比②降低高銷售率低毛利商品之販賣③降低低毛利率部門之構成比④提高高銷售率部門之毛利率。

22. (　) 企業在評估績效時如僅考量量化指標，易使管理者產生下列何種行為？①短視近利②精確管理③流於形式④見人所未見。

23. (　) 全家便利商店推出第二件 6 折與 7-11 推出滿 77 元送 Hello Kitty 磁鐵，其活動主要目的為何？①提升來客數②提升客單價③提升知名度④提升指名度。

24. (　) 門市營運督導人員屬於下列何種單位？①客服中心②門市③營業部④總經理室。

25. (　) 店務督導指標的建立必須對應企業的四種顧客，即股東、員工、顧客與①經理人②社會大眾③媒體④廠商。

26. (　) 所謂 SQC 管理中的 C 是指①便利②清潔③顧客④消費者。

27. (　) 滿額送折價券活動之「折價券」是為了提升①來客數②交易量③客單價④重購率。

28. (　) 陳列商品時應本著先進先出、後進後出，主動將原貨架商品調至前端，而從後端補貨，是掌握下列何種原則？①品質②服務③顧客④清潔。

29. (　) 顧客入店消費，店員主動招呼歡迎光臨，是掌握下列何種原則？①品質②服務③顧客④清潔。

30. (　) 注重店內格調，定期維護與清理，是掌握下列何種原則？①品質②服務③顧客④清潔。

31. (　) 下列何項不屬於服務的特性？①易變性②易逝性③可儲存④無形性。

32. (　) 下列何者非店經理規劃每季的工作內容？①商品管理②賣場管理③銷售管理④物流。

33. (　) 下列何者非每日開始營業前，店經理應如何規劃？①人員管理②櫃檯管理③賣場管理④廣告管理。

34. (　) 下列何者非門市店長做好規劃目標市場的需求？①安全管理②商品管理③賣場管理④資訊管理。

複選題

35. （　）下列哪些是門市營運中依顧客的需求而採取適當的銷售作法？①當消費者進門時，判斷屬何種類別的消費族群，再依其消費習性給予強迫性的面銷即可促進銷售②尖峰是來客數量最高時段，須多針對銷售不佳商品作促銷以減少滯銷品③捕捉消費者目光提供其所需的促銷訊息，以加深其購買的行動力④將對的商品賣給對的人，才能增加銷售成功機會。

36. （　）林店長經營五年的店面營業額日漸滑落，他要提升門市的營運力，下列哪些是能解決問題的可行性計畫？①結合商圈消費特性及需求依商圈差異性，將過去店面重新或擴大面積改裝②瞭解消費習性進行商品、貨架、陳列及人員銷售訓練調整③進行數值分析並評估營業缺口，同時制定人員努力成長目標④為挽回消費者作長期間商品的低價促銷販售。

37. （　）為降低門市損益平衡點、並應變低價化競爭，下列必要實施的計畫有哪些？①管理的強化，如：人事、會計、運營效率、會員制度等②點的強化，如：進貨條件改善、品項精選、物流改善、支援系統等③面的活化，如：舒適購物環境的推進、具體的活性化的、具體的活性化的推進、支援系統等④清潔制度具體措施，如：安全衛生、清潔具體措施、教育規程等。

38. （　）若公司指派您前去門市指導小竹店長提升企業形象，下列有哪些是必要實施的措施？①企業意識的強化，如：企業理念、組織、行為準則等②投資門市環境改裝，如：設備的標準化投資、維修系統化等③商圈社會活動的推進，如：社區活動的計畫制定、商圈活動的計畫制定等④企業活動的定著，如：企業活動的規劃、推進、定著等。

39. （　）若總部指派您前去指導營業額日漸衰退的門市，對加盟店店長提出提升該店的營運效益其必要實施的計畫有哪些？①商圈環境評估，如門市情報、環境變遷、問題點、目標、遠景、改善點、未來趨勢等②營運改善規劃，如：門市現況與消費者之應對、營運改善預算編列、用

途、預估收入、預期營運效益、預估成效、客數客單價的變化、營業成長率、費用攤銷等③計畫流程與方法執行，如：人員編制、教育、活動促銷、前置安排、商品、宣導等④營運效益檢討，如：預算實績的差異、計畫與執行進度、執行狀況處理、成效等。

40. (　) 若至門市店務稽核時，發現未落實執行門市管理與行銷，下列哪些是店長提出必要實施的指導？①服務環境方面指導，如：重塑門市環境、瞭解競爭店特色評估、改裝項目圖示或說明…等來輔導門市門面改變②管理方面指導，如：人才政策、教育訓練、理念培養、店務管理、QSC 強化…等來提高經營績效③營運指導，如經驗分享、以往輔導店執行成果、相關案例分享、成功失敗關鍵因素說明…等提升門市管理理念與意識④行銷方面指導，如：瞭解行銷與商圈經營、消費需求、消費情報分析、提供有效的行銷方式…等來提高顧客滿意度。

41. (　) 若輔導一家新開的門市，如何向店長說明必要實施的人力配置計畫以提升門市的服務水準？①培育優良服務人員可進而提升門市服務②提升員工滿意度可提升顧客滿意度③人員計畫招募、甄選、人力配置等溝通、傳達及管理④既有人力改善政策、店務管理、績效考核及效益提高。

42. (　) 若至門市店務稽核時，發現店長保守訂購導致賣場呈現缺貨狀況，如何輔導溝通以達成營運為目標？①與店長博感情，動之以情直接要求執行②與店長給補助金額，誘之以利直接要求執行③與店長以消費需求說明，喻之以理掌握顧客的心④與店長進行進銷存退廢分析、作業指導，對導致營運利益衰退的相關因素進行溝通，並設定目標提供實驗支援再檢證。

43. (　) 在開店計畫決策之流程項目中，下列哪些決策將直接影響未來門市營運效率目標的建立？①立地商圈調查準備②門市工程設備施工③門市損益平衡、回收分析④門市開店模擬規模設定、銷售預測。

44. (　) 在營運部門執行分店開店流程及計畫中所採取措施有哪些？①標準作業手冊的實施②勤務、人員計畫的安排③開店前置作業及支援需求的提出④商品價格類別及設定。

45. (　) 專櫃配置與經營，對超市/量販對整體營收占高貢獻，其在超市/量販經營中的定位為何？①超市/量販是生活產業為吸引不同的客群，專櫃配置可提供不同多樣化豐富的商品選項②專櫃配置通常不易規劃以避免影響超市/量販商品之銷售③可延長顧客的動線，增加停留時間進而刺激消費④活用賣場空間，提升坪效效率。

46. (　) 超市／量販設定專櫃經營有哪些作法？①超市／量販業者考量整體設計再設定專櫃位置與面積後，由專櫃廠商再配合施工裝潢②超市／量販業者對專櫃廠商常採營業抽成設定支付租金③超市／量販業者不得管制專櫃經營項目或商品管理④專櫃業者績效在一定期間未達標準，得要求位置與面積變更或撤櫃。

47. (　) 美食街經營常發生哪些須超市／量販業者督導的情況？①商品準備過量，廢棄過多②服務人員管理不善③商品價格不合理④交易金額未入收銀機。

48. (　) 針對專櫃經營常發生缺失，超市／量販業者須列管或造冊改善的項目有哪些？①專櫃人員、教育訓練講習、管理異常人員②商品品項、價格、抽查品保③收銀機零用金管理、發票的管理④定期與專櫃檢討營業、商品、人員、經營狀況。

49. (　) 在某商圈日漸繁榮，附近百貨公司、辦公區、休閒產業林立，住戶消費力高，可考慮設置的業種有哪些？①咖啡店②超市③便利商店④花店。

50. (　) 在某商圈日漸繁榮，附近百貨公司、辦公區、休閒產業林立，住戶消費力高，可考慮設置的業態有哪些？①咖啡店②超市③便利商店④花店。

51. (　) 設定門市目標計畫方案，包含數值有哪些？①營運績效時序、期間基礎資料②過去一年、現在、未來推估計算等資料分析③營業額日月季年目標、預算的擬定④行銷、利潤相關目標、預算的擬定。

52. (　) 零售業經營數據分析通常有哪些？①商圈分析②營運績效分析③商品類別／效率分析④成本／費用／利益分析。

53. (　) 零售業商品管理數據分析通常有哪些？①商品成本分析②促銷效益分析③物流成本／費用④存貨分析。

54. (　) 門市目標設定的依據通常有哪些？①依據過去一～三年及未來環境變化目標設定②營業目標計算通常以去年的營業實績加上目標成長率③為達營業目標需再細分商品類別成長目標④為達毛利目標需限制投資、管理固定費用、存貨降至最低。

55. (　) 如下圖，門市販售豬肉類的總銷售額 10,000 元，就下列豬肉與豬絞肉分析之敘述有哪些是正確？①豬絞肉毛利額為 1,600 元②豬肉毛利額為 4,000 元③豬肉的毛利額比豬絞肉少④豬肉銷售比豬絞肉差。

分類	毛利率	鎖售構成比
豬絞肉	40％	40$
豬肉	20％	60％

56. (　) 若至門市店務稽核時，發現店長以降價競爭，如何溝通輔導正確行動計畫？①因同業削價競爭，為避免顧客流失，所以降價寧可虧損賣出也要舉辦促銷②降價會造成整體營業額的提升，若售價降低，相對營業額也應成長③生鮮食品促銷價因時段、手續、成本及鮮度作不同差別定價④商品以定價打折，促銷期間若以 POP 標示促銷價 50 元，店內標價 100 元，顧客將有價差大的便宜印象。

57. (　) 若至門市作店務考核，為有效達成公司既定目標，除設定目標外，須力行追蹤及考核的內部控制有哪些？①確保會計及經營資料的正確及可靠性②維護公司的資產安全狀況③貫徹公司的目標及政策的執行④提高經營效率及績效。

58. (　) 門市為有效維護公司的資產安全、貫徹公司的目標及政策的執行，在內部控制有哪些追蹤的方法？①建立目標進度表或管理卡，清楚標示目標數值、進度數值、預期成果、差異分析、改善項目②採稽核方式確認進度的執行③檢核的作業適合提出報告，無法以手冊、表報及規則來實施④透過成果績效估計、差異分析找出問題點改善。

59. （　）門市為有效貫徹公司的目標及政策的執行，在內部控制下對店長管理的門市有哪些考核的方法？①對其管理門市建立績效評估標準及經營指標②將各項績效及經營指標分析發生差異原因，再採取改善的必要行動③以門市今年對比不同年度或同業財務報表、資源配置及趨勢變化，作為改進基準或依據④考核必須結合獎勵制度才有激勵效果。

60. （　）門市經營指標有哪些？①銷售達成率②毛利達成率③資產報酬率④流動比率。

61. （　）門市經營期間年度資金運用效率增進計畫有哪些？①降低庫存提高迴轉率②付款天期協調縮短③預收禮券、提貨券的發行④運用抵押借款。

62. （　）如下圖，下列 4 家門市中的毛利率、費用率來試算合理的淨利率，下列哪些敘述是正確的？①A 店毛利率最佳，所以是四家店中獲利能力最佳的②B 店淨利率最佳，所以是四家店中獲利能力最佳的③C 店費用率最低，所以是四家店中獲利能力最佳的④D 店淨利率最差，所以是四家店中獲利能力最差的。

項目	A	B	C	D
毛利率	40%	30%	22%	12%
費用率	35%	20%	15%	18%

63. （　）營業效益常用的績效評估指標有哪些？①來客數②客單價③流動比率④固定比率。

64. （　）若至經營收益不佳的門市指導店長改善收益，有哪些對策？①提升營業額②降低進貨成本③減少損耗④降低銷售費用及一般管理費用。

65. （　）若以立地、商品、販售的關係來看銷售，有哪些可改善的對策？①強化立地力，含良好住戶、交通、競爭條件…等②提升商品力，含商品結構、品項齊全、價格競爭性…等③強化販售力，含賣場的陳列、促銷活動、訊息的告知…等④銷售＝商品力×販售力。

66. （　）若至門市發現店況 QSC（品質、服務、清潔）不佳，擬輔導店長以競賽獎勵辦法來推動管理作業，如何進行正確的輔導行動計畫？①以消費者的觀點來檢視環境不佳的原因作改善，以競賽獎勵辦法來維持高昂士氣②競賽獎勵辦法要有明確的目標及政策③採用業績競賽獎勵必須慎重評估，避免不公正的情況④競賽獎勵辦法要衡量包含人員執行情況、可支付的能力、需要加強的項目等。

67. （　）門市業績有哪些評估的標準？①以銷售額作為評估的標準②以毛利作為評估的標準③以淨利作為評估的標準④以過去業績成長率作為評估的標準。

68. （　）總公司在擬訂分店營業目標與行動計畫中的營業方案時，須確認下列哪些內容？①加盟策略之擬訂，如自有加盟、委託經營②選擇適用資料分析，如市場占有率、顧客購買行為③營業目標之擬訂，如總銷售額、利潤④行銷策略之擬訂，如總銷售額、利潤。

69. （　）若至門市時發現店長日營業額目標無法有效的達成，如何溝通輔導正確行動計畫？①營業額目標由年標準再細分為月日目標，再根據每日預算訂定計畫執行②每日營業的目標達成，需做好每日作業計畫考核③每日營業的目標達成，商品數量宜少訂以免商品損耗增加費用④每日營業的目標達成，須作好商品促銷活動、POP 的告知及準備好足量的促銷品。

70. （　）店經理如何做好商店照明的管理？①整體搭配②商品管理③明亮適當④節約用電。

答案

1.(1)	2.(1)	3.(3)	4.(2)	5.(3)	6.(1)	7.(3)	8.(4)	9.(1)	10.(2)
11.(1)	12.(3)	13.(2)	14.(4)	15.(3)	16.(3)	17.(1)	18.(4)	19.(3)	20.(4)
21.(2)	22.(1)	23.(2)	24.(3)	25.(1)	26.(2)	27.(4)	28.(1)	29.(2)	30.(4)
31.(3)	32.(4)	33.(4)	34.(1)						
35.(34)		36.(123)		37.(123)		38.(134)		39.(123)	
40.(234)		41.(123)		42.(34)		43.(34)		44.(123)	
45.(134)		46.(124)		47.(234)		48.(124)		49.(14)	
50.(23)		51.(1234)		52.(1234)		53.(1234)		54.(123)	
55.(13)		56.(23)		57.(1234)		58.(124)		59.(123)	
60.(12)		61.(13)		62.(24)		63.(12)		64.(1234)	
65.(123)		66.(124)		67.(1234)		68.(234)		69.(124)	
70.(134)									

門市商圈經營

06
CHAPTER

6.1　商圈經營管理

6.2　商圈市場調查

6.3　商圈立地規劃

案例分享　Tasty 西堤牛排的營運與管理

練習試題

6.1　商圈經營管理

6.1.1　行銷情境分析

行銷情境分析是建立行銷策略之首要步驟，其目的是讓行銷人員去瞭解行銷面臨的個體環境為何？這些個體環境和行銷策略是最為息息相關的，包括：定義與分析產品市場、市場區隔決策與競爭者分析。

（一）定義與分析產品市場

所謂「市場」，指的是一群具有相同或類似需求之顧客的集合。企業必須先找到希望滿足的那一群顧客，他們具有何種特徵，他們為什麼有這種需要，要找到市場的機會可能在何處。此外，在這市場內的顧客必須有能力及意願購買產品以滿足其需求。

定義產品市場是要決定：

1. 企業提供的產品為何？

2. 產品提供給顧客的利益為何？

3. 顧客真正的需求為何？

4. 購買該產品之顧客其特徵為何？

5. 能滿足這些需求的其他產品還有哪些？替代性程度之高低？

分析產品市場現況並預測其未來之變化是事業部門行銷規劃之重要工作，分析產品市場之後才能決定：進入何種新的產品市場？如何保持現有產品市場之競爭力？是否退出獲利較差之產品市場等決策。

（二）市場區隔分析

　　市場區隔化主要在找尋具有相同需求的購買者，區隔分析有助於企業將其「提供能力」和「購買者的需求」加以配合。一個特殊市場區隔的特質往往異於整個產品市場的平均特質。

（三）競爭分析

　　評估競爭者的策略、優勢、限制及計畫是情境分析中重要的一環。確認現有及潛在的競爭者是一項重要工作，產業中競爭者往往是以策略群組的方式出現。

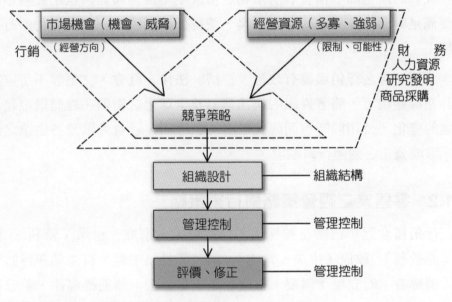

資料來源：許英傑，《流通經營管理》，新陸書局

▲ 圖 6-1　經營策略與行銷策略

（四）行銷規劃及管理之程序

　　事業策略行銷規劃程序之具體行動方案，必須過詳細之行銷規劃及管理之程序方能獲致效果，行銷規劃及管理之程序不能僅止於行銷策略

規劃而已,必須再進一步進行行銷方案之規劃。行銷方案落實行銷策略之指導方向,將其發展成具體明確可行的執行戰術,行銷研究除了協助行銷策略規劃的層次,對行銷戰術、行銷方案之規劃也必須適時而有足夠的支援。行銷研究探討對行銷方案之內容時,必須瞭解行銷方案規劃之程序及各程序中之具體而微的行銷方案或行銷組合。

(五)分析及瞭解行銷環境

高度動盪的行銷環境:一個具有競爭優勢,經營卓越之公司對於內、外在之環境必能為敏銳的查覺並有效的制定因應對策。由於經濟發展,人們的所得高,消費者對事物之需求變得較為複雜,也由於基本的需要滿足轉而求差異化的分眾市場,使得公司面臨了一個多元化的行銷環境。

公司面臨之行銷環境有政治、經濟、法律、社會、文化等不可控制的外在總體環境,隨著資訊的快速傳遞及全球化之衝擊,總體環境起了急遽的變化。公司同時也面臨競爭者、供應商、社會大眾及各企業之影響,形成公司之個體行銷環境。

6.1.2 零售業之經營策略與行銷策略

行銷概念近年已廣泛被採用,無論個人、家庭、企業(營利)、組織(非營利)、政府(中央、地方)、國家等行為主體,首先站在行為客體「消費者」的立場(需要、欲望、需求是什麼)為前提條件,並分析行為主體「企業」擁有的經營資源(多寡、強弱),然後找出市場機會(商機、利機在哪裡),再決定經營策略(競爭策略、競爭優勢),視為在市場生存發展之手段,最後循組織管理過程(規劃、組織、領導、控制)確實施行既定策略,此一架構也適用在零售業的經營管理活動。

市場目標(商圈目標)設定在多方考慮(should=應該走的方向)和(could=經營資源能力)後,第二步驟是配合目標市場提供「適當的

商品（服務）組合」。同時在徹底摸清楚目標市場的需要與欲望後，企業接著必須開發、提供能滿足消費者需要和欲望的商品、服務。這開發提供適當的商品（服務）組合階段作業，要同時考慮到幾項限制因素的相互間作用。其中之一，行銷目標的限制與保持一貫性，兩者不得有互相矛盾的問題發生，否則將造成組織內部混亂現象，其他，「市場定位」（亦即業態定位）明確化，堅持營造與競爭企業間差異化之競爭優勢或企業形象。

6.1.3 決定行銷組合策略

零售企業不論其規模大小，都適用上述行銷策略管理過程。而且，和所銷售商品或服務種類也絕無太大差異。因此，不管任何零售業態、在任何商圈、企業、商店規模大小，或經營資源多寡，都能適用於這管理架構。依此思考原則。各企業可根據各自需要和條件限制，各別擬定、展開適合的競爭策略。

6.1.4 零售的市場區隔及其利益

區隔是為不同的顧客群或部分市場，發展不同行銷方案的策略，彰顯出市場中的異質性。每個顧客區隔都有其獨特的需求數，亦即是每個顧客區隔對價格、產品的特性、產品所反映的形象等，都有不同的需求。必須吸引團體的偏好來建立銷售量。

實施市場區隔，對企業之利益如下：

1. 尋找目標市場時，對市場的各項訊息相當敏銳，可以知道市場之改變，以發掘更多的市場機會。

2. 企業可以依據目標市場消費者的特性，設計出更符合其需要的產品。

3. 企業能正確調整及設計其行銷策略，其中包括了價格、促銷的方式與通路的決策，且其效果更禁得起時間的考驗。

6.1.5 消費者市場區隔化的基礎

市場的區隔劃分，無一定的方法。行銷人員可以選出若干不同的區隔變數，或以某一單獨變數，或以若干變數來作最佳的區隔化劃分依據，以此尋最大利益的利基點。一般而言，企業體使用的區隔變數，大都可歸納為地理、人口統計、心理統計及行為變數等，作為消費者區隔化之基礎。

（一）地理變數

地理變數是將市場劃分為不同的地理區域，通常依國家、州別、地區、鄉鎮及人口密度來區分。

（二）人口變數

人口變數以各項人口數為基礎。通常以年歲性別、家庭生命週期、收入、教育、職業及種族等因素來區隔。

1. 年齡和生命週期

消費者的需要和欲望因年齡而有所不同。很多企業會針對不同的年齡與生命週期來區隔市場，分別生產不同的產品和規劃不同的行銷方案。

2. 性別

市面上多種產品，多以性別來作區隔劃分的基礎。

3. 所得

產品和服務採用所得來進行目標市場的區隔。

但是所得區隔化有時亦不一定可靠，不一定能如預期招來目標市場的消費者。在臺灣很多高收入的經理人還是購買豐田或日產汽車，即是一例。

（三）心理變數

　　心理基準為人口變數提供了有用的資料。社會階層亦會影響到消費者對某一特定產品和服務的喜惡。企業設計很多產品和服務，針對不同社會階層的消費者作訴求。企業亦會用人格變數作為市場區隔的基礎。

（四）行為變數

　　一個區隔的一般方法是以數量來分。行銷經理無疑地可以區分其產品或服務的使用者與非使用者。

1. 使用場所

　　購買者在何種場所形成需要，而購買或使用某一種產品，來作為市場區隔的需要。

2. 利益

　　每一個消費者對於產品和服務有不同的利益要求，我們把這些利益區隔出來後，便可以用傳統描述性因素來區別產品和服務的利益。

3. 使用率

　　市場亦可依產品的使用頻率，分成輕度使用者、中度使用者和大量使用者。

4. 忠誠度

　　市場區隔還可用忠誠度來作為區隔的依據，所謂忠誠度，即是對品牌、商譽、公司的忠誠度，依忠誠度的高低，可將購買人劃分為不同的群體。行銷必須要積極爭取對品牌有忠誠度的購買人。

5. 購買準備階段

　　一個企業的行銷方案必須因購買人的購買準備而作必要的調整和因應。

6. 對產品的態度

同一個市場中的消費者對於一項產品，可能有不同的態度。有的積極、有的消極、有的冷漠、有的充滿敵意。所以，行銷人員面對如此的行銷情勢時，消費者態度也常是一項相當有效的區隔變數。

6.1.6 市場區隔的需求條件

上述的市場區隔劃分雖然有很多種方式，但是這些區隔的方式不一定有效。所以，市場區隔是否有效，一定要符合下列的條件：

（一）可測度性

是劃分後形成的區隔，其規模大小及購買力所能測度的程度。此區隔有時難測度，如青年人反抗父母吸菸者，區隔後必很難測度。

（二）可接觸性

是指劃分後形成的區隔，行銷人員所能接觸和服務的程度。

（三）實體性

是指劃分後形成的區隔，其購買人的人數或整個區隔的利潤是否夠大。

（四）可行動性

是指劃分後形成的區隔，行銷人員是否能為之開發一項有效的行銷方案。如果一個企業，將市場劃分成七個區隔，然此企業規模太小，行銷人員有限，無法研擬七種不同的行銷方案，便成空言。

1. **評估市場區隔**：在適當區隔之後，必須要評估區隔策略是否有效。

2. **評估標準**：一定要有需求相同的顧客時，區隔才會有效。

3. **市場區隔的特性**：所謂市場區隔指的是「將市場劃分成有意義、相似，以及可辨認之群體的過程」。在從事市場區隔時，必須注意下列四種特性：

(1) 足量性：區隔市場的容量夠大，或其獲利大到值得公司去開發。

(2) 可衡量性：區隔市場的大小、購買力等可衡程度。

(3) 可接近性：有效接近以及服務區隔市場。

(4) 可行動性：可以有效發展行銷方案，以吸引、服務該區隔市場。

6.1.7　行銷策略之選定

一般而言，銷售者、產品、市場及競爭者之特性，將會縮小實際的選擇餘地，在選定一最合的行銷策略時，至少有六點是必須考慮的：

（一）企業資源

倘企業內資源較少，此時若強採無差異或差異行銷策略，意圖涵蓋所有市場區隔，則很可能會處處都沾上邊卻處處皆不討好。因為本來資源已不多，再經分散則力量更小，此時採集中行銷策略則較為適合。

（二）市場同質性

所謂市場同質性是指各市場區隔中顧客的需求、偏好及各種特徵相似的程度。市場同質性高表示各市場區隔相似，此時若企業要實施差異行銷策略，則多少得採取幾分強制措施，另一方面來看，在同質性較低即異質的市場中，差異或集中行銷策略是較適宜的。

（三）產品同質性

產品同質性則是指消費者所感覺產品特徵相似的程度。對於高同質性的產品，一般皆採無差異行銷策略較多。同質性較低的產品，自然以差異行銷或是集中行銷策略較為適宜。

（四）產品處於生命週期中之階段

所謂「產品生命週期」，是指產品銷售過程的四個階段：1.萌芽期；2.成長期；3.成熟期；4.衰退期。對於某一產品，企業應隨該產品所處之階段變更其策略，尤其是在萌芽期及飽和期兩個極端時。

（五）競爭者之行銷策略

不是差異行銷一定比無差異行銷好，而是必須綜合內外各項因素考慮，不能只依競爭者行動便驟下判斷。

（六）競爭者之數目

當同一類產品的競爭對手很多時，消費者對產品的品牌印象便很重要，為使不同的消費者群，均能對門市銷售產品建立堅強的品牌印象，以加強該產品的競爭能力，此時自以差異行銷或集中行銷策略較為合適。

6.2 商圈市場調查

6.2.1 目標市場

一個企業把市場劃分不同區隔後，比較容易施行不同區隔的行銷方案。所以，企業都會決定其公司應選擇以何項的區隔作為其服務的目標。

6.2.2 目標市場策略類型

（一）無差異化行銷

企業可以不顧各市場區隔的差異，而把整個市場視為其目標市場，提出一項市場之服務。如早期的可口可樂，只生產一種可樂，用一種包裝，來行銷整個市場。

無差異化行銷的優點，是成本的經濟性。此項策略只適用於產品線小，生產成本、存貨成本及運輸成本都是偏低的情況下，連廣告，亦能保持在低成本。所以企業不會作任何區隔化的規劃和行銷研究，整體的行銷成本都是偏低的。

（二）差異化行銷

企業把整個市場劃分成幾個市場區隔。分別在不同的區隔來研擬不同的行銷組合。企業必須藉其產品的多樣性和不同的行銷策略，來面對市場中的不同區隔，來建立其產品中較強的區位，並加強消費者對其產品的認同。

（三）集中化行銷

在企業的資源有限時，此一策略可能比較適用。所謂集中化行銷，即是指在一個大市場中來追逐一小部分的占有率，不如在某一較小市場上奪取一份較大的占有率。如此一個企業必能專心於該區隔的需要，並能專心來生產、配銷、促銷，使行銷活動能得到最高的經濟利益，而有較高的投資報酬。

企業在評估不同的區隔市場後，依據公司資源可能會找出一個或數個準備進入的區隔市場。企業決定進入的市場稱之為目標市場，之中包含一個或數個市場區隔，所以企業必須決定用下列三種行銷策略中的其中一種行銷策略來經營目標市場。

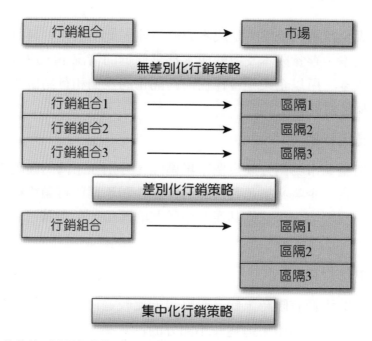

資料來源：許英傑，《流通經營管理》，新陸書局

▲ 圖 6-2　市場範圍的三種組合策略

6.2.3　目標市場的策略的優缺點

（一）無差異行銷

公司運用一套行銷組合去應付整個市場。

- 優點：1.成本的經濟性；2.可降低行銷研究與產品管理的成本。
- 缺點：易受競爭者的攻擊。

資料來源：欒斌、羅凱揚，《電子商務》，滄海書局

▲ 圖 6-3　無差異行銷

（二）差異化行銷

公司決定同時在兩個或更多個市場區隔裡經營，分別設計不同的行銷組合，去應付每一目標市場。

- ·優點：可獲得有利的地位及商譽。
- ·缺點：其他廠商眼紅，也進入同一市場競爭。

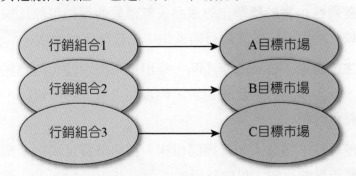

資料來源：欒斌、羅凱揚，《電子商務》，滄海書局

▲ 圖 6-4　差異化行銷

（三）集中行銷

公司運用單一行銷組合去應付單一目標市場。

- ·優點：可獲得有利的地位及商譽。
- ·缺點：其他廠商眼紅，也進入同一市場競爭。

資料來源：欒斌、羅凱揚，《電子商務》，滄海書局

▲ 圖 6-5　集中行銷

6.2.4 目標市場的考慮因素

企業要選定其策略時,有下列五個考慮:

1. **公司的資源**:如果一個公司資源不多時,集中化的行銷策略,可能比較適合。

2. **產品的差異性**:對於標準化的產品,無差異的行銷可能比較適合。對於變化較大的產品,差異化行銷或集中化行銷比較適合。

3. **產品的生命週期**:公司的新產品,推出單一型別時,則應採取無差異化行銷,或集中化行銷比較適合。如產品處於成熟階段時,則須考慮採取差異化行銷。

4. **市場的差異性**:購買人如有相同口味、相同購買量或對企業有相同反應時,無差異的行銷,可能較優。

5. **競爭者的行銷策略**:競爭者如把市場劃分成不同市場區隔,我們必須採取差異行銷策略來面對。但如競爭者採取無差異行銷策略時,我們用差異行銷或集中行銷的策略,可能較能取得較佳的優勢。

6.3 商圈立地規劃

門市開發是否成功,商圈調查與立地評估的前置作業,占有舉足輕重的重要性。

經由商圈調查,可以取得商店座落地點可能交易範圍的住戶數、流動人口量、消費水準、營業額;而立地評估,可就店鋪立地的便利性、人的動線與流量、車的動線與流量、接近性、視覺效果等,研判是否適合企業行業別的門市開立,以避免盲從而貿然展店,最後落得損失不貲。

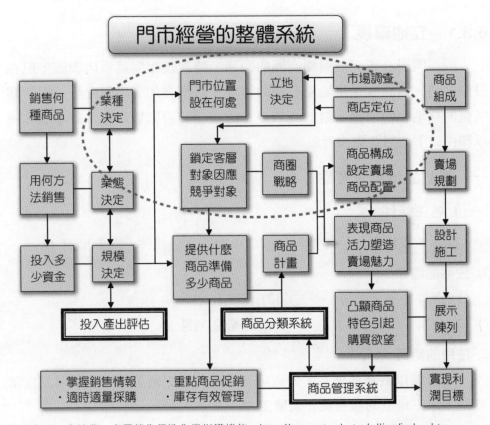

資料來源：廖錦農，商圈銷售促進作業指導機能，http://cc.cust.edu.tw/~lliao/index.htm

▲ 圖 6-6

　　一家門市的成功條件，其所需要的因素很多，但商圈好壞的影響力，可說獨占鰲頭，地點好壞直接影響商店營運的成功率高達 60%，所以選擇一個好的商圈，對門市往後的經營發展，有很大的影響。

　　如果是創業開店最好先確立品牌想訴求的基本客群，再決定店面位置，進而選擇適當的業種及商品，嚴守「人潮就是錢潮」的門市經營鐵則下，經營風險將相對地降低。

6.3.1 立地環境

門市開辦必須評估有關商圈的類別、特性及相關競爭店調查,但在設點之前,對於該預定地點有關的資料,必須詳加蒐集與分析,因一套完整的立地相關情報,對於商店經營的成功與否影響深遠。基本上,可以經由以下七個要點來考量。

一、商圈立地調查要點

(一)居住條件

開店地點周圍住戶的情形,亦即所謂的居住條件,其範圍有:

1. 住宅的種類

(1) 單身住宅(套房)。　　(2) 國民住宅。

(3) 公寓。　　　　　　　　(4) 高級住宅區。

2. 住戶的素質

可以以職業別來看,大致可分為司機、工廠工作者、藍領及白領階級、三班制的服務業、家庭主婦…。

(二)相關設施

商圈內有助於設立的設施,有下列幾點:

1. 中小型企業。　　　　　　2. 中大型醫院。

3. 大學、專科及高中職校。　4. 24 小時的大、中型工廠。

5. 消防隊、警察局、市公所。6. 公園及廣場。

7. 車站附近。　　　　　　　8. 大型集中住宅區。

(三)未來發展考量

商圈未來發展的具體考慮如下:

1. 地區內人口及戶數的增加。　2. 新設車站的計畫。

3. 學校的建設計畫。　　　　　　4. 馬路新設、增設及拓寬計畫。

5. 國宅及住宅的興建計畫。

（四）商圈內的競爭性

商圈內的競爭性，指的是區域內有大型店、同質店或商業聚集較多時，要先確定是否還有設店的空間。

二、立地戰略

商圈立地調查於地點的選擇，在立地戰略中是非常重要的。因此，立地調查，必須深入瞭解該區市場現況與未來潛力。

過去失敗門市檢討主要因素有三：

1. 地點選擇失敗。

2. 不精準的評估人員以致調查的資料與判斷不符。

3. 許多連鎖總部為了達到快速展店目標而開店。

由上述因素可發現，商圈立地調查及評估準確的重要性。如確實考慮設店出入的人口流量多寡、附近有幾家同質店或不同質店、其營業情形如何、商品的內容如何、價位的高低等，是門市開設前評估的重點。

三、地點

商圈市場之潛力分析，一般所謂良好的地點，是指消費者易於經過、聚集，且具有特殊設施之場所，例如商業辦公大樓、文化圖書館、機關團體、經濟樞紐、交通要道、人口聚集地、大型社區等，都是展店必須考慮之因素。除此之外，新都市計畫的區域與人文景觀之變遷，對展店未來市場之潛力亦是考量因素，因此對於設門市地點的選定，必須全盤探討未來可能發生的變化。

其還需考量異業介入之可行性評估、包括所屬商圈地域之變動、交通動向、公共設施以及商業娛樂中心等的發展狀況。

四、立地之選擇

零售門市的營運，受到立地因素影響甚遠，選擇具有市場潛力之立地，攸關零售門市未來營運與整體業績的發展，所以在展店之前，建議注意以下三點考量：

1. 新的都會區，如預估未來之發展潛力，要一年以上方能達到損益平衡點之地點，顯見投資效率差，建議另尋覓新點。

2. 立地的策略需考量經濟發展與企業整體的長期發展，因此在展開設店經營計畫時，對於整個區域開店的店數、開拓順序與時機，均要配合外在的市場環境與公司資金狀況。

3. 在展店時，要考慮本身立地及經營條件，並避免在已經飽和之區域開店，而與同業造成商圈重疊之競爭，造成經營不善；如果在未達飽和之區域展店，即使與同業商圈重疊，有可能形成競合的狀態，有可能產生既競爭又合作的狀態，相互集客擴大商圈。

（一）居住者便利性

1. 車輛動線上的便利性：上班、上學動線比下班、下課動線差，上班一般都忙著趕時間，故選地點最好是在下班動線上。

2. 日常生活的動線上，如主婦買菜必經之路。

3. 進出容易的地方。

4. 汽車、摩托車、腳踏車較容易停車的地方。

（二）人的動線與數量

1. 調查在 15 分鐘內 30 人以上通行量，此所謂的通行量乃是指有效客（如上班族等），有可能上門且客單價在一定水準之上，才列入計算。

2. 設店商圈的住宅在店背後，且最好位於主要出入口。因廣告效果佳、停車方便，最理想也可有效掌握流動客。

3. 動線有兩條以上的交會處較有利，也就是三角窗的位置較理想。

4. 有坡度的道路，下坡路線較有利。

5. 主動線上。

（三）車的動線與數量

1. 同一時間，依經驗值來研析如果 15 分鐘內有 50 輛以上的通行車輛，極易造成擁塞的車流。

2. 除了商圈的車輛，如能有適當數量的外來車為佳。

3. 實務上靠近路面的店比較理想，如果有一些空間利於停車購物更有利營運。

   (1) 道路的寬度適中，不同向的車子亦可購物。

   (2) 太窄的道路會造成停車的困難。

   (3) 常發生交通阻塞的道路，避免在其附近設店。

五、其他部分

（一）視覺效果

    意指門市外部的招牌在多少距離可看見，特別是市郊的看板招牌，其視覺性所占的比例非常重要。

1. 看板招牌盡可能在 150 公尺前可以很清楚的看到為佳，基本要在 50 公尺前可判別，其為必要的條件，如果車輛駕駛看到招牌時，來不及停車的情況就不能吸引顧客上門。

2. 經驗中三角窗的廣告效果較佳，視覺性也較理想。

3. 如遇曲線道路轉彎的外側位置較好。

4. 街道的樹木、安全島、電線桿、天橋、大樓等，都是看板招牌的視覺效果的障礙。

（二）接近性

指徒步、車輛、機車（自行車）等來店所占的比例，其具體的注意事項如下：

1. 店前應預留有停車空間及位置，可使流動車輛方便停車購物。

2. 規劃好同方向車道之車輛可輕易靠近。

3. 規劃在十字路口信號燈前，有利車輛降低車速。

（三）開店宜避免的地點，則有下列各項

1. 有圍牆及安全島的道路。

2. 水溝。

3. 開店地點與道路路面高低相差太大。

4. 天橋：有天橋的話，其接近性、視覺性均較差，而且走上天橋購物，心理負擔較大，多數消費者有其惰性不願爬樓梯，而寧可放棄購物。

5. 人行道過大。

在評估商圈地點時，如能透過格式化的作業，可以更清楚地判斷該點設店的可能性大小，經過層層把關審核通過後，相信所開的店必能合乎理想狀況。

六、相關考量因素

（一）商圈之人口

如要分析未來顧客的需要，就需瞭解商圈內的人口特性、人口多寡與密度是公認影響零售門市成敗的關鍵因素。

對人口應詳細研究，其研究項目包括有：

1. **人口的年齡結構**：由於年齡差異，需要不同，所以各種型態門市想要順利營運，就必須有賴於年齡資料的詳細分析。

2. **兩性與婚姻地位的差別**：此與年齡結構考量相同，影響零售銷售額甚大，最要緊的是察看有無異常現象。

3. **人口的季節變動情形**：主要考量季節人潮流動狀態，區域易受季節變動影響，這項資料最重要，如夏季與冬季觀光區明顯不同。

4. **宗教派別、教育水準和國籍別**：此因素常與偏見、需要和感受的差異相關，亦須列入考慮。

5. **所得水準**：其可從政府單取得次級調整數據，如每人所得和家庭收支資料，每戶註冊的電話和汽車數，住宅的價值等。零售銷量受所得水準影響甚大，故對區內所得能力的要廣泛。而在做決策前，需評估資料的來源、所得的穩定性、季節變動的情形。

6. **自有住宅與公寓租戶購物需要的差別**：兩者對於食品和服裝購買可能無顯著差異，但對家庭用具和園藝工具的銷售會有極大影響。除外，新建住宅者與舊式住宅者的購物亦有所差別。

七、立地相關情報取得

如何取得一套完整的立地相關情報，可經由居住者條件、交通條件以及吸引力條件等三個方面來進行。

（一）居住者條件

住戶條件資料的蒐集，由於是基本顧客的主要來源，因此門市地點周圍的情況很值得重視。

1. 設門市地點之都市。

2. 設門市地點的人口數、密度以及家庭戶數等。

3. 該商圈的人口增加率、外流情況，以及將來可能的人口數或家數。

4. 該商圈內人口的年齡及職業結構。

5. 該商圈內的所得及消費習性。

6. 該商圈的產業結構。

7. 住宅建設的狀況及分布位置。

8. 未來的建設計畫。

（二）交通條件

1. 道路發展的狀況，如高雄鐵路地下化計畫、輕軌計畫及臺中捷運等計畫開發完工後及運作中，都會影響門市經營的變化。

2. 公車的路線與數量。

3. 主要車站每日上、下客及出入人數。

4. 各車站牌的位置。

5. 道路的相關作業，如紅綠燈的增加、道路的拓寬、交通規劃等。

（三）吸引力條件

其他相關資料可輔助業績成長者，亦需列入考慮範圍內，以增加門市的利基，其內容如下：

1. 學校分布狀況，公立或私立應分別標明。

2. 各學校學生人數及零用金狀況。

3. 白天人潮及夜間人潮。

4. 同業的競爭能力及其影響力。

5. 異業是否可達到互補作用。

6. 租金、停車設施及相關法令。

上述資料均是在設立門市據點調查時，應詳細蒐集的資料，蒐集越清楚，則開店成功的機會將大為增加。臺灣地區有越來越多的大型國際觀光飯店出現，其附近也是很好的商圈，因觀光飯店的消費高，適合特定對象，對一些居留時間較長的旅客來說，多數不會僅只以飯店為主要消費場所，因此飯店附近開設便利商店、特色餐飲店、特產禮品店等，應有極佳的發展空間。

6.3.2　立地商圈評價的決定

商圈的評估很難以一套標準模式來進行評估考量，因為每一個點的商圈不盡相同，所遇到的情況也不完全一樣，但是如果在評估時，也能注意到下列幾個重點，地點的選擇將不至於太離譜。

如果以便利超商為例，從便利超商的業績來考量，便利超商對顧客提供的本質，便是購物地點的便利，其主要因素有下列：（詳參閱立地之選擇）

1. 居住者便利性。　　　　2. 人的動線與數量。　　　3. 車的動線與數量。

一、商圈的類型

（一）　地緣充足率高的「鄰近型」商圈

蔬果、肉、魚之類的生鮮食物及其他食品類，多數都是在當地消費者購買，而在當地購買生鮮食物也占了一般比例的 75~90%。此外，內衣用品或襯衫等實用衣物也都屬於當地購買，包含糖果餅乾、麵包、米、酒、藥、化妝品、文具等也屬於此一類型。這些大多於當地消費的商圈稱為「鄰近型」。

此商圈的特色是購買頻率高（相對次數多），商圈範圍約以 1,000 公尺，業界評估主要以走路或騎自行車的方式前往購物區域。

（二）週期性購物的「地域型」

此類門市多處於商店街，商圈較鄰近型廣，消費者可以花費 30 分鐘的路程到此消費，所購物品有實用衣物到公關贈品都有，此類商圈稱為「地域型」。

這是購買頻率低，與鄰近型商圈幾乎每天前往或一週三、四次的購買次數不同，以一週或一個月為間隔期的購物商店或商店街形成的商圈。

（三）客多的「廣域型」

商圈最廣，擁有 30 萬左右的商圈人口之市中心型商圈，名為「廣域型」。購買頻率也大多以月為單位目前坐車或搭乘鐵路運輸工具來購物的客戶有逐日增多的趨勢。

形成廣域型商的店鋪，多以百貨公司、高級品專賣站以販賣精品衣物、高級貨物為中心的門市。

二、商圈型態的展開

立地決策可分為成三個層面加以討論，地區、交易商圈及特定地點。地區可以是一個國家的一部分，一個城市或一個行政區域。

交易商圈則是一個地理區域內，包含有一個特定零售商或購物中心的潛在消費者，交易商圈可能是一個城市的部分或一個城市延伸到其周圍，取決於商店的型態及潛在消費者的多寡。

一般而言，商圈決策的展開係隨著人口的移動狀況及都市化現象而推進的，因此都市機能與地域特對於商圈決策的展開具有關聯性，由都市機能的觀點，有關零售店的商圈型態大約可以分成四種類型。

（一）都會型

主要特徵為中樞管理、娛樂、商業機能等聚集的中心，由於人口、購物、娛樂等範圍分布較廣，所以商圈亦比較廣闊；因為百貨店與專門

店林立所以各店均力求經濟魅力的發揮，在商品的齊備上、文化活動上、服務體制上、商店設施上皆極力的展開。

（二）副都會型

此乃配合都市大商圈的形成，而將周圍都市利用交通系統的聯結，成為鐵道終點式的型態，百貨店或專門店則利用交通網沿線各個都市的消費者，以吸引其購力發展而成。

（三）郊外型

由於大都市人口的流出，而在衛星都市的周圍集中，此商圈主要的顧客對象則以居住於該地區內的家庭為主。

（四）新社區型

為配合大型社區的開發計畫，在新社區內成立商業中心，由於顧客對象主要係新社區的新型家庭，而其生活型與消費意識較為新穎的關係，此乃新社區型商圈的特色。

三、影響商圈的形狀及大小

交易商圈的形狀及大小，受到許多因素的影響。

例如：消費者接近度、競爭者的位置、河流、山川及高犯罪區域等因素，另外，交易商圈的大小，也會受到商店業態的影響。例如：便利超商的服務商圈，大約為 1 公里左右，而百貨公司或精品門市，則可大到 20 公里左右，主要之影響因素，以商品的本質及品項數的多寡，而特定區域內商店的競爭程度，絕對會影響交易商圈的大小及形狀。

例如兩家緊鄰的便利超商，因為它們提供相同的產品，因此個別的交易商圈便縮小了，另例以女性服飾業為例，緊鄰的選購品門市，因其眾多的品項可供消費者選擇，可吸引更多的人前來這個區域，交易商圈便擴大了。

四、商圈座落地點的決定因素

門市主管研究周邊的環境以及正確的座落地點，需考量有利惠顧的因素：

1. 良好商業區的吸引力，以及各個商店各自的吸引力。

2. 較好且大的商圈規模。

3. 充足的停車場設備。

4. 較佳的交通（徒步和車輛）流量。

5. 適當的商店間數、種類、大小、品質以及服務的效率。（能帶動競爭性商品的銷售）。

6. 簡明具體的地方法令條例，以及區域的規則。

7. 座落地點。

6.3.3　立地商圈注意事項

一、立地商圈決策

商圈決策乃是隨著企業整體的長期決策展開的因此在設定多門市長期經營計畫時，對於門市展開的地域、店鋪、經營內容、實施順序與時期，均要配合外在的市場環境與企業的資金狀況為之。

從事立地商圈決策的展開之際，一定要考慮本身的經營條件，避免與同業造成激烈的競爭，在自己可能的經營管理能力下展開。

二、決定商圈的因素

決策門市店址必須謹慎，此風險契約是長期的負擔，因此有必要首先考量投資後所應得的回報。在對店址的要求下，大部分門市都會檢討：

1. 人口的特徵。　　　　　　　2. 經濟因素。

3. 就業狀況（就業的比率）。　4. 影響生活品質的因素。

　　茲將有關因素列述如下：

（一）人口的特徵

1. 年齡的結構。

2. 教育層次。

3. 自己擁有房子的比例（相反地：租房子的人數）。

4. 政治態度。

5. 人口成長率。

6. 性別。

7. 社會階層。

8. 次文化（國籍、種族）。

（二）經濟因素

　　1. 勞工的供給（對大型零售組織而言）。　2. 可任意支配的收入。

（三）就業狀況（就業的比率）

1. 季節性顧客的出入量。

2. 稅賦。

3. 商業型態。

4. 整個零售業的銷售情形、（整個銷售的潛力）。

（四）影響生活品質的因素

1. 公共交通、運輸。　　　　　2. 人民團體（社團、俱樂部）。

3. 天氣。　　　　　　　　　　4. 消費者組織。

5. 信仰。

6. 空間的發展型態。

7. 公園以及其他休閒區域。

8. 公立學校。

9. 道路。

10.戲院。

三、商圈調查作業

1. 調查時間帶的掌握：7~8 時、12~13 時、17~18 時、22~23 時等四時間段。

2. 調查時間的間隔：以 15 分鐘為單位，以調查地點為中心，分成四象限展開之。

3. 視覺效果調查以 150 公尺、100 公尺、75 公尺區分之。

4. 進行調查時盡量利用政府公布的資料，如家計調查資料立地商圈調查書的作成步驟：

   (1) 商圈地圖的作成

   (2) 商圈家庭戶數調查表

   (3) 人、車的通行量調查表

   (4) 視認性調查表

   (5) 接近性調查表

   (6) 競爭店調查表

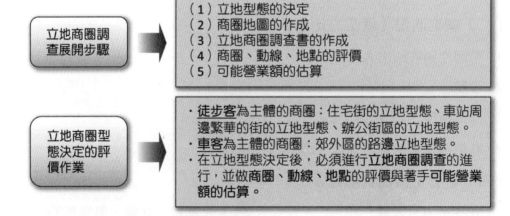

資料來源：廖錦農，商圈銷售促進作業指導機能，http://cc.cust.edu.tw/~lliao/index.htm

▲ 圖 6-7

6.3.4　立地環境與商圈戰略分析

一、立地環境分析

決定零售商圈需考慮要因為：

1. 外在條件（形成商圈的條件）：可分成量的條件與質的條件。

2. 內在條件（支持商圈的條件）：可分成主體性的條件與附加性的條件。

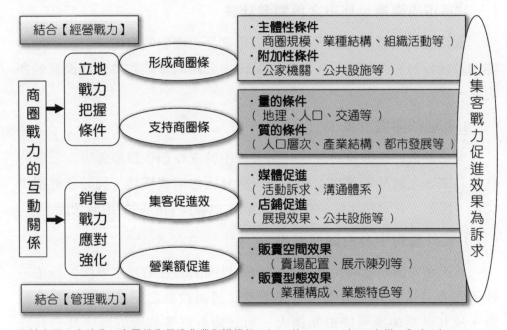

資料來源：廖錦農，商圈銷售促進作業指導機能，http://cc.cust.edu.tw/~lliao/index.htm

▲ 圖 6-8

二、商圈戰略分析

對於商圈戰略分析，一定要深入探討立地的變化情形，尤其對於住宅區域的變動，道路交通網的設施以及商業娛樂中心的發展等狀況，均

311

必須掌握具體的資料及進行調查分析，而對整個立地的變化經過及原因有所瞭解。

對於既有商圈的為求擴充與發展，以及新設商圈的投入營運，今後有關商圈決策的展開，對於零售業的經營仍是一項得重視的問題，一般而言，可能採取的決策為擴建計畫、業務提攜、經營權取得、廢舊重建計畫、國外商圈開拓等諸方式。透過此一商圈決策的運用，可會有下列諸形式：

（一）都市周圍衛星都市之再開發計畫

此乃配合大都市的擴大及衛星都市之都市機能的發揮，對於土地、建物及諸設施的高度利用，一般在鐵路、公路的集結點為人口流量較多之處。

（二）社區的開發計畫

配都計畫的推展及新社區的開發，由於主要顧客對象係以新社區的住宅為主，在商品的蒐集上則必須針對社區之消費特性，同時若能提供文化、娛樂、教育諸功能的空間則更佳，以發揮新社區的地域功能。

（三）郊外購物中心的開發計畫

其市場性與新社區大致相同，仍是以商圈的住宅為主要顧客對象，較不同者乃是郊外的購物中心必須有交通網設施之配合及停車場之設備，故其商圈範圍可能更為擴大，而且擁有更多業態的商店及公共設施。

三、商圈的型態與消費者的關係

商圈劃分為三個區域，即主要商圈(Primary Trading Area)、次要商圈(Secondary Trading Area)及邊緣商圈(Fringe or Tertiary Trading Area)。

（一）主要商圈（一級商圈）

係指一家商店大約七成的顧客所來自的地理區域。在這區域內，由於這家門市具備易接近性的競爭優勢，足以吸引顧客前往惠顧，形成非常高的顧客密集度，而且通常不會與競爭者的主要商圈重疊。

（二）次要商圈（二級商圈）

則是指主要商圈再向外延伸的區域，包含大約二成的顧客。次要商圈的商店對其次要商圈的顧客仍具有相當的吸引力，但是往往要與其他競爭者爭取相同的顧客。

（三）邊緣商圈（三級商圈）

則是商店剩餘一成顧客來源的所在，顧客或許是碰巧在商店附近，而臨時起意惠顧這家商店，也很可能是對這家商店的忠誠度非常高，才肯花較多的交通時間惠顧較遠的商店。對其邊緣商圈的顧客而言，商店較無競爭優勢。

	顧客總數的比率	顧客的集中度	範圍	大約顧客
主要商圈	最高	較高	半徑 2,000 公尺以內	七成的顧客
次要商圈	較少	稍為分散	半徑 2,000 公尺～5,000 公尺之間	二成的顧客
邊緣商圈	相當少	相當分散	半徑 5,000 公尺以外	一成的顧客

四、同異業競爭影響程度

門市獲利來源是毛利額（毛利額＝來客數×客單價×平均毛利率），其中平均毛利率與客單價變化不大，最重要的是顧客是否前來惠顧，所以來客數是評估影響程度的主要指標。評估影響程度按各銷售時點分

析，比較影響時段來客數增減的比例程度，經過定期或不定期分析後，依影響最大的時段來客數，逐一提出因應對策。所以對同異業競爭店的調查是有必要的：

（一）商圈評估法

以一般便利商店商圈來說，通常以半徑 250~300 公尺畫圓當作腹地（步行 5~10 分鐘距離），唯此商圈評估法應適當考慮交通動線如大馬路、安全島阻隔、地下道或地形地物的影響，實際商圈以簡圖標曲線是呈變形蟲狀。

再根據商圈大小，可以計算出商圈人口及預估營業額，而商圈客層的重疊，可能是來客數減少、營業額下降的原因。

（二）客層分析法

評估競爭店商圈重疊後，進一步應瞭解競爭店購買客層的結構。例如便利超商的主要客層來源為住宅區、上班族區、學校區、商業區或特種娛樂區，所以顧客層次分布較廣較散，不像超市的客層 50%皆是家庭主婦。在分析客層結構時，所掌握的客層資料越詳細越好，才能針對某一客層流失提出因應之道。

（三）商品分析法

掌握競爭店與自店的客層分析後，進而瞭解競爭店的商品結構及坪效。便利商店每坪約有 100 多項商品數，一家 30 坪賣場的便利商店，約有 3,000 種商品數。如超出，可能滲入超市陳列的商品，如此會導致商品陳列凌亂，坪效降低。

相反的，商品陳列品項太少，顧客買不到想要的商品，次數一多，顧客入店購買率自然下降，而且陳列商品少，也會降低顧客衝動性購買的機會。商品分析的另一個目的是，區隔客層，即在賣場陳列差異化及富有特色的商品，以吸引特定的客層入店購買。

（四）來客數估算法

便利超商營業額多寡，瞭解平均來客數，即可大致推估得知。估算來客數的方法，有下列幾項可供參考：

1. **發票購買法（此法在調查競爭店很好用）**：使用一臺收銀機結帳時，用發票連號方式計算，估算僅供參考，應配合實際因素，略作調整。逢週日或連續國定假日，來客數可能會有起伏變化，可根據商圈特性，推算出客層結構。

2. **計數器法**：可以用來測某時段的來客數及入店人次，再計算入店購買率（入店購買率＝來客數÷入店人次）。來客數與入店人次兩個值越接近，表示消費者入店購買所需商品的滿足度越高。

3. **顧客情報法**：顧客入店購買產品時，店職員如能用心觀察及詢問，將會獲得一些意想不到的策略、消費者對促銷內容的接受度、對服務商品的需求對店觀的感覺等，皆可蒐集彙整提供經營者參考。

Tasty 西堤牛排的營運與管理

一、公司簡介

西元 1990 年，臺中王品第一家店成立，不同於半生半熟的西式牛排，這種經過特殊醬料醃漬的頂級牛排，一推出便廣受消費者的喜愛，除了奠定了日後成功的基礎，也藉此複製出陶板屋等品牌出現。

西堤牛排就是在這麼一個具有可靠度的集團中成長，西元 2001 年，臺灣三十年來首度出現經濟負成長，不少餐廳業者都紛紛關門、裁員，但這一年，王品集團卻快速發展，該年七月是西堤創立的時間，就是這支生力軍，讓王品的營收高的嚇人，這個成功的經驗造就了現在王品屹立不搖的地位。

西堤牛排最主要的經營理念是「以客為尊」，顧客們的支持是西堤堅持服務理念的原動力，並秉持企業經營永續服務為最終目標。

二、產業現況分析

王品集團成立於 1993 年，成功創立 13 個餐飲品牌，全球總店數已超過 300 家，餐廳經營發展跨足不同類型，包括西式、日式、燒烤、火鍋及鐵板燒等，致力於多品牌經營與服務創新，不斷精進與突破，集團年營業額超過美金 4.25 億，並保持每年 20%成長率，躍居臺灣第一大餐飲集團，成為同業標竿，被譽為餐飲業經營的典範。

透過品牌授權(Brands Franchise)或是合資(Joint Venture)方式將王品集團的品牌輸出國際市場，已成功於泰國、中國大陸、新加坡開設分店，王品集團期待成為全球最優質的連鎖餐飲集團。

三、市場環境分析

（一）SWOT 分析

運用 SWOT 分析，分析自公司優劣勢，做好市場調查，成立年度計畫，設定目標，每季檢討策略會議，執行進度、目標達成程度。

	Strength 優勢 S1：在王品集團體下，深受信賴 S2：中價位抓住客群廣 S3：重視顧客意見 S4：市場定位清晰	Weakness 劣勢 W1：菜色變化少 W2：空間上有些許狹窄 W3：節慶假日訂位困難 W4：開發新產品緩慢
Opportunity 機會 O1：外食人口急速增加 O2：節慶訂位折扣 O3：店址位於市區，交通便利 O4：消費族群年輕化	S1+O4：品牌加持，使得年輕人更喜愛。 S2+O1：為不同消費群設計適合的餐點。 S3+O4：員工熱忱透過年輕人傳遞，讓口碑加分。	W1+O1：餐點多變化穩定忠實顧客。 W3+O1：預約制度提升，隨時掌握預約情形。 W4+O4：調查時下年輕人所愛，研發新口味。
Threat 威脅 T1：牛肉相關議題容易造成顧客恐慌 T2：餐飲業替換快速 T3：同業競爭激烈 T4：成本不斷提高	S1+T4：各分店一起大量採購，壓低物料成本。 S3+T2：利用員工高品質服務態度，做為區別。 S3+T3：加速餐點創新，提高模仿門檻。	W1+T3：多變的市場需要創新菜單。 W3+T2：贈送優待卷，吸引顧客再次消費。 W3+T3：對於突發事件的應變措施建立。

（二）STP 分析

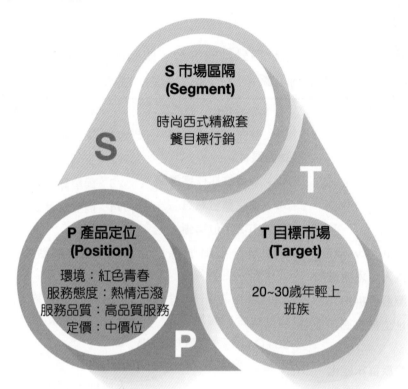

（三）4P 行銷組合

1. 產品策略(Product)

　　以「賓至如歸，以客為尊」的服務概念，從帶位送上紙巾、介紹菜單的仔細、送餐時的細心介紹、離場時的謝謝光臨，一一顯示王品集團對顧客的重視。

2. 價格策略(Price)

　　以低價開胃菜、飲品等搭配單價較高的主餐為套餐，讓顧客覺得物超所值的感覺。以明顯的市場價格區隔，568 元的價格，另有加價菜色升級，符合學生與上班族的需求，吸引不同族群。

3. 通路策略(Place)

西堤門市皆開在位於市區交通方便、人潮眾多的地點。將王品旗下不同品牌的餐廳開立於附近，讓消費者可以有更多選擇。

4. 推廣策略(Promotion)

推出 APP「瘋美食」有任何活動、新品、優惠，即時播送。與 LINE 禮品小舖合作，線上贈送西堤餐券。刷花旗享樂生活卡，首年生日王品旗下買一送一。

四、成功關鍵因素

1. 產品多元化，餐飲市場瞬息萬變，提供不同價位套餐，所有人都有不同選擇。

2. 王品集團強調榮辱共生，經營狀況透明化。故，公司一切營運狀況、人事、會計、財務、採購等完全公開。

3. 員工福利好，讓員工盡心盡力為公司付出。例如：每月 25 日分紅，國外旅遊補助，不定期舉辦活動，完整訓練過程。

4. 蒐集每次顧客意見卡，將顧客每次意見都納入考量，包括餐飲、服務、環境等評分。

5. 建立服務體系；網路會員、異業合作、行銷活動，並以外界媒體報導，以確實檢核顧客管理成效。

6. 任何意見或抱怨可以透過多方管道反映到公司，建立電腦資料，讓每一家分店都可以看到加以改善。

7. 顧客至上：顧客大於員工，員工大於股東。

五、未來展望

1. 對於西堤，以中價位的價格策略來說，可以考慮增加多幾個季節餐點，讓常客有新鮮感，新客有嚐鮮感。

2. 可以給新客有小點心或西堤紀念品，除了基本的細心介紹外，更會有讓顧客更有記憶力，當朋友問起時又可以當無形的廣告。

3. 可以增加附近停車場，讓開車族多一個用餐選項。

練｜習｜試｜題

18100 門市服務　乙級　工作項目：門市商圈經營

單選題

1. （　）商圈的劃分為主要商圈、次要商圈及邊際商圈，下列敘述何者正確？①主要商圈具有接近性優勢，不會有競爭者②次要商圈為對顧客有吸引力及競爭優勢，所以顧客會選擇來店購買③邊際商圈為三級商圈，對顧客而言，為臨時購買或距離較遠的區域④顧客集中度依序為邊際商圈、次要商圈及主要商圈。

2. （　）一家門市的商圈大小受到許多因素影響，下列何者不是影響因素之一？①商品種類②商店特性③交通便利性④人口出生率。

3. （　）假設某社區某一門市，該地區居民 50,000 人，每人每月消費 1,000 元，同類型商店四家，使用坪數面積共有 100 坪，則該社區的營業潛力為何？①500,000 元／月／坪②350,000 元／月／坪③300,000 元／月／坪④450,000 元／月／坪。

4. （　）決定選擇商圈位置時，並非著眼於下列何種因素？①交通順暢與停車方便②人流量與車流量③位於熱鬧街道上④是否可懸掛招牌。

5. （　）要規劃商業所在地之範圍與提供消費者場所，步驟依序為：1.找出立地 2.設計賣場 3.畫出商圈 4.設置商店①3241②3142③1342④3124。

6. （　）台北市 101 大樓是屬於下列哪一類型的商業區域？①都會型②遊樂型③社區型④夜市型。

7. （　）商圈大小與競爭情況呈現何種關係？①正相關②負相關③不一定相關④兩者間沒關係。

8. （　）以高雄市某家百貨公司為中心，該區人口數約為 50 萬人，預估該區每人每月消費支出約 15,000 元，用於百貨公司的支出約占消費支出的 10％，本店占有率為 20％，試估算本商圈的消費能力？①75 億②70 億③80 億④85 億。

9. (　) 下列何者非規劃新店址之考量因素？①市占率②客戶交易資料③房地產資料庫④商品研發。

10. (　) 下列何者不是商圈位置選擇之考量分析因素？①特定地點分析②地區分析③交易商圈分析④次要商圈。

11. (　) 對特定商店而言，顧客貢獻約有 70％營業額為下列何者？①主要商圈②次要商圈③邊際商圈④第四商圈。

12. (　) 對特定商店而言，顧客貢獻約有 20％的營業額為下列何者？①主要商圈②次要商圈③邊際商圈④第四商圈。

13. (　) 在商圈內，有些商店並不需要單獨存在，可以依附在其他業態中，減低其營運成本，也可分擔另一個業態的成本，但又不會互相搶食市場，此為下列何種商店？①美食街商店②加盟商店③互補商店④直營商店。

14. (　) 下列何者非一般立地調查的主要目的？①能預估該立地的營業額及目標②瞭解該立地的適性與否③確認立地的租金高低④預測該立地的未來性。

15. (　) 下列敘述何者非商圈經營之目的？①提升門市來客數及客單價②減少銷售機會損失以滿足顧客購買的欲望③提高顧客到店頻率④創造地區門市經營的優勢。

16. (　) 有關商圈範圍的敘述，下列何者有誤？①商圈範圍會依行業種類、店鋪的知名度及經營內容而改變②商圈受時間、距離及競爭影響，以半徑來設定最易瞭解③一般商圈範圍可以時間、採購金額來設定④商圈範圍會受消費者習性及行進動向之影響。

17. (　) 下列描述商圈(Trade Area)範圍比較，何者正確？

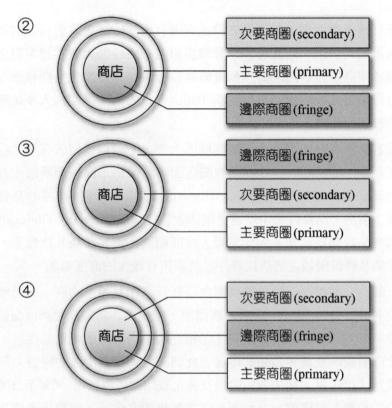

18. (　) 下列哪些項目為商業區商圈：a.夜市 b.觀光農園 c.展覽館 d.捷運站 e.
交通幹道 f.社區 g.商店街 h.工廠？①abcdegh②acdefg③adegh④acdg。

19. (　) 下列哪些項目為辦公區商圈：a.學校、b.金融大樓、c.公園、d.工業
區、e.住宅、f.綜合醫院、g.政府機關、h.廠辦區？①bdh②bdgh③
bdfgh④abdfgh。

20. (　) 下列有關辦公區商圈之敘述何者不正確？①以上班族群消費構成比率
高②銷售以旅遊用品及飲料銷售構成比率高③假日營業額明顯降低④
平日上下班及中午休息為尖峰時段。

21. (　) 下列有關遊樂區商圈之敘述何者不正確？①消費群流動人口占比高②
例假日來客數明顯提升③以遊玩、逛街為主，客單價高④菸酒、特殊
商品銷售結構比較高。

22. (　) 下列零售業選擇適當店址之敘述何者有誤？①零售業對店址的選擇乃為重要的決策，因此有加以詳盡規劃之必要性②大型零售業對店址的選擇須評估分析短期的獲利及時尚流行趨勢③對業者長期發展而言，選擇適當店址可獲得最高利潤④商店經營的成敗與榮枯大多決定於它所設店的地點。

23. (　) 顧客購買商品的習性會影響商圈的大小，下列敘述何者有誤？①販售便利品(Convenience Goods)的商店因商品價格不高，商圈最大普及性也高②販售選購品(Shopping Goods)的商店因需比較商品的品質、式樣、價格，商圈較集中地區營業③販售特殊品(Specialty Goods)的商店因商品較無替代性，因此需更大商圈範圍④顧客於商品種類多、辦理促銷及經營優越之商店比條件差的商店有較大的商圈範圍。

24. (　) 下圖為一個半徑三公里的商圈內存在五家相互競爭的店，每店年銷售額平均為 200 萬元，假設乙店倒閉，您是甲店店長欲判斷商圈競爭環境，下列敘述哪一項為錯誤？①相互競爭店鋪集中或比鄰而居，表示此市場成熟及集客力強②理論上此商圈內消費者潛在的購買力年銷售額為 1,000 萬，經由各店競爭及強化戰鬥力可再新增 50％至 100％的成長③潛在購買力＝互相競爭店的銷售額之合計，從競爭者搶奪銷售為增加自店銷售額的方式之一④乙店倒閉將讓出 200 萬的市場，其他四家將展開銷售爭奪戰。

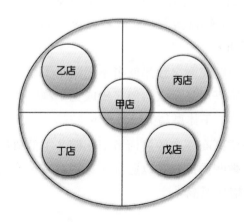

25. (　) 下列對商圈之敘述何者錯誤？①應以最近區域的顧客為重點，因為一般而言顧客在考量交通移動所需時間，若無特別理由通常不會到較遠的地方購物②新店鋪須掌握及適應商圈的特性而設立，營業額多少不會影響商圈的平衡③以商圈與顧客而言，其先後順序以附近的顧客為重，其次是遠方顧客④來店客數等於商圈人口乘以市場占有率乘以來店頻率。

26. (　) 下列何者非百貨業者商圈企劃活動的方式？①辦理顧客座談會②舉辦公益活動③設立客訴處理中心④與競爭者進行價格戰。

27. (　) 異業聯盟為商圈企劃活動方式之一，下列敘述何者錯誤？①透過異業聯盟就可以提高聲勢②共同舉辦社區性休閒活動③相互溝通理念並簽訂合作協議④在商圈內選擇與本門市可相互集客且消費頻率高的業種。

28. (　) 為達到商圈持續擴大目的，門市需持續創造差異化，以滿足顧客需求，有關差異化的作法下列何者有誤？①商品便利性②商品新鮮度③維持局部性的商品品質④效率性的服務品質。

29. (　) 下列何種原因非商圈產生新競爭者之條件？①外來人口增加②興建公共設施③舊社區人口外移且門市家數呈現飽和狀態④交通動線的更改。

30. (　) 下列何者非商圈競爭店的調查項目？①競爭店的供應商數量②競爭店舉辦促銷活動的內容③競爭店與本店同類商品品項④競爭店的商品價格。

31. (　) 下列何者非商圈競爭者的調查方法？①商品分析法②來客數估算法③供貨品質分析法④客層分析法。

32. (　) 有關確認商圈內具備優良立地基本條件，下列敘述何者錯誤？①足夠的集客能力②嫌惡或阻隔的設施③進出方便的門市腹地④具有持續經營未來性。

33. (　) 下列何者非影響商圈變化的因素？①商店街的聚集②行政機關的遷移③商店營業額的多寡④捷運系統的設立。

複選題

34. (　) 下列哪些因素會影響商圈的消費力？①房地產價格高低②都市化程度高低③競爭店的多寡④集客設施的多寡。

35. (　) 下列哪些地區可以聚集人潮帶動周遭商店蓬勃發展？①住宅區②收費停車場③百貨公司④觀光景點。

36. (　) 所謂商圈是指①行政區域所劃分的商業區②商店方圓之內沒有競爭店的區域③消費者會前往購物的地理區域裡的商店群④一家商店的潛在顧客所來自的地理區域。

37. (　) 下列何者為較佳的商店設立地點？①商圈的出入口，以便搶得先機吸引顧客②銷售同品類商品的商店聚集地區，以便產生更大的集客力③設店地點不一定要選擇一級商圈，可根據行業特性找到適合的商圈④銷售的商品如果是屬於計畫性購買的商品如男裝，就一定要選擇人潮多的地點。

38. (　) 下列敘述何者正確？①人潮等於錢潮，但是就小型店而言，抓住對的顧客比人潮更為重要②商店的促銷活動可以吸引人潮，即使資源有限，還是要盡可能普及整個商圈③十字路口四個街角開了兩家以上的便利商店，若考量人潮動線，將因人潮分散而無利可圖④找對開店地點，在先機上就搶得優勢，成功開店的機率會大幅提升。

39. (　) 下列有關商圈經營的敘述何者正確？①經營住宅區商圈，應建立良好顧客關係，提供優質服務以鞏固客源②經營文教區商圈，應蒐集學校活動訊息，以便掌握商品需求與尖峰時段③經營辦公區商圈，因大多數為外食人口，應注重面銷以提升客單價④經營商業區商圈，因流動人潮多，所以不需注重顧客服務，只需避免缺貨的發生。

40. (　) 下列何者是商業區商圈分類的因素？①交通工具②社區特性③居住人口數④區域大小。

41. (　) 下列有關影響商圈大小與形狀的敘述何者正確？①交通越便利商圈範圍越大②人口密集度越高商圈範圍越大③賣場坪數越大商圈範圍越大④銷售的商品屬於便利品商圈範圍較大。

42. (　) 下列選項何者是根據顧客的分布狀況來界定門市商圈範圍的方法？①經驗法②顧客調查法③地圖插針法④檢核表法。

43. (　) 下列何者為小型商圈？①徒步圈②自行車圈③汽機車圈④捷運鐵路高速公路圈。

44. (　) 下列何者為以顧客流量區分的商圈？①中型商圈②主要商圈③邊際商圈④混合區商圈。

45. (　) 下列何者為影響商圈變化的因素？①地域產業的盛衰②商店舉辦促銷活動的頻率多寡③家庭數目的增減④街道兩邊是否設有停車空間。

46. (　) 進行商圈調查的時機在什麼時候？①開店之前②商店開始營業後仍需持續③商店開始營業後發生營業績效不佳時④商店評估是否結束營業時。

47. (　) 單店為創造競爭優勢而進行差異化是指下列何者？①顧客差異化②商品差異化③設備差異化④技術差異化。

48. (　) 競爭者商店發票購買法無法推估哪些資訊？①競爭店的客單價②競爭店的來客數③競爭店的客層結構④競爭店的商品結構。

49. (　) 透過觀察推估競爭店的客單價約 100 元，每日營業 12 小時，以計數器測量競爭店 17：00 至 21：00 的入店人次為 500，再以發票購買法推估競爭店 17：00 至 21：00 的來客數為 480，可得到下列何種資訊？①測量時段為尖峰時段②入店購買率為 0.96③競爭店平均每日營業額為 144,000 元④營業額與來客數成正比。

50. (　) 下列有關社區經營之敘述哪些正確？①店長要能妥善管理門市、規劃行銷活動，社區經營則交由第一線的門市人員去執行②社區型商圈比流動人潮多的商圈更容易維繫穩定的基本客源③社區經營是透過行銷活動和社區居民保持良好互動，爭取新的顧客④只要店長用心經營社區，即使不在黃金商圈也可以培養一群固定的顧客。

51. (　) 如何使邊際商圈顧客轉變為次要商圈顧客？①定期舉辦集點換贈品活動②發行聯名信用卡提供刷卡服務③提供滿足顧客需要的差異性商品或服務④提供推陳出新的行銷活動。

52. (　) 下列哪些附加服務會讓顧客感受到便利性？①達美樂披薩保證 30 分鐘內將披薩送到顧客的手中②便利商店推出代繳各項費用服務③麥當勞設立「得來速」車道，讓顧客不必下車就可享用到商品④家樂福量販店提供齊全的商品，讓顧客可以一次購足。

53. (　) 下列哪些為辦理商圈敦親睦鄰活動的目的？①建立良好商店形象②掌握消費者動態③提供消費資訊與生活情報④提升每日營業額。

54. (　) 下列哪些為商圈敦親睦鄰的活動？①提供社區小學生參觀門市各項作業流程之校外教學活動②在店內設置兒童遊樂區③提供免費送貨到府服務④回收寶特瓶與舊電池。

55. (　) 下列哪些為異業聯盟？①聯合促銷②交換經營資訊③寄賣他店的商品④發行聯名信用卡。

56. (　) 下列哪些為商圈新競爭店出現的原因？①新商品上市②交通動線更改③市場已趨飽和④消費市場擴大。

57. (　) 下列哪些為商圈周圍的交通條件？①白天與夜間的人潮②公車的路線與站牌的位置③道路的品質與寬度④停車設施。

58. (　) 商圈中主力商店開發要件為何？①中心位置②形象一致③商品組合④專業人員。

59. (　) 同業進入商圈開店，應如何因應？①若競爭店為領先品牌，則先觀察，依其強弱點，再謀因應之策②若競爭店為落後品牌，則正面迎擊③請求總部支援④要求供貨公司做好品質管理。

答案

1.(3)	2.(4)	3.(1)	4.(4)	5.(2)	6.(1)	7.(2)	8.(1)	9.(4)	10.(4)
11.(1)	12.(2)	13.(1)	14.(3)	15.(2)	16.(3)	17.(3)	18.(4)	19.(2)	20.(2)
21.(4)	22.(2)	23.(1)	24.(2)	25.(2)	26.(4)	27.(1)	28.(3)	29.(3)	30.(1)
31.(3)	32.(2)	33.(3)							
34.(1234)		35.(134)		36.(34)		37.(123)		38.(14)	
39.(12)		40.(124)		41.(13)		42.(23)		43.(12)	
44.(23)		45.(134)		46.(123)		47.(1234)		48.(34)	
49.(23)		50.(24)		51.(134)		52.(123)		53.(123)	
54.(14)		55.(124)		56.(24)		57.(234)		58.(124)	
59.(12)									

MEMO

顧客服務管理

07
CHAPTER

7.1 顧客服務管理

7.2 顧客服務作業

7.3 顧客滿意指標與評量

7.4 顧客關係建立與客訴處理

案例分享　MUJI 無印良品的營運與管理

練習試題

7.1　顧客服務管理

顧客關係管理是基於「顧客導向」之行銷觀念，故對行銷觀念及行銷策略規劃進行深入探討，以關係行銷與顧客關係管理發展之基礎。企業之存在奠基於顧客之存在，故企業之所能生存、發展哲學在於「顧客導向」之行銷觀念。

7.1.1　關於顧客行銷

美國行銷協會對行銷之定義為：「行銷乃是對觀念、產品、服務之構想、定價、推廣及配銷進行規劃及執行，以創造能夠滿足個人及組織目標之交換。」是以行銷之意義及範圍很廣，舉凡個人或群體組織創造了產品與價值，並與他人或其他組織進行交換以滿足彼此之需要、欲望的過程均屬行銷範疇。行銷是一個合理化的交換程序，雙方均在自由意志下進行，而且覺得該交換具有價值或意義。

為了建立企業管理之理論基礎，以下表 7-1 企業管理活動之架構來描述企業管理活動。

▼ 表 7-1　企業管理之範圍

企業活動 管理活動	行銷 活動	生產 活動	財務 活動	人力 資源活動	研究發展 與科技	資訊 活動
規劃、組織、用人、指導、管制	行銷 管理	生產 管理	財務 管理	人力資 源管理	研究發 展管理	資訊 管理

彼得・杜拉克(Peter F. Drucker)曾說：行銷乃是一切企業經營活動之基礎，故不能以單獨之功能視之，如自企業經營之最後結果－顧客之觀點來看，行銷是整個企業活動的整體。

7.1.2　行銷規劃及管理之概念

　　企業策略行銷規劃程序之具體行動方案，必須透過詳細行銷規劃及管理之程序方能獲致效果，規劃是管理功能中首要的技能及程序，企業管理規劃系統之發展需經歷：

1. 無規劃階段。

2. 以預算制度來規劃及改善現金流量階段。

3. 年度規劃階段。

4. 長期規劃階段後，正式進入策略規劃之階段。

7.1.3　策略規劃之意義

　　策略規劃是一個規劃管理程序，它是應用策略的觀念來統合企業發展的目標、行銷機會、企業之條件與能力間的平衡及效能。

　　一個優良的策略規劃，必須擬訂明確的企業使命(Mission)，為企業發展使命的組織目標(Objective)，並透過市場行銷機會及企業之優劣勢分析，設計出能夠達致組織總合目標的事業組合(Bussiness Portfolio)，並確定各組合事業目標及標的(Goal)，透過策略性的功能（行銷、生產、財務、人事、研發）整合規劃，努力完成企業之目標及使命。

7.1.4　策略規劃之程序

　　策略規劃是一個規劃管理程序，可將策略規劃之程序詳述如下：

（一）行銷觀念之策略規劃

　　企業之存在奠基於顧客之存在，故企業之生存、發展哲學在於「顧客導向」之行銷觀念。擬定企業之宗旨及使命，必須評估顧客之需求及

企業之條件、能力及優缺點，以使企業在重要的目標市場上占取競爭優勢，這是以行銷評估為基礎。

　　企業之整體規劃，行銷與策略是融為一體的，故策略規劃是策略性行銷規劃，也是行銷性策略規劃。

（二）企業宗旨及使命

　　行銷觀念下之企業使命在於定義企業營運的範疇及宗旨。

　　企業使命之擬訂原則如下：

1. 應具備行銷觀念，顧客導向。

2. 企業之使命應明確定義營運之範疇。

3. 企業使命應明確說明並具有激勵作用及建立共識之功能。

7.1.5　企業之總體目標

　　企業使命是企業之宗旨及任務，是一項理念之宣示及共識之建立，行銷觀念下顧客導向的企業使命定義了服務及努力的範疇。

（一）企業應盡的責任

　　企業的總體目標之方向在於完成對顧客、社會、員工及投資者應盡的責任。

（二）企業整體的目標

　　企業總體目標透過事業組合、分析及策略研究，以設計及確立發展之策略事業單位後，落實為各事業單位之事業目標。

　　由企業整體總目標，引申為各事業單位目標，再發展成各功能部門目標，事業單位目標，甚至再細分為作業層級之作業標的。如此各個管理階層都有其目標，且負責實現其目標，乃形成目標管理(Management By Objectives, MBO)系統。

7.2　顧客服務作業

7.2.1　核心概念

　　顧客關係管理是一種透過行動和學習，將顧客資訊轉換成顧客關係的一種反覆過程。因此顧客關係管理的運用，使企業得以將不同背景、需求的客戶予以區隔，並針對顧客的個別需求進行一對一行銷，提供客製化服務，以做為更有效的行銷方式。

　　CRM 主要目標仍在於即時滿足顧客需求、提高顧客滿意度，與顧客建立長期良好的關係及增加營業利潤，隨著資料倉儲與資料開發等知識管理技術的應用，顧客關係規劃漸漸成為 CRM 的核心。

　　如何透過顧客分析找出客戶的消費行為、忠誠度、潛在消費群與主要關鍵客戶，進而利用促銷管理針對不同市場區隔規劃行銷活動，以達到建立品牌知名度、改變購買行為或維持客戶忠誠度等目的，是企業對 CRM 的期許。

7.2.2　CRM 執行的趨勢分析

（一）顧客層面

　　顧客層面，由於資訊管道的不斷增加，消費大眾自然可擁有更多的資訊管道，以及不同的選擇機會。其不再只是單方面接受產品，多樣化的選擇，讓選購顧客對產品服務的要求日益提高。競爭激烈時，顧客可選擇與比較的空間擴大，無形中便降低了其忠誠度，此現象以網路通路中最為明顯。

（二）產業層面

　　產業層面，由於高科技的進步，企業可以利用許多龐大的資料庫處理以及資訊運算，而網際網路的發展，產業的營運範圍隨之擴大，一旦

掌握了每個客戶的消費習慣、個人偏好，或是已贏得客戶的信任，則企業亦可以推銷本業之外的商品，將營運領域藉此擴展到不同的業務範圍。

（三）企業建立 CRM 流程主要考量因素

1. 企業促銷活動被顧客忽略。

2. 新的客戶產生企業利潤所耗費的成本比現有客戶高出數倍。

3. 提高客戶認同回購比率，企業可創造更高的利潤。

4. 具忠誠度的客戶通常會免費（相對低的成本），為企業作有效的口碑行銷。

5. 被推薦的客戶通常可以購買更多的產品或服務，成為創造企業利潤的客戶。

因此，受到完善服務的顧客，成為企業珍惜的資產，當增加顧客忠誠度時：現有產品的銷售增加，亦增加其他產品的交叉購買 (cross-purchases)，產品所產生的附加服務亦增加其附加價值；除此之外，顧客亦因熟悉服務系統而降低了企業的營運成本，顧客之間的口碑也同時增加其他顧客的購買機率。所以，讓顧客保持顧客忠誠，即是企業重視管理顧客關係的原因。

7.2.3　顧客關係管理之定義

目前是「顧客經濟」時代，有效管理的 CRM 將創造企業更高利潤，並藉以避免危機、降低風險、轉挑戰為機會。CRM 是指企業為了贏取新顧客、鞏固保有既有顧客，以及增進顧客利潤貢獻度，而透過不斷地溝通、瞭解並影響顧客行為的方法。

CRM 是一種業務流程與資訊技術的整合，以有效地從多面向取得顧客的資訊，並持續利用得自現有顧客與潛在顧客的精確資訊，來預測及

回應顧客的需求。它是一種管理的方法，應用資訊技術來整合、建立、暢通與顧客聯繫的管道，經由顧客資料的分析，提供客製化的服務，讓「目標顧客」樂於往來，使成為企業創造價值的參與者。

7.2.4　顧客生命週期理論

顧客關係管理主要乃包括了三個不同的階段，分別為獲取(Acquisition)、增進(Enhancement)與維持(Retention)。而這三個部分，也正和顧客的不同生命週期階段不謀而合。

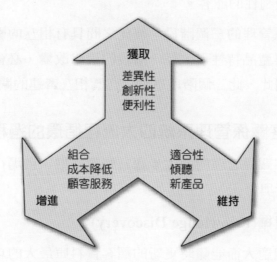

資料來源：Kalakota，Ravi and Marcia Robinson (1999). E-Business：Roadwap for Success p.177

▲ 圖 7-1　顧客關係管理的三個階段

（一）獲取可能購買的顧客

對企業而言，吸引顧客的第一步，乃是藉由具備便利性與創新性的產品與服務，作為促銷、獲取新顧客的方式之一。同時，企業必須透過優越的產品與服務，來提供顧客較高的價值。

（二）增進現有顧客的獲利

在有效的運用交叉銷售(Cross-selling)與提升銷售(Up-selling)之下，企業將能穩固與顧客間的關係，進而創造更多利潤。就顧客而言，交易便利性的上升與成本的減少，即為價值的增進。

（三）維持具有價值的顧客

對顧客而言，價值的創造來自企業主動的提供消費大眾感興趣之產品。企業可透過關係的建立，有效察覺顧客的需求並加以滿足，進而長久維持較具獲利性的顧客。

顧客關係管理的三個階段，彼此之間具有相互的影響關係。在面對不同的顧客與產品特性下，任一階段的策略改變，必會造成其他部分連帶的變動。因此，此三個階段事實上乃為相互牽連的關係。

7.2.5 顧客關係管理系統四大流程循環的過程

導入顧客關係管理的四大步驟為知識挖掘、市場行銷企劃、顧客互動，以及分析與修正，茲分述如下：

（一）知識發掘(Knowledge Discovery)

擁有一個龐大而能隨時更新的顧客資料庫最大的功用在於能夠盡可能反映出客戶的全貌產生各種綜效，進而幫助決策者和市場行銷人員做出下列決定：

1. **顧客確認**：辨識出信用良好、有正面價值的客戶，並且最多資源在利潤貢獻度(profitability)最高的顧客身上，對於為企業營運帶來損失的顧客，也需要分析其背景，盡量減少其帶來的損失。

2. **顧客區隔**：將不同背景、需求的客戶區隔開來，以依其個別需求作一對一行銷。

3. **顧客預測**：從現有的銷售情況、客戶反應做出預測，訂定不同的市場行銷策略。

（二）市場行銷計畫(Marketing Planning)

有了詳細深入的顧客資料，即可用來設計新的市場行銷計畫，亦即先據此擬定出一個與客戶有效的溝通模式，再依顧客之反映，進一步設計出促銷活動(campaign)，並找出較有效的行銷管道與吸引顧客上門之誘因。

（三）顧客互動(Customer Interactions)

指的是運用相關即時的資訊和產品，透過各種互動管道和辦公室前端應用軟體（Front Office Applications，包括顧客服務應用軟體、業務應用軟體、互動應用軟體）執行與管理和顧客／潛在顧客之間的溝通。

（四）分析與修正(Analysis and Refinement)

分析與顧客互動所得到的資訊，並持續瞭解顧客的需求，然後根據該結論來修正先前所擬之行銷策略，以尋求新的商機，在此階段應思考下列重要問題：

1. 何種商品或產品組合可以為企業帶來最大的營收與利潤？

2. 過去什麼客戶最易流失？

3. 什麼顧客是最忠實的顧客？通常會在什麼時候使用我們的產品或服務？

4. 哪項產品的促銷活動為企業帶來了多少營收？

5. 不同的定價策略是否會改變的市場占有率？

6. 如果用交叉銷售的特別促銷方式可以吸引哪些客群前來採購？

上述顧客關係管理的四大循環步驟如下圖 7-2 所示。

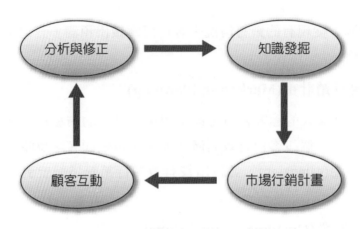

▲ 圖 7-2　顧客關係管理的循環過程

7.2.6　顧客關係管理的施行步驟

　　目前顧客關係管理乃是應用資訊技術，大量蒐集且儲存有關客戶所有資料，並加以分析，找出資料中具價值的知識，然後將這些資訊用來輔助決策及規劃相關的企業營運活動，並加以實行完整程序，其施行步驟如下：

（一）決定顧客關係管理的目標

　　企業首先要訂出顧客關係管理所欲達成的目標，並予以量化，如增加獲利率、增加顧客數量、提升顧客再購率等明確的目標。

（二）瞭解改變目前的行銷手法可能的障礙

　　CRM 講求能在適當的時點，透過適當的通路，針對適當的顧客，提供適當的產品。

　　例如臺灣博客來網路書店，便利用網路技術，當顧客點選瀏覽某一主題的書群時，該網站會即時在網頁上提供相關主題的書訊，並且記錄顧客購買的書籍種類，日後主動寄送電子郵件，告知顧客相關的書評和

出版資訊，這樣的設計節省了顧客找尋相同主題書目的時間，提供了相當有用、方便的資訊，可以增加顧客重覆再購的機率。

（三）規劃調整組織及作業程序

在企業考慮調整外部行銷活動同時，企業內組織的結構和作業程序也必須加以調整。如臺灣金融集團預定將原本以專賣特定險種如壽險業務員、產險業務員的業務員分工方式轉為以個別顧客為主，讓單一業務員提供全方位保險服務時，因為銷售的方式改變了，後端佣金計算的組織及保單送件的作業程序也要一併跟著調整。

（四）利用資訊技術分析找出不同特性的顧客族群

利用資料採礦、線上分析處理，及統計分析等方法，針對經過整合的資訊找出顧客的族群，這樣的分析方法不同於傳統以地域、人口統計變項方式所劃分的顧客群，而是一個全新、且以多個屬性做區分標準的分群方式。

如根據上述輸入的屬性，發現年齡在 30~40 歲、男性、居住於市中心、過去每月於加油站交易金額為一萬元左右的客群，對銀行利潤貢獻度最高，這樣的分析結果對於下一階段銷售活動規劃將很有幫助。

（五）決定如何經營不同客戶群間的關係，規劃銷售活動

在對顧客分群後，接下來就是利用這些資料，做為決策的依據，企業必須決定什麼樣的客群必須繼續維持且加強關係，什麼樣的客群必須吸引以增加獲利？接下來就必須針對特定族群的屬性規劃銷售活動。若是該銀行決定加強對於 30 歲男性的信用卡銷售，就可以參考上例該族群的職業及消費記錄等資料，投其所好地設計銷售活動。

（六）執行

規劃好銷售活動後，依據為適應新的行銷手法調整的組織和流程，配合新的銷售活動加以執行。

（七）監督、事後控制、反饋

在執行之後，必須監督和控制銷售活動的成效，將此次的結果記錄下來，執行並反饋給決策階層，作為下次目標制訂及調整的依據。

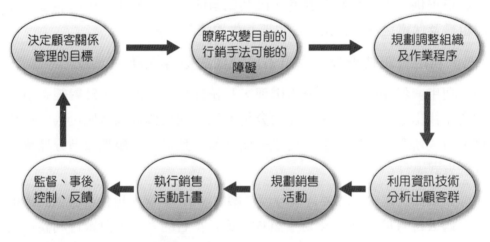

▲ 圖 7-3　顧客關係管理的施行步驟

7.3　顧客滿意指標與評量

7.3.1　以範疇來探討顧客滿意

顧客滿意是由一特定交易所產生的情緒性反應，即顧客滿意是顧客在消費或特定使用情形下，對商品傳達之價值，所產生的一種立即情緒性反應。

　　另有不同觀點則認為顧客滿意度之定義是整體性的，顧客滿意是顧客經由消費之後所產生的整體態度之表現，其能反映出顧客在消費後喜歡或不喜歡程度。

7.3.2　以性質來探討顧客滿意

（一）認知性觀點

　　顧客滿意必定要顧客親身去體驗產品或服務後才可能會產生。因為顧客滿意度決定於顧客所預期的產品或服務利益的實現程度，它反應的是「預期」與「實際」結果的一致程度。

　　上述可以發現顧客滿意度其實是一種「購買後行為」的「比較過程」，不論是投入成本與獲得利益的比較，或是購前預期與實際結果的比較，一旦顧客的期待獲得滿足，進而產生滿意。

（二）情感性觀點

　　顧客滿意是顧客心中主觀的感覺。因為只要顧客主觀覺得好，就會覺得滿意。

（三）折衷性觀點

　　上述兩種觀點多半缺乏整合性理論與實證研究的基礎，因此 Oliver 便嘗試以實證性的數據和整合的理論為基礎來定義滿意，結果發現滿意是先前消費的經驗，配合期望失驗的情感，所產生的一種綜合性心理狀態。

7.3.3　顧客滿意度預期差距

　　顧客對產品的預期與有差距產生時，顧客心理存在著接受區域與拒絕區域，這是由 Hoviand, Harvey, and Sherif(1957)所提出的類比－對比理論(Assimilation-Contrast Theory)。如果這個差距落在接受區域，顧客

會自行縮減此差距,實行同化過程,類比效果顯現,顧客會縮減此差距並認為滿意;反之,如果這個差距落在拒絕區域,顧客會誇大此差距,實行對比過程,對比效果顯現,顧客會去誇大此差距並認為不滿意。

7.3.4 影響顧客決定性要素

影響顧客的三個決定性要素為:事前期望、事後的實際認知以及不確認性。

(一)事前期望(Expectations)

顧客在消費或使用產品與服務前,對未知的服務所抱持的觀感。

(二)實際認知績效(Performance)

顧客所認知產品與服務的實際績效表現。

(三)不確認性(Discofirmation)

當期望形成之後,顧客會比較期望與認知績效兩者比較後的不一致性,而不確認則是以期望作為判斷標準。

7.3.5 實際績效和預期績效

有關顧客對實際績效和預期績效的關係:

1. 當實際績效在預期可接受的範圍內時,預期將會主宰實際績效。
2. 當實際績效 與預期兩者不一致的差距變小時,顧客對實際績效的認知會被期望類化。
3. 當實際績效在預期可接受的範圍之外時,實際績效將會主宰預期。因此若產品績效低於期望,將會被顧客認為比實上的表現更差。如果產品績效高於期望時,會被顧客認為比實際上的表現更好。

7.3.6　顧客期望理論

　　顧客期望理論(Customer Expection Theory)，認為顧客滿意是顧客對產品或服務，預期與實際表現認知間之差距。影響預期的因素有四項：

1. 公開的服務承諾。　　　　　2. 隱含的服務承諾。

3. 口碑。　　　　　　　　　　4. 過去的購買經驗。

7.3.7　顧客滿意四大要素

　　顧客對品牌忠誠會受對品牌長期累積的滿意程度直接影響，亦有研究指出品牌忠誠是受知覺品質的影響，而有關顧客品牌忠誠度的定義及衡量方式則做為以下的說明。

（一）價格(Price)

　　價格一方面是企業競爭的手段，一方面也是顧客的成本，所以，企業應該思考如何訂定顧客與企業都能創造彼此利潤的價格，顧客如果能夠接受產品的定價，就達到了顧客滿意的第一個條件。

（二）品質(Quality)

　　指的是產品的品質，顧客購買的產品是否能達到產品所強調的品質水準，也是顧客能否滿意的重要條件之一，這也是企業在生產過程中，必須嚴密的監控產品品質，達到企業所宣稱的產品品質能和顧客購買後的實際品質零差異，才能達到顧客滿意的第二個條件。

（三）時間(Time)

　　包括所有服務顧客的時間，舉例來說，在夏季顧客決定購買一臺冷氣，服務人員是否能快速的交貨，服務人員是否能在最短的時間內完成安裝，如果顧客需要事後維修服務時，服務人員是否能快速的處理維修工作，並且盡快的再送回顧客手中，對每個人來說，時間就是金錢，因此掌握服務時間也是達成顧客滿意的重要一環。

（四）態度(Attitude)

服務的態度，從顧客接觸第一線的服務人員開始，服務人員的態度是否良好，關係到顧客對此產品的印象，甚至決定購買與否，往往服務人員的態度專業友善，也會為產品帶來加分的作用。而服務從購買前顧客的詢問、顧客決定購買、購買期間的服務，及購買後的服務都會影響顧客的滿意與否，也關係到顧客是否會再度購買的意願。

這四個條件都是顧客滿意衡量重要的指標，如果有一個顧客對產品的價格很滿意，也很滿意產品的品質保證，但是服務人員的態度不佳，卻會讓顧客破壞了對整體產品的印象，相同的，如果服務人員態度好，服務時間又快速，但是價格卻讓顧客無法接受，也沒有辦法達成真正的顧客滿意。

7.3.8　顧客滿意度對企業的重要性

顧客滿意度的基本競爭策略公式是由「顧客服務」、「顧客關心」、「未期待之特性與服務」所組成的顧客滿意度。如何留住舊有顧客，這個問題使顧客滿意度變得重要且必要，商品買賣上，一旦顧客所接收到的服務績效高於原本所預期，那麼顧客就易對此品牌產生滿意度，企業也可藉此得到更高獲利的機會。而在推行顧客滿意度這個話題的時候，其對企業的重要性歸類有下列三點：

（一）顧客滿意對顧客的消費行為有正面影響

顧客購買產品前對產品有一假設的期望，消費後的實際績效比較，若實際績效和期望的差異不大，甚至超越原有的期望，則容易讓他對產品產生比較大的信任感，對產品感生滿意感。

（二）顧客滿意可增加企業獲利力

一旦建立了顧客滿意度之後，顧客因為對此品牌有了信任度，大大提升了顧客再購買率及接受程度。

（三）顧客滿意度是企業的競爭優勢

以往企業的競爭優勢是商品項目中的價格，這是最大的一個競爭決策，顧客傾向於較低價的商品。但現在顧客一旦有了滿意度之後，產品品質的影響度遠大於產品價格的影響，較不容易把其心力或是其他產品列在考慮之中，擁有最多顧客滿意度的企業，它的競爭優勢相對提高，這可使得企業在眾多的競爭者中脫穎而出，並且將可持續維持利益在一定的程度。

7.4　顧客關係建立與客訴處理

7.4.1　價值創造

有效的顧客關係管理在對外部分，可增加顧客獲取與利潤創造的機會。同時可針對各個顧客的需求設計行銷活動，以獲得較高的投資報酬率，並可在適當的時間提供正確的產品資訊給適合的顧客。在對內部分，良好的系統建置可改善各個部門間行銷相關活動的運作關係、改善產品週期，同時減少業務與服務的成本，提升營運效率。

7.4.2　顧客關係管理的競爭優勢

整體而言，顧客關係管理的運用，將使得企業對市場應變能力有大幅的提升。在企業導入顧客關係管理後，所能帶來的競爭優勢主要可分為下列三項：

（一）提升忠誠度

利用資訊技術保有顧客資料，可維持與既有顧客的關係，避免發生以往寶貴的資料隨著銷售人員離職而流失的情況。

（二）增加營業額

企業欲開發新的顧客關係，經由資料的分析確實瞭解市場需要，方能研擬最適合的行銷策略，有效掌握顧客需求，以提高銷售成績。

（三）精簡成本

顧客關係管理包含了資訊技術與顧客關係流程的整合，透過資訊分享可使效率提升，可達到節省成本的目的。

7.4.3　行銷活動規劃

行銷活動規劃主要的重點就在於掌握顧客，透過市場區隔瞭解特定的客群，提供特定的行銷方案行銷規劃、行銷活動管理、行銷效益分析，以及顧客終身價值之分析等，幫助企業找到最容易產生行銷效益的顧客群。

（一）市場區隔界定

市場區隔(Market Segmentation)的概念，其定義為將市場上某方面需求相似的顧客或群體歸類在一起，建立許多小市場，使這些小市場之間存在某些顯著不同的傾向，以便使行銷人員能更有效地滿足不同市場（顧客）不同的欲望或需要，因而強化行銷組合的市場適應力。

（二）顧客購買行為

顧客購買行為意指購買產品或享用服務人的決策過程與行動，顧客購買行為是指人們購買和使用產品或服務時所相關的決策行為。

購買行為有兩種涵義，狹義的顧客購買行為是指為了獲得和使用經濟性商品和服務，個人所直接投入的行為，其中包含導致及決定這些行為的決策過程；而廣義的購買行為除了顧客消費行為之外還有非營利組織、工業組織及各種中間商的採購行為。

利用 5W+1H 描繪出顧客購買行為輪廓：

1. 為什麼買(Why)

探討顧客為什麼買，進而充分掌握顧客的購買動機，然後將之轉換成適當的產品利益，以激發顧客採取購買的動機。

2. 誰買(Who)

誰買包括兩個角度，誰是我們主要顧客及誰參與了購買決策。

3. 何時買(When)

此一問題包括在什麼時侯購買、何時消費、多久買一次以及一次買多少等。

4. 在何處買(Where)

顧客購買或消費地點，也會影響顧客對於產品的看法，因為他會認定某項產品只在某些地方購買或消費。

5. 買什麼品牌(What)

在選擇過程中涉及到顧客用以判定品牌優劣的評估標準，一般稱之為購買考慮因素。

6. 如何買(How)

當顧客決定要購買產品時，通常都希望以最簡單，最便利的方法來取得產品。

在市場區隔的分析結果形成之後，決策人員應以區隔分析及顧客購買行為為基礎，訂出目標市場進行規劃行銷策略。以不同的產品和通路滿足顧客的個別需求，並持續地跟不同區隔的顧客溝通，以增加顧客的

利潤貢獻，並持續進行反覆測試，隨著顧客消費行為而修改產品或服務策略。

7.4.4 行銷活動管理系統

藉由分析結果開發訂定行銷活動及促銷計畫，並追蹤及分析各市場行銷活動之成效，做為未來決定其他行銷活動和促銷計畫之參考。

（一）資料庫行銷（大數據行銷）

資料庫行銷乃是一個動態資料庫系統的管理，該資料庫包含了有關顧客、詢問者、潛在顧客的廣泛性、即時性和相關性資料，並應用上述資料找出對產品最有可能產生回應的顧客和潛在顧客，以達成發展高品質且長期性關係的目的。資料庫行銷關鍵乃在於資訊系統的發展提升了資料庫的威力，使行銷人員可以做到過去所做不到的事。

資料庫行銷乃是應用統計分析和模式技術將個體層次的資料加以資訊化。資料庫行銷意指對目標顧客和潛在顧客者採取長期且有計畫的個別溝通，以促使他們再次購買相關產品和服務。

（二）資料庫行銷涵蓋之工作

1. 行銷資料庫的建立。

2. 對目標客戶的溝通與接觸。

3. 促銷活動反應的測定與資料庫的更新。

4. 對資料加以分析並應用於行銷管理決策。

所有資料庫行銷的活動的目的是希望能夠取悅顧客並建立品質忠誠度，使其願意再度購買相關產品和服務。

7.4.5　顧客服務部分

　　建構有效的顧客服務系統，提高顧客滿意度，進而創造企業的永續成長與獲利，實為企業經營的新課題。

（一）顧客滿意調查

　　開發一位新顧客的成本，是保留一位舊顧客的數倍，顧客滿意度與銷售量提升有絕對的正向關係。為強化顧客滿意度，依據顧客之重要性，提供不同優先順序之差異化服務，並提供將顧客服務需求或抱怨記錄之機制，以利追蹤處理過程。

（二）銷售前服務

　　顧客購買的服務在購買開始前就已經發生，對企業而言，無論針對現有顧客或是潛在的顧客，瞭解顧客的興趣和潛在消費行為將有助市場需求的探詢、產品的設計發展，以及與顧客互動關係的建立。

（三）銷售中服務

　　在購買現場的服務，可以說是企業與顧客最直接的互動機會。在第一時間給予顧客快速回應是建立顧客滿意度最佳方式。

（四）銷售後服務

　　在銷售後服務部分，包括：1.售後維修服務、2.客訴管理、3.售後調查與追蹤。良好的售後服務不僅可以減少顧客對產品的不滿，更進一步留住顧客、增加顧客忠誠度，促成重覆購買的機會。

7.4.6　服務事件管理系統

　　服務流程主要處理銷售後的問題，包括服務請求管理、抱怨管理、服務記錄管理。電子服務是為顧客解答疑問，一般是在網站上設置FAQ，應用到的技術為創作軟體(Authoring Software)與文件修正引擎

(Text Retrieval Engine)；如果顧客的問題無法透過 FAQ 解決，就可以透過問題解決軟體來解決。

（一）顧客資料回饋

將顧客有用的資訊提供給企業內部相關單位分享，幫助企業更深入瞭解自己的顧客，並能據此提供差異化的服務。

（二）客服人員服務

透過經驗及知識累積，提升服務人員的能力客服中心是企業對外資訊的聯繫管道，以利銷售人員及客服人員提供更有效、精確、即時的資訊給顧客，並協助企業制訂維持客戶忠誠度的行銷策略，因此，客服中心可以說是一對一行銷及資料庫行銷的經營基礎。

（三）客服中心行銷支援

服務管理第一重點需有一個完整的服務流程，當顧客有問題時可以確保服務的品質，然後要有多重的服務管道，重點在主動式的服務，讓顧客感受到服務的價值，而自助式（主動式）的行銷支援平臺服務可以提高顧客的參與，服務資源有效的分析與統計，集合成一個智識庫，可以將過去對顧客服務的經驗累積。

7.4.7　顧客分析

企業在顧客關係管理中，也需要在龐大的顧客資料中分析找到有成為價值顧客潛力的標的，以及早點發現即將流失的顧客。

7.4.8　顧客抱怨反應

「顧客抱怨行為」（Customer Complaint Behavior, 簡稱 CCB），可將其定義為「顧客感覺不滿意之後的情緒或情感下(Feelings or Emotions)所引起的顧客反應」。

　　目前諸多服務業為節省人事成本大量採用年輕的工讀生或兼職人員，對服務品質或專業程度未對顧客抱怨處理投入諸多教育訓練與各項防備成本，在產業競爭的商業環境中，顧客對服務品質因有所比較而產生更多對企業服務層次的期待，而未達到預期水準或期盼落差更是造成顧客抱怨的因素之一。

7.4.9　對客戶抱怨應有的態度

　　服務的提供與消費是同時發生其有不可分割的特性，在顧客多樣性與服務多變性的情況下，現場工作人員在與顧客的接觸互動中，難免會有服務失誤發生，此將造成顧客負面的反應，如果企業透過服務補救挽回失誤的情形，將會使得顧客更滿意或包含該企業，如果補救措施執行不利時，將更容易導致顧客的不滿意。因此在服務失誤發生時，須立即對失誤的部分加以補救，讓顧客感到滿意，以增加與其未來的長期互動關係。

　　因此，有下列重點應試圖掌握：

1. **感同身受的心態**：在顧客提出抱怨前應已承受極不舒服的心情與困擾，因此面對顧客所述之感受，應採取相同心境來看待，自然比較能體諒顧客重覆訴說當時不滿意的感受。

2. **真誠面對負責**：諸多抱怨並無法判斷對錯，如果能藉由顧客抱怨中找到企業的疏失，真誠面對顧客不滿意之處，相信對顧客而言應能緩和其不滿情緒，對抱怨可能延伸的事端即有了正向轉機。

3. **感恩報謝作為**：顧客多數反應或抱怨的訊息都是為了讓整個服務過程或產品品質表現符合預期，可能企業受限成本、人員教育訓練、場域等無法達到完美呈現，在顧客無法取得企業操作困難前，除真誠告知這為企業努力達到之目標外，可在可控制營運成本內，提供額外有感

覺的服務提升或意見回饋贈品，如在顧客資料許可使用下可由單位主管之名寄出感謝卡。

7.4.10　顧客抱怨之型態

（一）過程時點

顧客對零售業者的抱怨依發生時點的先後劃分為：售前的銷售系統、售中的購買系統、售後的消費系統。

對開放賣場在購買系統中的顧客滿意起因細分成 8 項：店員、店鋪環境、商品政策、服務定位、商品／服務、常客、價值／價格關聯性、特別折扣。

（二）人員責任

人員服務失誤，分成以下 15 項分類：服務政策失誤、延遲服務、價格錯誤、包裝錯誤、產品缺陷、缺貨、錯誤服務、維修失誤、員工反應不佳、錯誤承認、記帳錯誤、服務態度不佳、未反應、窘境、欺騙。

（三）服務機能

服務機能型態細分成 6 項：一般態度、禮貌性、習性與外表、銷售技巧、關聯性商品的知識、店員的耐性。

7.4.11　顧客抱怨處理之方法

服務補救策略是處理顧客抱怨最適宜的處理方式，有六種不同的策略參考，從其策略中可見，處理服務補救是不能吝於節省成本的，因為服務補救是企業請求顧客再給一次服務的機會。

▼ 表 7-2　服務補救策略優缺點比較

方法	意義	優點	缺點
被動補救	對顧客之抱怨依個案處理	容易實施費用低	不可信的 突發的
有系統回應	有制度的反應顧客抱怨	提供一可靠的制度來回應失誤	可能不合時宜
早期預警	對失敗的預警先採行動	降低服務失敗對顧客的衝擊	分析與監視服務傳遞的過程非常昂貴
零缺點	消除服務傳遞系統中可能的失誤	消除服務失敗	太困難，因為服務傳遞的變異性大
逆向操作	有意的失誤以展示服務補救的能力	增強顧客忠誠度	沒考慮到服務失敗對顧客之衝擊
正向證明	對於競爭者的失敗採取反應	獲得新顧客	競爭者服務失敗的資訊不易取得

資料來源：Kelly, Scott W., and Mary A. Davis (1994)

7.4.12　顧客抱怨處理之應對

Conlon and Murray 對顧客補救方式的研究中，將顧客抱怨方式限定在「解釋」的方式上，並將解釋細分成六種方式探討不同的顧客抱怨補救方式，對於顧客滿意度與再購率是否存在顯著影響。六種解釋方式包括：

1. 道歉。　　　　　　　　　2. 證明正當。

3. 找理由。　　　　　　　　4. 避免發生。

5. 道歉並加以證明正當。　　6. 公司需要更多的資訊才能處理。

7.4.13　顧客抱怨處理避免之辭令

　　當顧客對服務過程或商品提供感到不滿意時，資深人員可能有經驗臆測顧客抱怨關鍵點，直接提供解決方案，但大多數服務業從業人員並無專業經驗，面對正處抱怨高點的顧客，無法理性溝通的狀況，經常造成原抱怨事件失焦，延伸到服務態度或品牌文化的攻擊，因此，當顧客第一時間的抱怨處理態度與用詞更顯重要。

　　因顧客抱怨處理過程最不適採用制式說詞表達，在傾聽抱怨後更不宜回應：這是公司規定…；不可能…；沒有人這樣的…；喜歡就買，不高興就算了…，我們不可能這樣的…；這不是我們的問題…；請留下資料我請公司處理…；這是基本的概念，大家都知道…。因此，第一線人員如果非有客戶抱怨經驗，應不宜代表企業回應客訴以避免延伸更大客訴效果，應由主管互動回應第一線人員在旁學習應對技巧並協助記錄重點。

7.4.14　與顧客應對之關鍵點

　　當顧客透由任何管道反應服務不佳、產品不適用、品質品管未達標準、價格偏高等抱怨，即可顯示企業在資訊提供或銷售、服務提供等有說明未清楚或顧客未明白理解之處，因此，針對不同時段需有重要關鍵回應。

1. **取得抱怨資訊**：此階段應採用耐心的態度，真誠積極的聽取顧客所抱怨的資訊。

2. **訪查顧客不滿意的關鍵點**：在顧客抱怨陳述過程中，會多次針對特定環結陳述表達，整理陳述關鍵點，讓顧客確認企業明瞭異議部分。

3. **確認發生原因點**：經確認抱怨關鍵點後，經研判後找出原因，理性說明原委與發生造成的狀況，對原因點立即處理或改善（承諾），如事關諸多層面在取得同意延後處理查詢再確認，以求取有效解決的方案。

4. **追蹤處理後續**：尋找到合適解決方案後，理性向顧客誠心說明，並向其表達致謝之意，為避免影響其他顧客感受，應尋找安靜之辦公室或場域進行，如透由電話或文字回覆亦應將字詞重覆確認再回應。

7.4.15　顧客抱怨處理之前的內部改善

上列各項說明都以發生事件後之處理說明，當企業接觸顧客抱怨後，如無專業訓練人員或無正式編制客服部門的企業，多直覺將問題回推到顧客個人行為，也因此第一時間就無法與顧客持續就事件對話下去，所以如何妥善處理客訴或抱怨就成為目前企業競爭差異中能否讓顧客滿意之重點。

從企業應對顧客抱怨就可明瞭該企業主管的管理能力，進而檢視企業是否建構一套顧客抱怨處理規範，並由統一單位控管與安排各項專業訓練課程，就目前臺灣多數企業都有導入 ISO 系統進行自主管理，其中規章即有要求客訴處理作業辦法，但再次強調表單僅是協助顧客客訴的內部記錄與改善要求，顧客並不會在意企業這些表單作業方式。

因此有些處理原則即需從平時企業文化進行導入，簡要說明如下列：

1. 管理單位應明確建構企業營業方針、營業政策、企業目標。

2. 企業營業方針、營業政策、企業目標需透由各項會議、文件等管道傳遞給所有同仁，讓同仁配合企業對外需展現之印象。

3. 將過去客訴與抱怨進行整理，編列案例或教案提供過去回應改善之經驗。

7.4.16　顧客抱怨處理之禁忌

顧客抱怨處理需要考量第一線人員溝通用詞、說話語調、互動眼神、肢體動作等，而選擇處理顧客抱怨的場域亦是客訴能否消弭的重要因素，因此有下列需注意項目：

第一線工作人員應有之態度：

作業項目	不宜呈現之態度	建議應保持之態度
受理過程	表情不悅、急於完成制式化填表、語氣急促	適切微笑、先傾聽後填表單、語調平穩
面對問題	急於解釋說明、與顧客搶話	安靜傾聽
回應問題	用專業術語回應、用指正顧客的方式溝通	用感同身受的立場（角度）來說明事件後續（改善、追蹤、回報、補償）

接續客訴案件主管態度：

作業項目	不宜呈現之態度	建議應保持之態度
狀況掌握	指責內部人員處理不利、懷疑顧客故意製造困擾	藉案例教導工作人員專業能力，從第一線人員片段資料整理事件
第二次回應	第一線客服人員已取得的問題重覆詢問顧客，讓顧客再次述說會引起顧客不悅，未重視他的反應	將顧客反應重點與期待精簡確認，不宜讓顧客因此聯繫互動延伸另一客訴案件
後續處理	向顧客告知還要再進行申請或請示主管（重大案件除外），強迫顧客接受單一改善	掌握重點與客訴可改善範圍進行改善承諾與回饋

顧客抱怨的範圍很大，無論如何都是尊重顧客反應的意見，但近年來因服務業以顧客永遠是對的，造成部分顧客無上限的要求、期盼、責備，因此有一派服務業的聲音對特定要求過高服務水準的顧客，表達期盼顧客尊重專業與考量合理服務品質與合適產品價格。

MUJI 無印良品的營運與管理

一、公司簡介

　　無印良品始終堅持三個產品開發的基本原則：

1. 嚴選素材：使用材質更好的布料做為服飾素材，提供穿搭多樣化的選擇與樣式。

2. 簡化包裝。

3. 檢討製成：將嚴選素材製成的衣物重新染製，藉此呼籲思索善待地球的重要與珍惜每一件衣物的價值。

二、產業現況分析

　　日本批發業、零售業的平均離職率是 14.4%。而無印良品本部員工的離職率最近五、六年都維持在 5%以下。

　　無印良品的經營策略採多角化經營策略，如：

1. Café & Meal MUJI 臺中店為全臺唯一提供「full-service」的門市。全桌邊服務可推薦民眾更適合個人口味的料理。不過由於餐廳服務內容調整，Café & Meal MUJI 臺中店已於 2020 年 6 月停止營業。

2. 不只涉略雜貨類，現在更拓展到建築領域，無印良品的理念是：「能長久使用，並且可以適應生活變化的住所。」

三、市場環境分析

（一）SWOT 分析

S -優勢
- 商品品質強調自然舒適。
- 人員服務態度認真。
- 店鋪呈現乾淨整潔。
- 商品具有質感且多樣化。

W -劣勢
- 因食品運送距離長，易變質或是過期。
- 實體店鋪家數不足。
- 商品更新速度緩慢。
- 商品大多經中國製造，日本包裝。

O -機會
- 現代人開始重視環保與回收。
- 網路盛行開始發展網路店鋪。

T -威脅
- 類似的廠商數增加。
- 價格通常高於競爭者。

（二）STP 分析

S-市場區隔		T-目標市場選擇	P-市場定位
人口統計變數	性別	青壯年族群	無印良品所提倡的，是一種追求環保、自然的高品質生活哲學。
	年齡	20~40 歲	
心理變數	生活型態	崇尚自由、簡單	
價值觀變數	青壯年族群們，沒有太大的經濟壓力，會寧願多花一點錢讓自己的生活有高一點的品質。比起在一般店面買生活用品，無印良品提供合理價格，CP 值卻超高的高品質商品，深受追求質感生活的年輕族群喜愛。		

四、領導者風格

前領導者松井忠三:「我們在培育『人』,而不是『人才』」。

(一)基本原則

1. 善盡職責。

2. 團隊合作。

3. 坦率、誠實、公平。

4. 行動力、執行力。

(二)MUJIGRAM 店面服務指導手冊

無印良品每個店面都有指導手冊 MUJIGRAM,手冊中記載了無印良品各項工作的技巧、態度與細節,從公司經營、商品開發、賣場的陳列,及至於如何接待顧客,都有精要的說明。

五、成功關鍵因素

(一)行銷面

1. 盡速展開獨立店。

2. 傾聽消費者的聲音。

3. 鼓勵消費者參與。

4. 以生活風格與設計品味做為行銷主張。

5. 成功的品牌、命名、廣告與促銷活動。

6. 明確的市場區隔及定位。

(二)成本面

1. 善用素材。

2. 製造過程精簡。

3. 包裝簡單化。

六、未來展望

稱無印良品是一個品牌，不如說它是一種生活的哲學。

無印良品的企業理念是可以跨越國界的，從 1980 年創立至今，無印良品都在提倡簡單過生活的概念，至今仍持續向世界發聲，希望能像指南針一樣，永遠指向生活中「基本」和「平實」的方位，將簡單好用的生活良品，獻給全球的消費者「平實好用」的真正價值。

EXERCISE 練|習|試|題

18100 門市服務 乙級 工作項目：門市顧客服務管理

單選題

1. ( ) 下列有關自助式門市服務的敘述，何者不正確？①適合用於店內商品都是知名品牌者②適合用於店內都是不需要解說的商品③顧客會感覺服務品質很好④可以降低人事成本。

2. ( ) 附屬顧客服務是指零售店不一定要提供的服務，不過如果有這項服務可提升零售店的形象。下列何者為量販店的附屬服務？①代客送貨②免費停車③退換貨④親切有禮的服務態度。

3. ( ) 佳琪是百貨公司服飾專櫃的服務人員，有一天一位婦人抱著小孩到專櫃選購衣服，佳琪應該如何處理才能贏得顧客的高度滿意？①建議顧客直接購買回去，穿過之後不滿意再來退換②幫忙抱小孩或置於兒童專用椅，讓顧客能夠試穿③幫顧客量身材，以確認衣服尺寸是否符合其身材④請顧客改日再來選購。

4. ( ) 下列有關顧客服務的敘述，何者不正確？①顧客服務是一種門市行銷策略②顧客服務是以滿足個別顧客的需求為最終目標③優越的顧客服務能夠贏得顧客的心④大型零售商應該比小型零售商更重視顧客服務。

5. ( ) 下列何者非門市服務人員得體的服裝儀容？①整潔②暴露③優雅④端莊。

6. ( ) 下列何者非顧客服務所產生的抱怨？①服務人員上班嚼口香糖②等待結帳的時間太長③商品退換貨處理時日太久④商品價格太貴。

7. ( ) 下列何者是促使顧客購買的先決條件？①需求與購買力②喜好與需求③喜好與被勸誘④被勸誘與購買力。

8. ( ) 門市服務人員與顧客進行溝通時，下列何種因素對於說服能力的影響最小？①言詞②聲音③服裝④表情。

9. (　) 有一位約 60 歲的婦女到服飾店挑了一件鮮豔的花襯衫並詢問服務人員的意見，下列哪一種說法比較不會傷及顧客的自尊心？①這件太花俏了②素一點的花色比較能襯托您的氣質③這件比較適合年輕人穿④這件的花色不適合您的年紀。

10. (　) 對於愛唱反調的顧客下列何者是不適當的應對態度？①採取詢問的方式應對②耐心傾聽、不責難、不批評③當場找出顧客錯誤的地方嚴正指責④採取開放態度理性應對。

11. (　) 對於懷疑心重的顧客下列應對的方式何者為非？①營造輕鬆的談話氣氛②以優越的說服力來解除顧客疑惑③以忍耐、寬容的胸懷應對④察言觀色、刺探顧客的心意，再為其說明。

12. (　) 下列哪一項敘述非門市服務人員接觸顧客的適當時機？①顧客正在瀏覽商品時②顧客數度伸手觸摸某一項商品時③顧客詢問商品價格時④顧客駐足注視某一商品一段時間時。

13. (　) 下列何者為非提供給顧客標準化服務的優點？①提供每一位顧客所需的服務②提供一致性標準的顧客服務③確保顧客獲得最佳的服務④確保顧客服務會因人而異。

14. (　) 小英在路邊攤花 350 元買了一個保溫瓶，回家之後發現瓶蓋有裂縫，就自認倒楣算了。後來小英又到百貨公司花 500 元再買一個保溫瓶，回家之後又發現瓶蓋有裂縫，就十分生氣的拿去退換。為什麼小英同一種事件前後處理的方式不同？①路邊攤沒有退換貨的服務，百貨公司有退換貨服務②小英覺得路邊攤的銷售者比較兇，百貨公司的服務員比較親切有禮③小英對路邊攤賣的商品期望較低，對百貨公司賣的商品期望較高④小英第一次買到瑕疵品比較能忍氣吞聲，第二次又發生同樣的事就無法容忍。

15. (　) 下列哪一種方法無法瞭解顧客對於商店服務品質之期望與知覺？①對顧客進行問卷調查②收集顧客抱怨的資料③門市服務人員回報有關顧客的資訊④分析門市銷售相關資料。

16. (　) 下列何者非門市服務人員應有的服務態度？①以顧客滿意為目標，教育員工以熱忱、誠意、對待顧客②站在顧客立場及同理心想如何經營顧客的心③以多元化的作法讓顧客感受服務的價值④以門市促銷增加服務的機會及顧客的滿意度。

17. (　) 下列何者是處理顧客抱怨的第一個步驟？①傾聽顧客抱怨②提供合理解決的方法③誠懇的道歉④教育顧客以避免將來發生同樣的問題。

18. (　) 下列何者不是傾聽顧客抱怨的目的？①讓顧客發洩不滿意的情緒②讓顧客深信可以獲得補償③讓顧客覺得門市重視他的抱怨④瞭解事情的始末與顧客的想法。

19. (　) 有關顧客抱怨的處理，下列何者無法讓顧客感覺到被公平待遇？①正視顧客的問題，給予顧客正面的回饋②讓顧客知道，他的建議將成為改進本店服務的主要意見③請顧客填寫顧客申訴表格④讓顧客知道，門市服務人員是依照規範及程序來處理他的問題。

20. (　) 下列何種方法無法迅速解決顧客的抱怨？①減少處理顧客抱怨的程序與人員，最好是第一個接洽的人員就能解決顧客的問題②傾聽與紀錄③站在顧客的立場與顧客進行溝通④組織一個客訴委員會，審慎處理顧客申訴案件。

21. (　) 下列有關顧客管理之敘述，何者不正確？①顧客管理是收集有關顧客的資料，予以資訊化，再積極的善加運用於實體活動②顧客管理主要是整理顧客的名冊③顧客管理的目的是對顧客繼續提供滿足感④顧客管理可說是顧客的資訊或相關的資料管理。

22. (　) 下列何者非透過顧客管理所進行的活動？①特賣品促銷活動②勸誘沒有數位電視的顧客買一台數位電視③準備大尺碼的衣服銷售給比較胖的顧客④提供家庭消耗品的定期送貨服務。

23. (　) 下列何者非組成顧客期望的因素？①取自親朋好友與廣告的資訊②門市服務人員的數量③從其他零售店處所獲得的經驗④接受服務時的心理狀態。

24. (　) 有關顧客服務之敘述下列何者正確？①顧客服務是專屬於顧客服務部門的工作與責任②只要商店盡量討好顧客就能做好顧客服務工作③商品需要的售後服務越少，顧客越不知道要如何求助，因此越有必要成立顧客服務部門④要做好顧客服務一定要成立顧客服務部門。

25. (　) 下列何者非零售店負責顧客關係管理者？①老闆②門市服務人員③供應商④店長。

26. (　) 下列何者與門市顧客關係管理工作無直接關聯？①商店的宣傳活動②員工在職訓練③例行的店務檢查④顧客抱怨的處理。

27. (　) 下列四種因果關係，何者是正確的？a：顧客滿意、b：為商店創造價值、c：為顧客創造價值、d：建立顧客關係①a→b→c→d②d→b→c→a③c→a→d→b④c→a→b→d。

28. (　) 林太太到超級市場購物，在排隊等候結帳時，突然一條原本關閉的結帳櫃檯開放，所有排在她後面的人全都跑到新開放的結帳櫃檯，這種情況讓林太太產生何種情緒？①受到不公平待遇②不受尊重③不被信任④被冷落。

29. (　) 張先生到超級市場買了一個製冰盒，回家後發現製冰盒上有裂痕，於是送回超級市場要求換貨，服務員無條件的就換了一個新品給張先生。這種情況讓張先生感受到何種情緒？①受到公平待遇②占便宜③被信任④被冷落。

30. (　) 下列構成顧客滿意的要素何者不正確？①提供豐富、齊全、優良商品及合理價格②以營業數字衡量顧客對商品及服務滿意的程度③強化商品服務、人員服務及活動設計④提升消費者印象對企業形象、經營評價及商品的評價。

31. (　) 下列有關服務與商品之敘述何者正確？①瑕疵的商品及服務是輕而易舉被發現②服務與商品的價值在於顧客客觀的判定③服務的商品，重視發生的時機，即重要的關鍵時刻，因此每位員工對顧客都應是獨特的④追求績效的提升，主要要按標準程序完成作業。

32. ( ) 下列有關門市服務品質不佳之敘述何者不正確？①員工的訓練、知識及技能不佳或不足②若能規劃服務之標準話術或作業標準化，可提升服務的品質③作業的失誤會影響服務品質④即使表情冷漠的喊歡迎光臨，亦是執行標準化作業程序之一。

33. ( ) 下列共有幾項是令人反感的服務？a.顧客正挑挑撿撿時馬上整理；b.新手上線；c.不理不睬；d.講話粗俗；e.一問三不知；f.急著推薦商品；g.不買態度就變；h.退換貨時表情不悅①八項②七項③六項④五項。

34. ( ) 在生意繁忙或尖峰時段，下列有關待客滿意指標何者不正確？a.提高接客的效率；b.高速率的接客；c.先處理性急、急需的顧客；d.保持微笑的接客態度；e.一對一的按序販賣；f.不要忘記顧客購買的意向；g.簡短且動人的表達商品特色；h.注意後來的顧客，i.分一點心來先應對熟客①be②ce③ci④gi。

35. ( ) 盡量不要讓顧客等太久的高速率應對服務，下列敘述何者正確？①透過人員服務協助顧客縮短選擇商品時間②前半段推銷期待顧客購買的商品③隨著後半段服務符合顧客希望的商品④顧客若拿不定主意則拉長購買時間，多拿一些商品以探求其購買意向。

36. ( ) 下列有關店員合宜的態度及行為之敘述何者不正確？①店員做開張準備動作可以吸引顧客②店員有禮貌且親切的態度可以吸引顧客③顧客上門立刻湊上前殷勤熱情的推銷服務④店員主動之銷售服務可活化店面。

37. ( ) 下列有多少項目是店員不良的服務行為使顧客卻步的原因？a.等待顧客上門的表情；b.會趕走顧客的言語（請問您要買多少東西…）；c.妨礙顧客接近或接觸商品；d.站在店門前迫切想抓住顧客上門的招攬行為；e.店員雖聊天也很努力工作；f.不合時宜的招呼①六項②五項③四項④三項。

38. ( ) 基礎建設是提升顧客滿意度成功的關鍵，下列何者非門市作業所重視的項目？①顧客資料的收集、記錄及更新②銷售流程合理化、消弭多餘的作業③持續不斷的教育、培育優良員工④講究第一線從業人員的態度及經驗傳承。

39. (　) 對 24 小時營業的零售業，下列有關顧客評量滿意基準的敘述何者有誤？①要求減少等待時間②期待全天候服務與諮詢③時段別販售商品期待能滿足客戶的需求④保障顧客有充足的商品供應量。

40. (　) 隨著消費者對顧客滿意要求越來越高的趨勢，應重視顧客滿意指標之建立及提升，下列敘述何者錯誤？①要比以前更注重形象及顧客滿意的診斷②對顧客做定期的滿意調查，以保持營業績效的潛力③顧客滿意度係指顧客滿意程度及要求項目，無法藉以衡量員工的服務品質及效率④舉辦各項顧客滿意活動或評量，以提升顧客滿意度、店鋪形象。

41. (　) 下列有關用以診斷顧客滿意度之顧客評量活動或作業有幾項錯誤？a.顧客滿意度調查表或系統的設置；b.定期問卷調查、市場調查或座談會；c.店鋪對固定主顧客做口頭或電話詢問；d.店鋪內部的績效評估數據；e.顧客抱怨次數；f.退貨百分比①零項②一項③二項④三項。

42. (　) 下列有關強化顧客滿意度重要性之敘述何者不正確？①瞭解顧客並發掘潛在的需求②對顧客的需求作出正確的回應③顧客滿意度提高，續購率便會增加④以廣告訴求強化品牌忠誠度，提高顧客滿意度。

43. (　) 下列何者非處理顧客抱怨的步驟？①確認該商品是否符合退換貨標準②耐心傾聽③找出癥結④迅速處理。

44. (　) 適逢門市該項商品補貨中，下列何者非處理顧客退換貨處理？①確認該商品是否符合退換貨標準②安撫顧客情緒③說明退換貨作業程序④請顧客填寫滿意度調查表並執行改善計畫。

45. (　) 下列何者處理現場顧客抱怨無法有效解決？①確認該商品是否符合退換貨標準②耐心傾聽③帶離現場與安撫情緒④同理心認同顧客。

複選題

46. (　) 下列有關顧客服務的基本原則哪些正確？①顧客對服務品質要求越來越高，必須對服務人員提供在職訓練，以持續提升服務品質②服務品質僅止於服務人員面對面的接觸，對於與顧客之接觸點並不重要③連鎖店的標準作業程序(SOP)，主要在維持一致性、標準化的服務品質④

顧客抱怨屬於顧客對某一服務人員態度的看法，對企業營運不會構成影響。

47. (   ) 以連鎖茶飲店為例，下列店員服務的作業方式哪些錯誤？①顧客進來時喊招呼語，離開時則不須致謝②主動向顧客推廣飲品③與顧客說話面帶嚴肅表情④以單手傳遞飲料給顧客，並主動將吸管放入飲料袋中。

48. (   ) 下列哪些為處理顧客抱怨的正確原則？①即時處理②為公司立場辯論③公平一致對待④對顧客的要求提供承諾與補償。

49. (   ) 下列有關門市服務創新之敘述哪些正確？①建立於科技的運用②無法為顧客創造價值③來自於市場趨勢或競爭④來自於顧客需求變化。

50. (   ) 下列有關顧客關係管理之敘述哪些正確？①RFM(Recently-Frequency-Monetary)分析，M 值越低，則為常客之必要條件②會員制度是一種有效與顧客建立關係的方法③透過會員資料庫，一般可就顧客購買的日期、商品及金額瞭解顧客之喜好與購買力，從而進行顧客分群及差異化行銷④一般而言，開發新客戶所花費的成本遠較維繫舊顧客關係為低。

51. (   ) 下列有關服務類型之敘述哪些正確？①電器商品是一種等量的商品與服務並重的類型②肯德基餐飲店是一種以商品為主而附加服務之類型③醫生看診是提供純粹服務的類型④美髮服務是一種主要為服務而附帶少量商品的類型。

52. (   ) 門市服務人員的服務行為易變性，導致很難維持服務品質的一致性，為減少服務行為的易變性，下列敘述哪些正確？①慎選服務人員②加強服務人員教育訓練③建立服務人員管理、考核與激勵措施④採取放任管理方式。

53. (   ) 下列有關顧客滿意之敘述哪些錯誤？①降價是顧客滿意最有效的手段②有滿意的顧客才會有更多好口碑的傳遞③顧客滿意是一項階段性任務，故僅重視某階段顧客反映的問題即可④讓顧客滿意是主管的責任，與員工無關。

54. (　) 改善門市服務人員的服務態度，下列敘述哪些是立竿見影的有效作法？①公司採取分紅制度②由來店購買顧客進行優秀服務人員的選拔，將顧客意見帶進來③加強員工的自主管理④公司培訓神祕顧客親自到店裡進行服務檢視。

55. (　) 隨著資訊科技的進步，許多連鎖企業紛紛建立顧客資訊系統，有關顧客資訊系統之功能下列敘述哪些正確？①可做為創新商品與服務之參考②可對顧客進行滿意度之調查，提供營運重要資訊③掌握顧客生日與節慶活動，寄發賀卡、問候卡等維繫顧客關係與個人化服務④可將顧客資訊銷售給其他企業，進行跨業合作，以獲取更多利潤。

56. (　) 要想超越顧客的期待，下列敘述何者正確？①視顧客穿著打扮予以區隔等級，並依等級提供不同的對待②正確呼叫顧客姓氏稱謂，並記住消費習性③顧客一進門市親切打招呼，並緊跟其後準備做促銷服務④服務過程中提供意想不到的額外服務，如外送、修改等。

57. (　) 藉由媒體宣傳所給予顧客印象與實際提供服務有不一致所造成的落差，其原因下列哪些正確？①組織缺乏明確的服務觀念及目標設定②業者對顧客的期望有不正確的認知與解釋③服務人員未依照應有的服務規範執行④顧客解讀媒體訊息時有錯誤。

58. (　) 下列哪些為服飾店之門市服務人員所需具備的商品專業知識？①溝通與銷售技巧②衣服的材質、製造地、特性、及功能等知識③服飾流行趨勢及如何穿著與搭配等知識④接待禮儀知識。

59. (　) 下列有關門市服務人員之儀態哪些敘述錯誤？①與顧客說話時應正視對方，並可東張西望②站立時雙腳應自然站立，不可叉開或斜靠③走路平視前方，並面帶微笑，而雙手擺動手肘以下的部分④坐姿腰部、背脊自然挺直，並靠在牆上或椅背。

60. (　) 下列有關門市服務人員的接待話術哪些敘述錯誤？①正在忙其他工作無法立即服務，對顧客用語：「等一下。」②顧客告知服務人員某商品的價格很貴，對顧客用語：「這商品雖然貴，但商品品質很好，……。」③找錢給顧客時，與顧客再進行確認用語：「收您 XX 元，找您 XX

元，請您點收一下。」④顧客詢問門市未販賣的商品時，對顧客用語：「我們沒有賣！」。

61. ( ) 下列哪些是因零售門市服務人員之服務因素常引發的顧客抱怨？①商品有瑕疵②商品沒提供裝袋服務③結帳速度過慢④服務態度欠佳。

62. ( ) 下列哪些是有關個人化服務之作法？①提供符合顧客需求的商品或服務②消極的處理顧客諮詢與抱怨③平時關懷每位個別顧客④記錄與掌握顧客交易資料。

63. ( ) 下列哪些有關優質服務連鎖店之敘述為正確？①服務顧客為客服部專業人員的工作，與其他部門人員無關②瞭解每一個與顧客接觸的關鍵時刻，並做好管理③建立體貼的顧客服務系統④晉用高學歷服務人員。

64. ( ) 門市要有高水準以顧客為導向之服務人員，下列作法哪些正確？①重視服務人員招募、甄選過程，選取有意願、熱誠的服務人員②對服務人員施予評鑑，並對其表現予以回饋及輔導③建立以顧客為導向之服務文化④將績效良好的員工調到第一線從事服務工作。

65. ( ) 門市服務常遇到工作量有時多得忙不過來，而有時工作量少得人員閒置情況，為提升服務品質及營運績效，下列處理方法哪些正確？①提供多元化商品②採取預約制③兼職人力補足工作量大之人力缺口④與同業策略聯盟。

66. ( ) 下列有關服務品質之敘述哪些正確？①服務品質與顧客滿意度成正相關②服務品質越佳則顧客留存率越低③優質服務品質會使企業獲得差異化的競爭優勢④服務品質越佳則服務補救措施會越多。

67. ( ) 有關門市服務人員與顧客溝通的技巧，下列敘述哪些正確？①已知顧客姓氏，盡可能稱呼××先生或××小姐②多使用「你」或「你們」稱呼顧客③重覆顧客陳述的話做確認④使用簡單易懂的語言。

68. ( ) 下列針對不同顧客類型之應對方式哪些正確？①喜歡殺價顧客型，應讓顧客瞭解商品的特性與優點，而不予殺價②脾氣暴躁型顧客，應盡量順其所言，勿與其爭辯，並快速處理其購買③缺乏主見型顧客，可

提供本身使用經驗，適時的建議④對多疑型顧客，服務人員應與其多聊天，使其心情愉悅、博取好感。

69. (　) 下列有關強化顧客滿意度之作法哪些正確？①對顧客的抱怨與客訴問題，能夠有效的改善②透過廣告訴求提高品牌知名度，強化顧客滿意度③持續瞭解顧客並發掘潛在需求④提升對顧客需求的回應能力。

70. (　) 商品促銷活動哪些行為可能觸犯公平交易法？①標價不實②不實廣告③異業組合④促銷與提供內容不符。

71. (　) 如果你是一家門市的店長，可以從那幾方面做好顧客關係？①販賣優良質的商品②風險分散③提供優質的服務④顧客的需求。

72. (　) 店經理如何做好顧客滿意度規劃？①從事顧客滿意的改善活動②商品管理③建立顧客導向的門市組織系統④建置顧客導向的資訊系統。

73. (　) 門市人員進行顧客服務，下列敘述哪些為正確？①對商品做最精簡的商品介紹以求效率②依據顧客的消費金額進行不同等級之接待③當顧客對某商品有興趣時，再伺機為顧客進行商品解說④以愉快的心情迎接顧客。

答案

1.(3)	2.(1)	3.(2)	4.(4)	5.(2)	6.(4)	7.(1)	8.(3)	9.(2)	10.(3)
11.(2)	12.(1)	13.(4)	14.(3)	15.(4)	16.(4)	17.(1)	18.(2)	19.(3)	20.(4)
21.(2)	22.(1)	23.(2)	24.(3)	25.(3)	26.(2)	27.(3)	28.(1)	29.(3)	30.(2)
31.(3)	32.(4)	33.(2)	34.(3)	35.(1)	36.(3)	37.(1)	38.(2)	39.(4)	40.(3)
41.(1)	42.(4)	43.(1)	44.(4)	45.(1)					
46.(13)		47.(134)		48.(13)		49.(134)		50.(23)	
51.(234)		52.(123)		53.(134)		54.(24)		55.(123)	
56.(24)		57.(34)		58.(23)		59.(134)		60.(124)	
61.(34)		62.(134)		63.(23)		64.(123)		65.(234)	
66.(13)		67.(134)		68.(23)		69.(134)		70.(124)	
71.(134)		72.(134)		73.(34)					

危機處理

08

CHAPTER

8.1 門市、人員財產安全管理

8.2 災害處理應變

8.3 緊急事件處理

8.4 職業道德與營業祕密遵守

案例分享 SUBWAY 的經營與管理

練習試題

8.1 門市、人員財產安全管理

8.1.1 賣場安全與危機處理

由於賣場是屬於人潮聚集的公共場所，任何人皆可自由進出，店長對於其安全上的防範自然責無旁貸。零售業交易型態所帶來的龐大現金流量，若商店陳列有高價位商品，如高級服飾、珠寶、水晶、手錶等，其價值少者數萬元，高者可達上百萬元，因此安全管理的重要性更不容忽視。

賣場安全管理的重要性除了確保消費者購物的安全，還須提供員工安全的工作環境、減少公司財物損失及維持良好的社區關係與企業形象。業者除了必須面對因意外帶來的損失，更嚴重的是必須面對賠償及商譽受損的問題，所以安全管理非常重要。

整體而言，賣場安全與危機處理所涵蓋的範圍如下：

（一）內部安全管理

開（關）店的安全、鎖匙保管、金庫管理、業務侵占防範、偷竊、夜間行竊、搶劫、顧客的擾亂行為、專櫃的安全管理、恐嚇事件、詐騙，以及停電、停水應變處理等。

（二）公共安全管理

消防安全、賣場陳設安全、員工作業安全及防颱、防震措施等。

經由門市所發生的危機案例可歸納出，一個能夠成功因應危機管理的團隊，具有下列的特性：

1. 成員對於危機的種類具有基本的瞭解與認知。
2. 成員具有高度的警覺與危機意識。
3. 成員具有積極、正面的態度。

4. 成員受過各種良好的危機處理訓練。

5. 組織內外部具有快速溝通、應對的支援機制。

6. 組織內部具有危機案例的學習機制。

　　雖然各零售業種、業態所發生的賣場安全與危機事件有些差異，但其處理的態度與方式則有共同的原則可供門市人員參考：

1. 臨危不亂，隨機應變。

2. 熟悉緊急事件處理流程。

3. 保護顧客安危，也要保護自己。

4. 立即呈報主管。

8.2　災害處理應變

8.2.1　消防安全管理

　　發生火災不只是財物的損失，甚至會造成人員的傷亡，任何商店都不能容許人為疏忽而造成火災，因此消防安全對門市營運管理而言，是非常重要的工作。

　　一般火災依燃燒物質的不同可區分為四大類：

（一）A 類（普通火災）

　　普通可燃物如木製品、紙纖維、棉、布、合成樹脂、橡膠、塑膠等發生的火災，通常建築物的火災即屬此類。

（二）B 類（油類火災）

　　可燃性液體如石油，或可燃性氣體如乙烷氣、乙炔氣，或可燃性油脂如塗料等發生的火災。

（三）C 類（電氣火災）

涉及通電中的電氣設備，如電器、變壓器、電線、配電盤等引起的火災。

（四）D 類（金屬火災）

活性金屬如鎂、鉀、鋰、鋯、鈦等或其他禁水性物質燃燒引起的火災。

8.2.2　消防防護計畫

依《消防法施行細則》第 15 條規定本法第 13 條所稱消防防護計畫應包括下列事項：

1. 自衛消防編組：員工在十人以上者，至少編組滅火班、通報班及避難引導班；員工在五十人以上者，應增編安全防護班及救護班。

2. 防火避難設施之自行檢查：每月至少檢查一次，檢查結果遇有缺失，應報告管理權人立即改善。

3. 消防安全設備之維護管理。

4. 火災及其他災害發生時之滅火行動、通報聯絡及避難引導等。

5. 滅火、通報及避難訓練之實施：每半年至少應舉辦一次，每次不得少於四小時，並應事先通報當地消防機關。

6. 防災應變之教育訓練。

7. 用火、用電之監督管理。

8. 防止縱火措施。

9. 場所之位置圖、逃生避難圖及平面圖。

10. 其他防災應變上之必要事項。

遇有增建、改建、修建、室內裝修施工時，應另定消防防護計畫，以監督施工單位用火、用電情形。

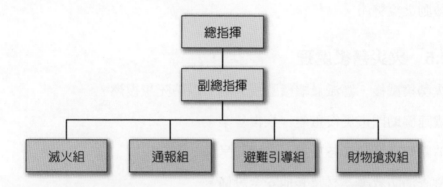

8.2.3　火災的預防

1. 環境管理。　　　　2. 禁止吸菸。　　　　3. 用電安全。

4. 瓦斯安全。　　　　5. 裝飾物品。　　　　6. 例行檢查。

8.2.4　防火器材設備及警報系統

1. 店長或部門主管須負責讓所有員工熟悉防火器材設備之所在，並必須擺設在容易拿取之處，以便緊急使用。

2. 指示燈及避難標示明顯，無阻擋物，確保消費者安全。避難標示通常設置於各樓梯間、地下室，包括出口標示燈、避難出口指標、避難方向指示燈、避難方向指標等。

3. 緊急照明燈裝設於各類場所中避難所需經過之走廊、樓梯間、通道及其他平時依賴人工照明之地點，停電時自動啟動照明。

4. 消防栓外應注意不得堆置物品，以便緊急使用，店長或部門主管須正確指示員工消防水管所在處。

5. 當有火災發生時，灑水器收到感應，即自動噴水，一旦灑水器啟動後，警報器則自動響起，但火災發生時，仍應依一般火災預防守則來啟動火災警報。

8.2.5　火災善後處理

1. 火勢撲滅後，應派員繼續監視火場，以防死灰復燃。

2. 盡速協助門市災後重建，恢復營業。

3. 清點商品及設備各項損失，列冊呈報。

4. 檢查消防救護器材及其他安全設備。

5. 協助消防人員調查失火原因。

6. 店長召集相關人員檢討缺失，做成宣導案例。

8.2.6　停電的處理

　　停電對於門市經營會產生相當大的困擾，不但影響顧客消費的意願，若停電時間較長，對於從事餐飲服務、低溫生鮮食品、冰品零售服務等門市，將會造成餐飲、食品變質及商品報廢的嚴重損失。無預警的停電或停水，除了會造成營業損失，還容易引起火災。門市服務人員面對可能發生的停電危機，應當要學習相關的應變處理方法與程序，以降低可能造成的傷害。

8.2.7　地震的預防

　　地震發生將危及門市人員之安全與造成門市設備及商品的損失，可採取的預防措施如下：

1. 賣場貨架的頂端，不要堆放太高的貨品，且應排放整齊，避免貨品掉落傷人或損壞。

2. 設備、貨架及物品平時留意是否牢靠。

8.2.8　淹水的處理

　　店鋪設在低窪地區、河（海）邊旁或是遇到颱風季節均應做好預防淹水之準備，一般的注意事項大致如下：

1. 重要的單據、報表、發票要蒐集起來並裝箱封好以免丟失或滲水，否則對於以後帳目整理會產生很大的困擾。

2. 倉庫的商品必須檢視，因庫存量多，平時就應注意防水滲入的防患措施。

3. 當水位在第一層貨架以下無繼續升高趨勢時，注意事項如下：

   (1) 在不影響銷售下，可繼續營業。

   (2) 關掉水位會淹到的插座，以免漏電傷人。

   (3) 貨架低層商品應移至較高位置存放。

4. 當水位在第一層貨架以上，且水位繼續上升時：

   (1) 暫停營業。

   (2) 通知主管並搶救貴重及高單價商品移至貨架高處存放。

   (3) 櫥窗玻璃貼上寬膠帶，可減少破裂時碎片傷人。

   (4) 放下鐵捲門，僅留自動門出口並保留一公尺寬度，以防止水壓衝破玻璃並防止商品流失。

   (5) 關掉總電源，防止配電盤漏電傷人。

   (6) 聯絡相關主管，將鐵捲門上鎖，人員往高處撤走以策安全。

5. 水退後，店長須請維修人員徹底檢視開關、電線、機臺等是否安全，
   待檢視通過後才可開機運轉。檢查商品是否須報廢或清洗，並快速整
   理商品以便恢復營業

8.2.9　颱風的處理

臺灣每年五月至十月期間是颱風的季節，其所帶來的災害相當驚
人，因此，如何做好完善的防颱準備，以便在颱風來襲時，使門市的損
失減少到最低程度，並且避免行人遭受無謂的傷害，是店長應盡的責
任。

颱風的處理包括事前的防範、來襲及復建的處理，原則如下：

1. 颱風來臨前，應檢查門市招牌、鐵捲門、門窗、自動照明燈等設備，
   有損壞情形立即申請修復。

2. 瞭解該地區是否有淹水紀錄或地勢低窪，應事先做好預防工作。

3. 收銀臺平時備有手電筒，在颱風來臨前更應檢查一次以備急需。

4. 依據歷史資料或情報數據預估訂貨量。

5. 颱風來襲時，有災害發生（包括停電、停水、淹水、漏水、招牌或設
   備損壞等狀況）立即回報主管。

6. 颱風天是否上班、營業，應依據氣象報導由公司最高主管在事前或視
   風力大小做決定，同時亦應告示顧客。

7. 門市人員若因風力過大、淹水或其他原因無法上班時，須與門市取得
   連繫，並預先做好人力安排。

8. 颱風過後，依規定回報災情統計、商品及裝潢設備損失金額登錄。

8.3 緊急事件處理

8.3.1 顧客損毀商品的處理

陳列在門市的商品被顧客損毀，在一般狀況下顧客均不是故意的，通常要求門市職員要更關心顧客是否受傷，並迅速清理現場。在關心顧客受傷之餘，順便須瞭解商品被毀損的原因，不要急於要求顧客賠償。

在正常狀態下，若出於顧客的疏忽，顧客會主動提出如何賠償及其賠償金額多寡，在不太讓顧客為難的情況下，賠償金額以高於商品成本為最佳。若顧客不願賠償，在公司的授權範圍內亦可接受，因為門市雖損失一項商品，卻可能處理得宜而贏得一位永久的顧客。

8.3.2 偷竊的處理

門市發生偷竊事件不只是顧客單方面的責任，因為商店提供了讓人順手牽羊的機會，也要負起部分責任。如何防止顧客偷竊發生才是重點，若發生偷竊事件，則要慎重、冷靜的處理。

偷竊行為在賣場是最容易發生的一種損失，為避免門市偷竊事件發生，門市服務人員應具備警覺性。若仔細觀察，偷竊的行為與表情往往較為特殊，所以可事先關注及防範。例如：

1. 無目的閒逛。
2. 眼睛視線注意四周。
3. 攜帶不自然的大提袋。
4. 結夥入店且行為怪異。

8.3.3 防止偷竊的原則

1. 最簡單的方法即是要求所有門市服務人員提高警覺，對每個光臨的顧客，招呼他：「歡迎光臨」並且注視他的眼睛。除了讓顧客感覺非常

親切外，你的眼神也在告訴他，你在注意他，讓顧客有所警惕。亦可利用拉排面的機會觀察顧客。

2. 避免或減少店員視線無法到達的場所（死角），具體的說來有：
   (1) 照明較暗的場所。　　(2) 易混雜的場所。
   (3) 通路狹小的場所。　　(4) 商品陳列雜亂之處。

3. 加裝警報系統。

4. 門市安裝監視器及張貼警告嚇阻標語，例如：「本門市使用保全系統」。

5. 防竊要訣：
   (1) 櫃檯應靠近出口處，一方面可直接監視全場、防止竊賊迅速逃跑，另一方面可預防收銀機被竊。
   (2) 盡量降低商品陳列高度，並騰出充分的空間、減低視覺死角、檢查警報器是否啟動。
   (3) 昂貴的物品最好將之鎖於玻璃櫃內展售，以免遭順手夾帶。
   (4) 明確標示出入口，讓顧客可依序由出口結帳離去。
   (5) 在明顯處張貼警示標語或明示檢舉獎勵辦法以防阻偷竊。
   (6) 在門口或櫃檯旁裝設置物櫃提供顧客存放物品。
   (7) 當顧客有所求以致員工必須離開時應提防竊賊趁機行竊。
   (8) 應將貴重物品存放在金庫或其他隱密處，徹底檢查門窗是否上鎖、警報系統是否啟動。
   (9) 裝置電子偵測設備、監視器來防止偷竊。
   (10) 僱用員工應注意其品行、操守，以免監守自盜的情形發生。
   (11) 店職員應經常演練突發事件的應變能力。

8.3.4 搶劫的處理

(一) 防搶注意事項

　　一般搶劫者的目標是針對門市的現金或高單價之商品而來，因此對於現金及高單價之商品要特別的防範。關於搶劫的事前防範要點大致如下：

1. 注意打招呼時要注視顧客的臉，溫柔親切的「歡迎光臨」問候語，除了對顧客表示歡迎之外，並可提醒其他服務人員留意顧客的舉止，更可讓顧客知道，服務人員已經留意其到來，如此可避免不必要的事端發生。

2. 收銀臺的現金、零用金不能存放太多，達到某一個額度時即應轉到保險櫃或轉放到較為安全的地方。

3. 高單價的商品陳列量不宜太多。在不影響賣場氣氛或不影響販賣情況下，高單價的商品可考慮陳列在裝鎖的櫥櫃內。

4. 門市服務人員應隨時保持警覺，隨時注意閒逛者的眼神與舉動。對於戴墨鏡、口罩、帽子等這類顧客進門時，要特別提高警覺。

5. 勿長時間停留在現金存放處，若無顧客結帳時，可協助做一些商品陳列、清潔、設備維護等工作，以免引起歹徒的注意。

6. 保持店內乾淨整潔明亮，櫃檯區櫥窗透視度須良好。

7. 留意門市外閒蕩份子或可疑車子。

8. 確實做到店職員不知保險櫃號碼。

9. 確實遵守現金投庫的規定，例如，千元鈔票立即投庫。

10. 白天匯款時，勿穿著制服或走小巷、不要固定時間或路線，以避免遭到埋伏。

11. 不要穿戴貴重物品當班，以免歹徒覬覦。

12. 平時做好顧客關係，若有意外狀況發生，顧客可即時援助。

13. 設有保安裝備者，必須遵守保全措施的使用規則，並確實執行。

14. 非 24 小時營業之店，打烊時應注意店外的動靜。

（二）遇搶劫時的因應動作

若發生搶劫事件，當事者須保持冷靜並做最恰當的反應及保護措施，大致上要注意下列重點：

1. 設法保持冷靜。

2. 依搶匪指示行事，不要任意驚叫，不作無謂的抵抗，要確保自身安全。

3. 設法記下搶匪的特徵，如身高、體重、年齡、長相特徵、口音、服裝、武器種類等。

4. 搶劫發生時不要接電話。

5. 避免搶匪驚惶，告訴搶匪可能發生的意外情形，不要突然移動，避免因驚惶失去控制，而有暴力發生。

6. 不要追逐搶匪，注意搶匪使用的交通工具及離去方向，如有可能應記下其車牌號碼，及是否有同黨。

7. 搶匪離去後，應迅速打 110 電話向警察機關報案，並報告直屬主管。

8. 搶匪所碰過的商品或走過區域均予以封鎖，保持現場完整，以利事後取證。

9. 記下發生的經過和搶匪特徵。

10. 店長或主管到達前，為保持現場完整，門市可暫停營業。

11. 清點現金及商品，將損失核算後呈報公司。

12. 到警局做筆錄且取得報案證明。

8.3.5　防止詐騙的處理

顧客到店內購物會利用機會向門市職員或收銀員詐騙錢財，尤其新進店職員對商品認識不夠或經驗不足是讓歹徒得逞的主因。一般而言，顧客的詐騙手段大致有下列類型：

1. 使用偽鈔購物。
2. 調虎離山、唱空城製造機會。
3. 以少騙多。
4. 商品未結帳，採用半搶的方法。

8.3.6　勒索恐嚇的處理

在自由經濟體制下要維持百分之百的治安實在是一件困難的事，因此地痞流氓利用機會恐嚇勒索偶會發生，一般的處理原則大致如下：

1. 處理人員應避免言語的衝突、說明自己的立場，表明自己只是一個職員，不能動用任何金錢，否則必須賠償。
2. 設法留下對方的姓名、地址、電話等資料，並須立即設法呈報上級，請求必要的協助。
3. 處理人員必須很有耐性且堅定自己的立場絕不能妥協，表明自己也是薪水階級，請給予同情。
4. 若情況嚴重，須採取拖延手法並請警察人員協助處理。
5. 若勒索者係採用打電話方式，則須錄音追蹤。
6. 對方若以人身安全為恐嚇手段時，則個人安全及門市內部各項安全工作就須加強防患。

8.3.7　群眾運動的處理

當店鋪附近有團體舉辦活動，其活動內容已危及治安並有破壞到本店面之可能時須立即呈報上級。若情況危急已明顯會破壞到本店的各項設備或被搶奪店內商品時應立即拉下鐵門，以防暴徒利用機會破壞，待團體

活動結束或暴力事件結束後再恢復營業。若群眾運動過於激烈已破壞到店鋪，或群眾已在店內滋事應立即報知當地治安機關請求協助處理。

8.4 職業道德與營業祕密遵守

　　道德是群體共同認知並依循的紀律，由紀律發展出規範和價值，用來判斷群體的行為的是非。道德依品行和決策來制定可被群體大眾所認同的標準，同時道德涉及企業文化中的內部價值，其企業價值發展亦會影響社會責任的決策。

　　因此，當個人或組織的行為可能對他人產生利害關係時，就產生道德作為的議題。近年企業為了求生存違背社會期待的運作，導致新聞層出不窮不良企業的報導，當企業朝向創造極高獲利經營發展，雖快速累積財富與占據市場，但也因此傷害了大眾安危（食品安全、環境汙染、健保醫療），故在討論商業議題時，有其必要將企業責任與商業道德列在此進行討論，以期望各位未來專業經理人或企業負責人，能在經營企業時將商業道德與社會責任放置於獲利之前。

8.4.1 企業社會責任

　　企業倫理乃指企業應遵守的行為規範。廣義而言可分內部與外部兩大部分。

　　企業是工業社會下的產物，跨入新資訊時代之際，假使要維持其存在的合法性，價值體系就必須更動，以符合社會大眾的期望。當價值體系改變，企業目標與價值鏈的關係才能夠進行必要的調整，因此，可以預期以社會價值為核心的價值體系下，企業將不再著眼侷限於股東利益，而會更寬廣的經營方式，以符合或或滿足社會大眾期望，成為基本的發展價值，所以在新資訊時代之際，企業倫理將更有存在必要。

▼ 表 8-1　企業倫理的要項

範圍區分	利益關係人	企業倫理要項
企業內部	員工	公平錄用、尊重員工、重視員工發展、公平的人事考核、合理的升遷管道、合理的上班工時、舒適的工作環境、工作保障、按時發放薪資、與員工共享利潤、合理的報償、福利措施、親近員工、以德服人、信任員工、關愛員工
企業外部	股東	對股東負責
	顧客	以消費者為導向的產品設計、注重產品品質、合理的售價、公平對待顧客、良好的服務精神與態度
	關係廠商	協助供應商、按約支付價款、尊重供應商的努力和成本、輔導下游廠商、穩定的供應、為同業效力、公平對待同業
	社區	保護當地環境、回饋社區、提供醫療服務
	社會大眾	保護社會環境、贊助教育文化及藝術活動、社會救助與捐贈
	政府	遵守國家法令、協助政府推動經建改革

資料來源：參考修改自葉匡時、徐翠芬，〈臺灣興業家之企業倫理觀〉，(1997)。

　　簡而言之，企業內部行為是與員工互動基準；企業外部作業是與利益關係人彼此往來的道德規範。

(一) 企業內部倫理

　　是指企業文化表現、經營理念、勞資關係、對員工訓練、照顧，促成彼此相互尊重，敬業樂群，共同創造利益分享。

　　企業文化乃是一種價值觀，是一種以「人」為重心，所建立起來上下一致共同遵循的價值體系和規範。

（二）企業外部倫理

是指企業行為要被社會認可，如對經銷商、顧客乃至於消費大眾盡責任，遵守信用，品質保證。

企業以獲利為主要目標是無庸置疑，但企業之所以能夠長期存在與維持獲利，主要是其存在對社會有正面的助益，獲利則是社會對企業回饋其貢獻。當企業以危害社會為手段，藉此賺取利潤的企業，既無法對社會有所助益（或是弊多於利），自然失去存在價值，長期而言，因企業失去倫理進而導致社會價值消失。

（三）國際規範

近年來透過國際規範或國際組織間合作的方式，來防範不道德行為的發生，在未來的企業經營環境中，國際層級的倫理規範體系，將會成為一個舉足輕重的引響力來源。

在全球化的今天，企業或國家朝向國際化已是潮流，任何國家都無法孤立於國際政經體系下單獨運作。因此以不道德行為的規範為目的，結合經貿措施為手段的國際規約，在外交、經濟貿易與政治交互作用下，往往所向披靡，成為最有效的規範工具。

（四）國家管制

從企業倫理觀點來看，倫理議題是道德層面，而政府法令管制則是法律層面，就「法律是最低的道德規範」來看，政府管制在企業倫理議題中，顯然不應該是落實企業倫理的主要手段。

（五）社會或產業規範

就某種程度上來說，可以算是企業自發的自律活動，與企業倫理政策最大的差異在於，企業倫理政策的自律，是以公司內部的法規、制度、群際互動為重點，而社會社會或產業規範，本質上雖也是企業自發

自律活動，其落實則要依靠企業外部的產業規約、企業倫理公約等條文，來作為基礎。

　　就個別企業而言，社會及產業規範性質上與國家管制、國際公約等規範的性質更為接近，都是一種外來的壓力，其目的都在規範企業的不道德行為。

（六）企業倫理的功能

　　企業倫理是倫理的應用領域之一，具有維繫企業的社會秩序的功用，就倫理的功能而言，價值在社會秩序的維繫，且助於解決人際衝突、降低人際交往的不確定性。

1. 降低交易成本

　　如果社會中的個人因為一致遵循共同的倫理規範，而發展出彼此的高度信任，自然該社會中的經營成本會比較低廉。

　　有效的社會規範，對維護交易秩序，降低交易成本，具有不可忽略的影響力。而這些社會規範，就企業而言，正是構成企業倫理不可或缺的要素。

2. 提升企業形象

　　道德信譽是企業重要的無形資產。社會大眾憎惡企業不道德，遠勝其他不良行為，從事不道德行為的企業，貪圖短期利益，選擇旁門走道的企業，所面臨的傷害，遠大於一般人認知的程度。從 2014 年臺灣食安事件，知名企業付出了可觀的代價：信譽低落、顧客流失、股價下跌、工作滿意度下降、生產力低落、社會不信任氛圍、內部勞資對立及員工流動率提高等。

3. 員工表現優異

　　商譽良好的企業可以吸引及留住高績效的員工，促使員工展現更多的熱情，發揮極佳的生產力，更樂於擁護企業的品牌。個人工作情

況無法有效監控時，企業倫理卻使得組織成員無須有形規章的約束與專人監督，能忠誠為組織中的其他成員盡力。

4. 企業競爭優勢

履行企業倫理的正直形象，已成為企業競爭力重要的一環。顧客及投資人決定商品或投資策略時，企業形象往往是主要的考慮因素，投資人信任已證明其行為具道德的企業，他們認為選擇經營合乎道德的企業，包括透明度、可靠性和對股東友善的企業治理結構，是避免投資組合出問題的最佳策略。

我們從企業經營中發現，環境、企業之價值體系、目標與手段三者在本質上是環環相扣的。環境的變化，包括企業與員工的關係、企業對社會大眾的關係、企業對政府的關係等，都隨時變動調整，過去以企業為核心，對政府、員工，與股東之間的不平衡三角關係，所衍生的價值體系，因為時空環境的變化，而趨於均衡。

8.4.2 商業道德守則

中國古代商道即經要求經商人要合義取利、價實量足等期盼。在現今社會主義世俗對商業道德的基本要求是：為人民服務，對人民負責；誠信經商，以禮待客；遵紀守法，貨真價實；公平交易，誠實無欺等。

經濟的發展企業追求超額獲利，從企業負責人或企業主管詐欺、舞弊等行為陳出不窮。可見企業負責人與企業主管的商業道德逐漸下滑。商業道德是經濟發展的基礎，商場實務證明一味以追求財務目標，並非企業永續經營的方法，唯有維持良好的商業道德才是企業長期生存之道。

（一）法律層面

是以法律為標準，法律是最低階的倫理道德，針對遵循法令，一般僅是企業實踐社會責任的基礎要求與開端，在實務上法律的見解，則需進一步確認企業對法律遵循與否之態度。

（二）自由意願層面

個人道德(Individual Ethics)是規範如何待人處事的個人標準和價值觀。個人道德認知的形成，包括來自家庭、同儕、教育、人格、經驗及成長環境等因素所影響。

（三）道德層面

這個層面沒有特定的法律至少有基於分享的紀律和一些道義行為的價值標準。社會道德(Social Ethics)是社會管轄其成員的行事標準，諸如公平、正義、貧窮和人權問題。經以往的研究發現，社會道德不僅取決於一個社會的法律、風俗、實務，而且還含括那些影響人們相互交往的不成文價值觀和準則。

（四）經營者道德特質

在一個企業內部，高層管理者的個人道德認知，對於該組織道德規範的形成，具有舉足輕重的作用，員工常以高階管理者之意圖與行為做為個人倫理行為的指標。

企業的商業道德有助於提高員工敬業態度，員工敬業態度是指員工在企業中投入度的一個表現，員工敬業態度高的企業多數會有不錯的營運績效。企業的商業道德會直接影響員工的敬業態度，員工一旦認為企業沒有商業道德，員工的敬業態度會很嚴重的降低。因此提升企業的商業道德，或宣導企業的商業道德，特別是高層領導的商業道德，對提升員工的敬業態度有其正面效應。

一、公司簡介

　　SUBWAY 於 1965 年成立於美國康州，臺灣首設於臺北天母，引進「健康、新鮮」的飲食概念。

二、產業現況分析

（一）重質不重量的門市轉型計畫

1. 以重新設計裝潢原有店鋪取代開理新門市的擴展計畫。

2. 未來可能將更新員工制服、增加數位點餐螢幕…等。

3. 近年來擴張腳步逐漸放緩，以避免門市相互競爭。

4. 積極提升商品和服務品質，吸引現代高品質消費者。

（二）朝向更新鮮健康的方向邁進

1. 2008 年取消反式脂肪。

2. 2009 年減少食材含鹽量。

3. 2014 年屏棄果糖含量高的玉米糖漿。

4. 2015 年要淘汰人工香料、色素和防腐劑。

三、市場環境分析

（一）SWOT 分析

S -優勢
1. 比起其他速食餐廳較健康。
2. 完備的經營策略。
3. 網站功能健全。
4. 知名度高。
5. 企業資金及財務制度健全。

W -劣勢
1. 市占率較其他速食餐廳低。
2. 較難吸引兒童喜愛。
3. 採時薪制、離職率高。
4. 店家服務不一致。

O -機會
1. 競爭者餐點熱量高。
2. 外食、速食群增加。
3. 現代人講求健康。

T -威脅
1. 速食市場接近飽和。
2. 法令訂制問題。
3. 食安問題。
4. 油電雙漲衝擊。
5. 人口環境變少。

（二）四大策略

1. S-O 增長性策略

(1) 主打健康+現代人講求健康。

(2) 利用電視廣告讓消費者更瞭解 SUBWAY。

2. W-O 扭轉性策略

(1) 不易吸引兒童＋速食族群增加。

(2) 研發吸引兒童注意的餐點。

3. S-T 多元化策略

(1) 成功經營策略+市場接近飽和。

(2) 朝向其他國家發展。

4. W-T 防禦性策略

(1) 服務不一致+市場接近飽和。

(2) SUBWAY 走向標準化,讓消費者留下深刻印象。

四、領導者風格－弗雷德里克·德盧卡

（一）簡單、健康、快速

1. 點餐方式簡單。

2. 食材簡單健康。

3. 讓所有東西保持簡單。

（二）員工要求及訓練

1. 清潔徹底。

2. 面對顧客保持笑容。

3. 以客為尊。

（三）建立不同風格

提供非油炸健康美食,健康+味覺。

五、成功關鍵因素

SUBWAY 成功四大因素為「創新、健康、客製化、成立顧問團」。SUBWAY 一直以秉持的原則,是提供消費者「低脂、養身」的餐點,希望能打造出健康的飲食習慣。其企業背後有堅強的團隊,公司代表、發展代理人、採購合作社、加盟者協會、廣告委員會等,使得 SUBWAY 得以在速食業界占有一席之地。

六、未來展望

1. 研發新的兒童餐點。

2. 將包裝變得更方便、簡單。

3. 將點餐複雜度降到最低。

4. 餐巾紙上不印油墨字樣。

EXERCISE 練|習|試|題

18100 門市服務 乙級 工作項目：危機處理

單選題

1. （　）有關門市遭搶，下列敘述何者正確？①入侵時以減少現金損失為優先考量②視遭搶現金損失高低再決定是否向警局報案或備案③申請保險理賠須附報告書註明現金短溢金額及報案證明正本④錄影帶、現場照片及發生事故連絡書通報至總部。

2. （　）門市相關人員應瞭解門市人員職務的基本內容及職業道德規範，下列敘述何者為非？①遵守職場倫理與相關店鋪門市規章②團隊重要性的理解與職能知識的掌握③職務基本內容比傳達公司理念重要④不遵守職業道德規範的員工可能引發店鋪門市危機。

3. （　）當發現顧客未結帳或順手牽羊行為時，下列何者作法較不適當？①查覺顧客行為異常則暗示或訴求是否需要服務②若已逕行走出大門則和緩提醒其結帳③如果顧客心虛結帳時要曉以利害關係，使其不會再犯④如果顧客係無心非故意的，不要在意顧客的態度或怨懟的眼神。

4. （　）門市竊盜防範原則，下列何者為非？①當顧客進門，聽到開門的聲音時應正視顧客並喊「歡迎光臨」以強化防範意識②以電擊棒、木棍…等放置門市人員可取得之處，以打消竊盜念頭為原則③以保險箱延遲侵入行竊時間或阻擋為原則④用攝影機監看或燈光、警民連線、警鈴等嚇阻為原則。

5. （　）培養門市人員的敏感度，適時反應及應變能力以避免不必要的狀況產生，下列敘述何者為非？①顧客的據理力爭時應瞭解箇中原由，釐清後以利對應處理②立即對顧客作出承諾③有疑惑時馬上反應或請示主管處理④不必與顧客頂嘴，以免把場面弄僵。

6. （　）若消費者食（使）用無須在店內再加工的商品(例如泡麵、罐頭…等)，其後發生身體不適的緊急事件，門市人員下列認知何者為非？①若非門市作業失誤則自行解決，不用向上呈報②平日要做好門市管

理、落實品保作業為日後舉證之必要③與設計、生產、製造或提供服務等經營者負連帶賠償責任④必要時採取預防性下架作業。

7. (　) 小孩子在店內奔跑，不慎摔倒而撞到貨架設施，下列敘述何者為非？①平時要注意安全問題或提醒緊急應變處理②關心小孩並注意其是否受傷，作必要的簡易護理或送醫③貨架轉角處若為方型、多角型…等應有適當安全配置或提醒④設備若已有損害先報修，待維修人員到達再暫停使用。

8. (　) 對於門市相關安全防範等設備，下列敘述何者為非？①平時注意維護正確的使用方法②消防安全設施須配合內政部頒布各類場所安全設備設置標準設置③依門市標準作業與處理程序執行④注意門市防盜、防竊和防騙作業。

9. (　) 有關災害緊急安全問題的應變與預防方法與管理，下列敘述何者為非？①以人員安全為最高原則②當遭遇災難時，應尋求最低危險方式的避難③假裝警察已來…等方式欺敵遲延原則，延緩求救時間④深呼吸，讓自己先冷靜下來，冷靜思尋解決之策或速離現場。

10. (　) 門市人員遭歹徒施暴的應變方法，下列敘述何者不正確？①在危險的情況下，以保全生命為第一考量②保持冷靜，仔細評估週遭環境及尋求逃脫機會③力博不如智取，錯誤的攻擊可能適得其反④為保全生命，無論情況如何以逃跑為優先考量。

11. (　) 門市人員遭受歹徒取用、毀壞門市內設備或有暴力行為的應變管理，下列敘述何者為非？①歹徒人少則立即攻擊歹徒，伺機在最短時間內攻擊對方要害，人多則採取低姿態以降低對方警戒②表示有配合誠意，伺機將歹徒引至對你有利或有錄影的地方③牢記歹徒的特徵以及歹徒犯案過程並保持現場；不移動也不觸摸現場任何器物，以利保險或警方採證蒐集線索④案發後立即向上呈報並統計損失及後續報修作業。

12. (　) 門市若遇到詐騙事件，下列預防與應變管理的方法何者為非？①疑似詐騙手法或案件應即時通報主管確認②平時應培養防範意識，並施予

各種案例教育以強化防騙防搶的應對、現金管理③被騙模式會一再被
複製，所以暫不報警以免打草驚蛇，於第一時間於附近商店自行找歹
徒以減少損失，找到時再通知警方迅速破案④預防被騙以存疑至上為
原則，不輕易相信他人誇張或不實之言論，也不要掉以輕心透露門市
或個人資料。

13. (　) 防搶的安全管理，下列處理的原則何者為非？①充分與歹徒合作以人
員安危第一優先②採取多人當班則可確保人身的安全③平時作好現金
管理，收銀櫃枱內只置放必要的找零金④將大鈔或其他收入投入保險
櫃，被搶時損失降至最低。

14. (　) 門市財產安全管理運作中有大量現金流量，下列敘述何者為正確的觀
念？①利用現金收付期間之差異可先挪用他途再歸還②以營業額及現
金流量多寡來判斷經營是否真正獲利③採用系統化的帳務制度有助營
業、財產及現金的管理④財產安全管理中現金是最不易管理的。

15. (　) 門市遇到貪小便宜且無理索取贈品的顧客，下列處理方式何者不合
宜？①門市人員遵循相關制定標準或原則，贈品亦有所提供的範圍②
若已無贈品可送應委婉告知顧客③一律不提供，但若主管指示、顧客
客訴或視競爭店的作法再提供④不可態度不佳或指責顧客。

16. (　) 若有人為疏失的爭議，導致顧客權益受損，下列處理方式何者較不合
宜？①誠心誠意道歉，盡快解決②自動提出解決的辦法並徵求顧客同
意③若為公司規定也是沒有辦法的事④主動溝通並取得顧客諒解。

17. (　) 當門市人員面臨行家、專家或自認為自已是正確時，下列處理方式何
者較不合宜？①可適時說明，但不可爭辯②顧客已不滿意，當場仍要
找出原因判斷孰是孰非③誠心檢討可能發生之原因④有必要時透過總
公司或第三方公正單位鑑定，再婉轉與顧客說明。

18. (　) 附近鄰居投訴門市噪音或震動，下列處理原則何者為非？①報修或保
養門市內的設備及裝置，確保它們不會產生過大的噪音或震動②若發
現是通風或抽水系統有不尋常或過量的噪音，應找出噪音來源及成
因，然後採取適當的修復措施③避免採用太強力抽氣扇或震動頻率大

的冷凝系統產生擾人的噪音④裝設不滴水的冷氣機及冷氣系統可減低噪音。

19. ( ) 下列何者非門市防颱準備作業？①平時掌握颱風動向以利提前做好防颱準備②檢視招牌、雨遮、排水、門窗的安全性③若為營業需求考量，人員外出須投保④淹水低窪地區應注意豪大雨。

20. ( ) 門市營業對消費者安全或權益的防範措施，下列敘述何者為非？①清潔地板時須提醒消費者或設警告標誌，以免消費者滑倒②機器發現故障或已損害時應盡速報修，待廠商來修時再暫停使用③應嚴格掌控品質並注意商品標示，如發生消費者身體不適應立即查明與回報④衛福部指出某商品有問題，此時應採取預防性下架作業配合處理。

21. ( ) 門市對逃生路線及設備的知識，下列敘述何者為非？①防火門、防煙間的門及樓梯門應經常關閉，而門的自動關閉裝置應保持有效操作②可改建樓梯的防火牆、防煙間及走火通道的牆壁，例如加開門戶或通風口等③不得堵塞樓梯間的防火窗戶及通氣口④門市應設置指示燈以防萬一停電可依指示燈方向逃生。

22. ( ) 對門市的安全性的檢查不可疏忽，下列敘述何者為非？①緊急照明系統，不須定期放電②門或閘在開啟或關閉時均不得妨礙走火通道，例如公用走廊、樓梯、後巷等③所有逃生路線應暢通無阻，沒有被任何物件如架、櫃、箱、垃圾或儲物間等阻塞④樓梯保持暢通無阻。

23. ( ) 檢查防火結構，下列敘述何者為非？①耐火門能防止火勢從樓宇的一部分蔓延至其他部分②建材必須合乎防火的規格，可以阻止火勢蔓延③業主應妥善維修保養防火設備④防火結構是無法輕易修復的。

24. ( ) 門市人員在下班返家途中被機車撞成重傷，目前得靠輪椅度日，下列敘述何者為非？①該情況符合相關職災認定，雇主應給予職災給付②有關職災給付在雇主方面可以不理、不簽字③企業枉顧員工生活，未善盡照顧員工的責任，雖符合政府所規定的職業災害，須負擔職災給付，但卻仍一拖再拖，盡可能逃避責任，即為欠缺企業倫理的表現④依法應給付的職災應盡速辦理。

25. (　) 有關人員搬運貨品而引起的意外，門市人員對於安全的認知，下列敘述何者為非？①教育正確搬運動作及注意事項②在平時就應加強員工在安全上的管理，若易發生事故，事前做好有效的預防措施，更甚於事後的補救③本國勞工發生職災後，依法可以領取一個月的職災傷病給付，醫療期間雇主得以解雇④搬運商品二箱以上利用推車，搬運過重則不勉強。

26. (　) 門市對集會遊行或特殊狀況相關緊急預防、應變及控制處理，下列有哪一項是錯誤？①掌握集會遊行訊息、路徑，並作事前準備②檢視錄影及各項安全設備，並檢修完成③不用檢視店外招牌牢固度④宣導各項安全及特殊狀況相關緊急因應。

27. (　) 門市平時可透過教育防範案例之宣導（如手法特性、如何避免及因應之道）以防範財產遇到下列何種犯罪？①詐欺②竊盜③搶奪④傷害。

28. (　) 顧客購買速食品裹腹，吃完後上吐下瀉之外還全身冒冷汗，經同事送醫急救後，確定是不潔食物引起的食物中毒，經查後發現機器溫控不正常現象導致變質，下列何者非門市應負的責任？①依據消費者保護法之規定，以食物變質具有衛生上的危險，而導致其身體健康遭受損害為由，要求門市負責並請求損害賠償②商品或服務若有危害消費者之生命、身體、健康、財產之可能時，應於明顯處為警告標示③依據食品衛生管理法之規定，禁止製造、販賣、公開陳列等有關變質及逾保存期限之商品④若有違反食品衛生管理法規定，衛生福利部及縣市政府可將出賣人移送法辦。

29. (　) 門市在銷售完成前，為避免與顧客間造成爭吵或誤會，下列敘述何者正確？①顧客尚未作購買決定前催促顧客②顧客決定不買時仍以禮貌態度對待顧客③未能合理處理問題或異議，並以漠不關心或諷刺的言談對待④對顧客企圖以高壓迫使其購買或激怒之。

30. (　) 服務業基於行業的特性，多關心顧客的一句話或一個小動作即可減少無謂的爭端，下列敘述何者為非？①主動積極提供顧客購買參考資訊，避免顧客選擇錯誤②多一句話提醒或關心顧客的言語，事後較不

會有爭端③顧客若有遷怒的反應，不要理會就好④多一點額外的服務就是服務業的用心。

31. (　) 有位不理性的消費者手持棍棒破壞門市的玻璃，此時遇到媒體欲採訪小山店長，下列作為何者是正確的？①主動積極提供錄影影像，以攻擊性用詞爭取露出的畫面②涉及他人隱私及立場，不得任意對媒體公開或散播犯罪、違反社會良俗的擅自回應③盡可能協助媒體報導的正確性，提供消費者個資④公開消費者不當行為的同時也可替公司形象作媒體廣告。

32. (　) 近年來食品使用違法添加物事件頻傳，下列敘述何者為違法使用非食品級添加物的事件？①台灣第一家鹹酥雞等多家廠商，被查獲使用工業級碳酸鎂製作胡椒粉事件②查獲去水醋酸製作發糕，去水醋酸按規定只可用於乾酪、乳酪、奶油及人造奶油，但在事件中卻用在製作發糕③紅白小湯圓含己二烯酸超標④查獲苯甲酸被用於未准許的食品類別如拉麵及陽春麵。

33. (　) 下列有關門市常見的危機之敘述何者為非？①危機常會影響到正常的門市營運②常見的天然災害為天災、搶盜詐騙③常見的人為災害為人員災害、客怨、客傷④危機處理的重點通常在恢復門市正常營運。

34. (　) 下列何者非消防法施行細則第 15 條規定，本法所稱消防防護計畫應包括哪些事項？①員工在 10 人以上者，至少編組滅火班②員工在 50 人以上者，應增編安全防護班及救護班③滅火、通報及避難訓練之實施；每半年至少應舉辦 1 次④防火避難設施之自行檢查：每年至少檢查 1 次。

35. (　) 下列何者非《消費者保護法》第 22 條企業經營者應確保廣告內容之真實，其對消費者所負之義務不得低於廣告之內容；所謂廣告是利用甚麼方法，可使不特定多數人知悉其宣傳內容之傳播？①促銷廣告②告知式廣告③說服式廣告④提醒式廣告。

36. (　) 下列何者非《消費者保護法》第 5 條規定：政府、企業經營者及消費者均應致力充實消費資訊，提供消費者運用，俾能採取正確合理之消

費行為，以維護其安全與權益。試說明其內容？①說明商品之使用②維護交易之公平③消費爭議之處理④申請調解。

37. ( ) 下列何者為在電視購物、拍賣網站上遇到惡劣詐欺賣家所採取的行為？①申訴②申請調解③消費訴訟④報警。

38. ( ) 下列何者非有效預防商店安全管理疏失的事前處理原則？①規劃危機應變計畫②授與不同階層決策者足夠的權力去採取行動③定期教育、演習、檢查，培養警覺心與合作默契④同理心認同顧客。

39. ( ) 有效預防商店安全管理疏失的事中處理原則為何？①傳達到相關部門（如消防局、警察局）並作迅速且適當的處理②監視攝影機與錄影③安撫顧客情緒④看來店者的眼睛，預防犯罪事件。

40. ( ) 下列何者非門市的公共安全防護？①加強門市的公共安全設備②確保逃生門、逃生路徑的通暢③將過期商品下架④落實公共安全保險措施。

41. ( ) 下列何者非門市的公關作為？①交換名片，瞭解採訪重點②直接接受採訪③委婉告知公司統一對外發言，店鋪無對外發言權④速回報公司或總部。

42. ( ) 下列何者非門市可利用之逃生、防火避難及防火相關設備？①整合保全系統②防火避難設備、防火間隔③防火設備：滅火器、疏散（通道）圖④保險。

複選題

43. ( ) 通路業者通常採取何種措施來預防食品安全危機？①業者落實並提供可追溯的資料，如肉品追溯系統②只要是食品原物料應有第三公證單位檢驗報告③採購商品要找有認證、有信譽的廠商④各類認證頻頻出包，所以無論認證與沒有取得認證的商品，並無法保證食品安全。

44. ( ) 關於販售店內自製商品時，業者必須注意下列哪些事項？①為使消費者拿取方便，僅需依消費者保護法規定，提供標示品名、口味、價格等之告示牌即可②將陳列時間延長或擴大銷售範圍而將商品加以包

裝，可僅需依消費者保護法提供充分與正確之資訊標示品名、口味、價格等之告示牌即可③將陳列時間延長或擴大銷售範圍而將商品加以包裝，食品衛生管理法規範規定完整標示④商品包裝不具啟封辨識作用時，如用膠帶黏貼或金屬線綑綁等方式將包材臨時封口，得免受食品衛生管理法規範，可僅標示品名、口味、價格等之告示牌。

45. (　) 最近台灣爆發食用油標示不實事件，引發消費者的恐慌，下列哪些針對標示不實商品事件的處理是正確？①消費者可執發票與商品（或購買憑證）退費②因消費者紛紛退貨，通路業者對標示不實事件處理條件限 7 天內為受理退貨期間③通路業者對將標示不實商品回溯購買時間以及非完整之商品亦同意全額退費辦理退貨④業者將標示不實商品銷售予消費者，如對消費者造成損害，應依消費者保護法規定負損害賠償責任。

46. (　) 小山店長要如何加強人員作業面管理以避免販售或食用到過期商品而違反衛生法規？①店鋪人員可自行食用過期商品②過了可販售時間或日期，再檢查下架③定時定期檢查及管理即期或過期商品④表列檢查商品品質、步驟、清單徹底執行下架作業。

47. (　) 小竹是頗具盛名的美食餐廳的店長，碰到有位美食家在網路發表餐廳的負面評論，小竹店長應有哪些作法可將危機轉為商機？①小竹店長不容如此污蔑事情，立即反唇相譏並提告②趁此推出事件行銷活動，如只要是此美食家用餐的餐點半價優惠，歡迎消費者前來品嚐③小竹店長重視此事，不僅召開檢討會議，並對每道餐點更悉心檢視及確認（含出餐、用餐等流程），作改善經營之參考④找網路寫手在網路投訴及在此美食家專欄反駁等行為。

48. (　) 小竹店長因小山書寫海報時，誤將 XX 牌智慧型手機促銷價 15,000 元標成 1,500 元，促銷當天凌晨起門市即大排長龍，小竹店長至 10 點開門才知此情況，下列哪些作法可將危機轉為商機？①小竹店長不容許如此職務疏失的事情發生，立即辭退小山②對已到門市排隊的顧客，門市吸收此虧損並照常出貨販售③小竹店長立即更改海報的促銷價並作出說明，與已到門市排隊的顧客一一致歉，因標錯價無法按促銷價

1,500元出貨④對外將此優惠的活動廣為宣傳或網路媒體報導的事件行銷，對內可作成門市管理案例宣導。

49. (　) 在危機發生時，下列哪些適當的處理方式可將影響降至最低的程度？①盡速蒐集真相，在最短時間內掌握危機狀況與發生原因，並且迅速評估對此危機的立場和反應方式，主動出擊，防止危機繼續擴大②公布真相，盡快澄清負面報導防止危機擴大，並及時將危機善後方式告知③已被媒體或負面聲浪挑起情緒的民意，須謹慎處理以避免擴大危機，所以在第一時間內先選擇沉默以對的反應，並成立危機處理小組，對組織作最正確長遠的決策，以免未來更難以澄清④從媒體與民意的角度處理危機，而非僅僅從專業知識等理性層面來處理，掌握事件發展。

50. (　) 下列對於危機事件的處理之敘述哪些正確？①危機以解決當次危機處理為要，盡量由平時管理的職員派任為管理者，才能明白管理的範疇與及時的應對與解決②已判斷為企業的危機發生，須迅速判斷原因、類型召開相關組織人員應對會議，事件處理須由危機發生時間、地點、利害關係人、危機發展狀況、脈絡並分層級管理，提出相對的應變計畫③危機處理報告書須含危機處理過程與結果，並思考到未來災害防治流程改善與執行，分冊管理之④判定是否為危機事件，應依徵兆查明原因、判斷危機等級、可能影響範圍、評估可能損失、判斷需要支援或相關事項…等後，決定是否啟動危機管理機制或成立小組會議。

51. (　) 關於危機通報，下列有哪些為正確的觀念或作法？①危機意指足以立即影響品牌聲譽、導致營運中斷、撼動股市價格的危機，或潛在危機足以影響或可能演變為危機的危機②所有得知該危機之人員應立即向直屬上級主管通報③凡接受危機訊息之人並非該項業務之負責人員，則另擇日安排與該項業務之負責人員及其直屬上級主管告知④收受危機訊息之人，應繼續向其直屬上級主管通報，通報到危機管理者。

52. (　) 在危機解除後，關於事後追蹤與經驗傳承，下列作法有哪些為正確？①危機後復原重建應盡速依應變計畫實施②於危機解除後，應主動蒐

整事件的處置過程紀錄、解決方案及未來應加強之防範措施等資訊，並應將危機應變處置復原過程之相關完整紀錄建檔管制，以利未來查考使用③危機處理報告應完整記錄危機處理過程，若涉及公司重大缺失則歸納結果後不可公開布達④危機處理案例須制定災害防治流程作業辦法，列為公司教育訓練課程內。

53. ( )消費者貼文投訴某 XX 超商的涼麵導致他嘔吐腹瀉的情況產生，經查為該生產工廠冰水廠發生 15 分的斷電，可能導致溫度異常影響品質，零售業者面對此種情況有哪些適當的危機處理作為？①衛生局若接獲通報，違法者可處罰鍰②立即將門市有問題的商品下架③業者公關部門發表係單一個案將不影響消費者權利，放心食用④立即要求供應廠商改善並加強管控。

54. ( )若您至門市作店務檢視時，發現某門市連續多日募款金額為零，身為營業主管的您找了一位神祕客捐出 100 元進行測試，而當天募款清查仍為零，該門市有哪些適當的處理作為？①調出當天神祕客時段的錄影帶以清查當天募款私吞善款的人員②清查出該門市當天募款私吞善款的人使其受到應有懲處③將追查出的募款送到需要的人手上才是真正有價值的事④先隱瞞募款私吞善款的事並私下告知下次不可再犯。

55. ( )某餐飲業門市被員工揭露炸物超過保存期限未廢棄仍在販售，下列有哪些正確處理的作業？①總部立即召開緊急會議立即宣布單一個案停業並派員清查②公布真相並以實際行動向消費者致歉③提供食品安全管理及廢棄規範標準並嚴格執行④提供獎金找出揭露人員，使其受到應有懲處。

56. ( )下列有哪些門市硬體設備不良可能造成顧客受傷之風險？①門市設施不安全②門市設備故障③建物結構老舊④接獲臨時停電通知。

57. ( )若您至店發現小竹店長因最近附近開了一家競爭同業，門市生意大受影響，請問依您的管理門市的經驗有哪些作法可為因應？①增加商品類別或提高商品數量以減少被瓜分的銷售量②比較同業的優劣勢分析，找出差異進行改善③落實基本 QSC 作業及提升顧客服務水準④強化商品力、提高販促水準，如特色商品、與同業差異的商品。

58. (　) 因附近有一家競爭門市正準備開幕，其有三個月一連串百萬贈品活動，請問小竹店長有哪些可擬定的競爭對策或作法可以減少對方新開店的衝擊？①在競爭門市開幕前、中、後作一連串促銷或贈送活動②活絡店內氣氛、激勵人員士氣並調整人員工作內容③因開店已久且都是老顧客光臨，沈靜以對暫不必有動作，等確認競爭門市促銷活動有成效，再進行擬定競爭對策或作法④進行穩定固有客源，並重新檢視自我門市的優劣勢，如送貨服務、弱勢商品補強。

59. (　) 販售熟食的食品通路業者，近日身陷食品安全疑慮的新聞風暴中，請問下列哪些危機管理的觀念是正確的？①在消費意識高漲、網路社交軟體風行、消費者權益保護團體崛起的趨勢下，不能抱持「過去都是這樣子做」的草率心態，因為一有任何風吹草動，就很容易引爆危機②業者平日便應主動積極與消費者、媒體溝通，開誠布公地讓他們瞭解食品的原料、製造標準…等透明、公開的訊息③對消費者有食品安疑慮的危機，業者主要關注的是危機當下的處理技巧、危機中要應付好媒體關係④在面對危機事件時，在第一時間內先否認讓消費者安心並壓制媒體新聞。

60. (　) 台灣的食品安全事件連環爆，消費者對食安的信心也快速崩裂中，零售業者對食安事件的危機處理下列哪些是正確？①相信廠商所言為一連串的意外，待一段時間風暴總會過去②整體事件是廠商道德良心與紀律問題，零售業者應該有一套機制，把這些不良廠商淘汰出局③零售業者看到別人的案例，要先反省檢視有否涉及相關危機發生並作好因應對策或處理，才是永續經營的最佳對策④危機處理要做到了誠實態度與誠意作為，不等媒體找上門，就主動宣布真誠重視並面對問題，事前準備好後續的對應及解決方案。

61. (　) 國家法律的變動，對企業的經營產生不確定性的風險，下列敘述有哪些為正確？①因法規調整須下架停售外，尚須調整原物料內容及商品規格，所產生的機會損失及費用增加，將影響企業的獲利②為配合環保政策的原物料使用法規推動，而須配合更換原物料、生產器具、執行道具等所產出的費用③因菸害防治法法規調整而影響有販售門市整

體的收益④因最低薪資調整、水費、電費調漲造成門市經營成本增加、收入降低的風險。

62. (　) 因政府之區域重劃、土地徵收政策之改變，而造成門市營運中斷與延遲等不確定性風險，下列敘述哪些正確？①違建、徵收、土地重劃導致門市部分或全部使用範圍遭拆除②無法申請門市用電，如道路開挖有規定區間無法配合、開挖道路權責不清（跨縣市）、特定路段無法施工③舊商品無法符合新法令之規範，門市將無法繼續販售該項商品，導致業績下滑④因同業惡性行銷或破壞市場價格，導致消費者移轉至其他通路而門市業績下滑。

63. (　) 廠商未依議定內容提供商品與服務之影響，下列敘述哪些正確？①廠商供貨不足，無法依據門市訂購數及時間出貨，造成門市銷售損失②因廠商未依協議供貨或提供必要行銷資源造成消費者無法購買的損失③廠商提供商品不確實、食品品質問題，造成重大客訴或客怨④廠商因財務無預警停業或停止經營，造成已出售之商品消費者無法退貨。

64. (　) 地檢署與衛生局稽查使用過期無水奶油及回收的逾期乳瑪琳，原料商已製成 900 噸乳瑪琳、酥油等 19 項商品銷售，下列敘述哪些正確？①主管機關可依法處 6 萬元以上 2 億元以下罰鍰，予以沒入銷毀②業者先轉移責備或找出他人缺點來轉移批評焦點，將責任推給上游原料業者③不斷報導的危機時期，賣場速將乳瑪琳下架回收外，應注意事件本身的發展及危機前後的處理④經由傳播媒體發布後，就會變成大眾關注的焦點，尤其是電子媒體所報導的危機事件。

65. (　) 2014~2015 年全台多起豆乾、豆腐乳含工業染劑二甲基黃非法添加化學物質，檢調及衛生局查緝涉案商品，通路業者應採取下列哪些的危機處理？①此事件與通路業者無直接關係，配合檢調單位及地方衛生局調查即可②門市銷售相關商品須要求廠商檢附合格檢驗報告，才能重新放回架上銷售③門市暫停銷售尚未取得商品合格檢驗報告的食品④業者應發起自主管理行動，主動通知廠商業者及消費者，預防性下架或停止販售相關有疑慮的商品。

66. (　) 以機車執行餐飲外送的連鎖餐飲常具有高度不確定之風險，下列敘述哪些是正確？①外送發生重大職業傷害，雇主是要負責任②外勤勞工接受指派出勤須於半小時送達時，發現現場存有風險，可能生命遭受威脅，應以生命安全為重，不要冒險前往③針對颱風不同等級、個人防護設備等進行風險辨識、評估及控制，應落實颱風天外勤人員安全措施④颱風天外送人員執行外送勤務，只要宣布停止上班，就應避免執行外送勤務，否則就要提供機車以外的交通工具，也要提供安全設備供執行外送人員使用。

67. (　) 已販售的手機發生爆炸及已更換的手機接續傳出自燃的意外，下列門市危機處理的敘述哪些是正確？①等待廠商通知再停止販售，因為這場危機是全世界，處理要有一致性②平日應有一套詳細的門市危機應變計畫，詳細列出危機的因應步驟，包括基本範例、詳細說明，如何與可能受害者互動③危機發生先釐清問題的本質和影響範圍後採取應有的行動來解決問題④當商品出包時非門市而是廠商要對應的，門市人員也不可能在危機發生的第一時間就有回應的準備。

68. (　) 有關門市人員操作可能涉及人員傷亡的危機，下列敘述有哪些是正確？①整箱商品因堆積過高而傾倒，造成人員受傷②進貨籃不可有髒污，須倒蓋不可有積水易產生問題③避免無障礙坡道高低差大，如室外樓梯 2 級梯級高及深度應統一以防顧客不慎踏傷④人員傷亡的危機處理之重點通常在於賠償金額。

69. (　) 下列何者為商店防搶對策？①投庫管理②監視攝影機與錄影③安撫顧客情緒④看來店者的眼睛，預防犯罪事件。

70. (　) 有效預防商店安全管理疏失的事後處理原則為何？①投庫管理②監視攝影機與錄影③安撫顧客情緒④看來店者的眼睛，預防犯罪事件。

71. (　) 當商店售出的瑕疵品被購買者告到消費者文教基金會時，如果你是該商店的經營者，面對此危機的應變原則為何？①迅速處理②勇於認錯③推諉收銀員行為不當所造成④尋求補救。

72. (　) 為什麼企業遭遇到危機時，除了要對外溝通，還要對內溝通？①瞭解此瑕疵商品造成顧客的損害程度②確認商品與發票確為本店銷售③避免打擊到員工士氣與動搖員工意志，進而影響到企業的生產力④利用危機壓力，來凝聚組織的共識，讓危機變成轉機。

73. (　) 保險主要目的為何？①減少經營風險②親友人情③降低意外發生時之損害④營利。

答案

1.(4)	2.(3)	3.(3)	4.(2)	5.(2)	6.(1)	7.(4)	8.(4)	9.(3)	10.(4)
11.(1)	12.(3)	13.(2)	14.(3)	15.(3)	16.(3)	17.(2)	18.(4)	19.(3)	20.(2)
21.(2)	22.(1)	23.(4)	24.(2)	25.(3)	26.(3)	27.(1)	28.(2)	29.(2)	30.(3)
31.(2)	32.(1)	33.(2)	34.(4)	35.(1)	36.(4)	37.(4)	38.(4)	39.(1)	40.(3)
41.(2)	42.(4)								
43.(123)		44.(134)		45.(134)		46.(34)		47.(23)	
48.(24)		49.(124)		50.(234)		51.(124)		52.(124)	
53.(24)		54.(123)		55.(123)		56.(123)		57.(234)	
58.(124)		59.(12)		60.(234)		61.(1234)		62.(12)	
63.(1234)		64.(134)		65.(234)		66.(1234)		67.(23)	
68.(12)		69.(124)		70.(12)		71.(124)		72.(34)	
73.(13)									

MEMO

企劃書寫作題型
分析

09
CHAPTER

9.1　企劃書寫作題型分析與研究

9.2　企劃書撰寫要領與模擬演練
　　（試題 A01-A04 範例）

9.1　企劃書寫作題型分析與研究

一、檢定公告說明

　　乙級技能檢定術科測試試題有二大題型（二崗位），分為筆試及實務問答二部分，技能檢定術科測試試題有二大題型，包括企劃書撰寫（筆試部分有 30 題）及實務問答（含流通知識與相關法令、門市經營管理實務及危機管理與應變對策各 22 題，共有 66 題），檢定時由應檢人依序號崗位分別測驗之，於規定檢定時間內完成。

　　檢定二崗位為一場，每場檢定人數 60 人，每崗位應檢人數 30 人，每日檢定以上、下午各一場為原則，檢定人數 120 人。檢定時由監評人員或應檢人依題庫公開抽取題目，其所抽到之試題均應全部使用，評分標準以配分乘以每崗位占比，計算後結果為測試最終成績，總成績 60 分以上者為及格，任何一崗位為「0」分者，以不合格論。

　　術科檢定分為二崗位辦理：

（一）第一崗位：企劃書撰寫（占比：40%，試題 30 題依檢定編號序抽一題測試之，試題編號為：18100-940201A-01~30）。

（二）第二崗位：實務問答（占比：60%，試題 66 題依檢定編號序抽一題測試之，試題編號為：18100-940201B-01~22；18100-940201C-01~22；18100-940201D-01~22，含流通知識與相關法令、門市經營管理實務及危機管理與應變對策各 22 題），每崗位（站）得分乘以配分比率後，為該崗位成績，各崗位成績總和達 60 分以上者為及格，任何一崗位成績經評定為「0」分者，檢定以不合格論，檢定時由監評人員或應檢人依序號公開抽題測驗之，於規定檢定時間內完成。

二、檢定作業說明

（一）檢定之設備、工具、材料均由術科測試辦理單位提供，服裝規定請著正式服裝（請參考檢定指定服裝儀容圖）參加，否則以不及格論處。

（二）應檢人請於測驗前詳閱應檢人參考資料，以避免違規或操作錯誤情事發生。

（三）檢定作業截止時間，不得藉故要求延長時間。

（四）應檢結束後，其成品不論完成與否均不得要求攜回，且應將用具及設備歸還原位，並依監評人員指示後，始離開檢定場。

（五）應檢人應注意工作安全，避免意外事故發生；如有故意違反，情節重大且影響測試進行者，得由監評長確認後，取消應檢資格。

三、檢定當日應注意事項

（一）應依通知日期時間到達測試場地後，請先到「報到處」辦理報到手續，然後依試務人員安排指定處等候。

（二）報到時，請出示測試通知單、准考證及身分證明文件，未規定之器材、配件、圖說、行動電話、穿戴式裝置或其他具資訊傳輸、感應、拍攝、記錄功能之器材及設備等，不得隨身攜帶進場。

（三）報到完畢後由試務人員集合核對人數點交當日監評長，監評長宣布當日一般注意事項及服裝儀容檢查。應檢人於各站應檢前，由監評人員將題目編號與內容張貼或抄寫於黑板上或印製發給每位應檢人。

（四）各站測試時，應檢人由監評人員依序核對應檢人身分及准考證號碼，並確認各應檢人領取試題，進入測試崗位後，監評人員發「開始」指令（術科測試通知單與試題一併放置崗位工作台編號旁）。

（五）各試場依術科測試「程序時間表」之規定進行測試，測試時間開始 15 分鐘後，即不准進場，除各試場第一站（節）應檢人於 15 分鐘內得准入場外，其餘各站（節）應檢人均應準時入場應檢。

（六）測試過程中無故損壞機具、設備及材料，經監評人員確認責任後，由該應檢人於測試結束後賠償之。

（七）俟監評長宣布「開始」口令後，才能開始測試作業。

（八）應檢人應詳閱試題，若有疑問應於測試開始前十分鐘提出。

（九）測試中不得交談、代人操作或託人操作等違規行為，否則以不及格論處。

（十）測試中應注意自己、鄰人及檢定場地之安全。

（十一）第二站受測時，應檢人須掌握每一答題時間在 2~3 分鐘內。

（十二）在規定時間內提早完成者，於所屬座位或崗位旁等候指令。

（十三）測試須在規定時間內完成，在監評長宣布「測試截止」時，應請立即停止操作。

（十四）離場時，除自備用品外，不得攜帶任何東西出場，並將測試通知單請試務人員簽章後始可離開測試場地。

（十五）不遵守試場規則者，除勒令出場外，取消應檢資格並術科測試成績以不及格論處。

（十六）進入測試場後，應將所有電子通信設備關閉，以免影響測試場秩序，否則，以違規不及格論處。

（十七）應檢人有下列情事之一者，予以扣考，不得繼續應檢，其已檢定之術科測試成績以不及格論：

　　1. 冒名頂替者。

　　2. 傳遞資料或信號。

　　3. 協助他人或托他人代為測試者。

　　4. 互換工件或圖說。

5. 隨身攜帶成品或試題規定以外之工具、器材、配件、圖說、行動電話、穿戴式裝置或其他具資訊傳輸、感應、拍攝、記錄功能之器材及設備或其他與測試無關之物品等。

6. 不繳交工件、圖說或依規定須繳回之試題。

7. 故意損壞機具、設備。

8. 未遵守技術士技能檢定作業及試場規則，不接受監評人員勸導，擾亂試場內外秩序。

9. 明知監評人員未依技術士技能檢定作業及試場規則第 27 條規定迴避而繼續應檢。

（十八）本須知未盡事項，依悉「技術士技能檢定作業及試場規則」相關規定辦理。

四、答題基本技巧

依技術士技能檢定門市服務職類乙級術科測試（筆試—企劃書）評審表所列之企劃書撰寫原則（分數配比），每一步驟皆需完成內容描述，並以條列方式或表格方式陳述，每一步驟可先建立小標題再進行內容說明，以控制每一步驟最適比率，下列先就標準步驟進行應撰述之重點說明：

（一）門市商圈環境（占比 10 分）

1. 依應試者熟悉地區、行業別進行個案撰寫（描繪街道、重要公共建設地標、知名店鋪、競爭店家、策略伙伴等）。

2. 建議不宜僅選用便利商店進行練習，考題中有多題無法採用便利商店進行應試（可自行擇二種店型練習）。

3. 簡要解說該商圈特色（主要人流、車潮時間、主要消費人口、消費能力）。

（二）計畫緣起（占比 10 分）

1. 這個部分切入說明非常重要！因主要是要解決困窘與期望達到最終的目的。

2. 撰述這個計畫的原因要考量時勢議題與政府政策。

3. 亦可試著從區域競爭的角度進行計畫提出。

4. 如果撰寫時間允許（自我練習時間可掌握），建議可使用 SWOT 分析

（三）計畫目的（占比 10 分）

1. 達成目的的述說（依題目），如創造品牌知名度、提高獲利能力、降低營業成本、提高顧客滿意度、建立作業標準或流程、人員教育訓練等。

2. 這個目的必須是可被達成的（可被操作），並且合理的目的。

3. 目的需考量於第八項的效益明顯呈現，並與第九項成果進行相對應。

（四）計畫流程與方法（占比 10 分）

1. 建議採用繪圖、制表輔以文字說明來呈現此步驟的重點。

流程／方法	執行重點

2. 如不習慣採用圖表呈現，需依序採用列點方式進行述寫。

（五）計畫內容（占比 10 分）

1. 可採用繪圖、制表輔以文字說明來呈現此步驟的重點。

項目／類別	種類／內容	方法／說明	執行人員	執行地點	備註

2. 如果採用條列說明，需將計畫作業執行人員、執行方式、執行時段（與進度不同）、執行地點等明確述寫。

（六）執行進度（占比 10 分）

1. 可採用繪圖輔以文字說明來呈現此步驟的重點。

執行日期／時間	執行項目／作業重點	備註

2. 可採用甘特圖說明或時序箭線圖述寫。

項目 ＼ 時間	2 月	3 月	4 月	5 月	備註／說明
廣告 POP 製作	■■■				委由廣告公司製作
店鋪宣傳張貼		■■■■■■			張貼於店門前玻璃窗前
活動結案檢討				■■■	提出銷售數量進行分析

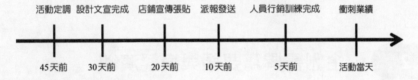

活動定調	設計文宣完成	店鋪宣傳張貼	派報發送	人員行銷訓練完成	衝刺業績
45天前	30天前	20天前	10天前	5天前	活動當天

（七）經費預算（占比 10 分）

1. 可採用表格輔以文字說明來呈現此步驟的重點。

執行項目	執行說明	經費／金額	備註

（八）預期效益（占比 10 分）

1. 依第三項計畫目的與第五項計畫內容編列合理預期效益。

2. 可條列式說明或採用表格呈現。

3. 盡量採用可量化數據（金額、人潮、%、銷量）輔以不可量化說明。

4. 預期效益要與前述目的相對應。

（九）執行成果（占比 10 分）

1. 依第三項計畫目的、第五項計畫內容、第八項預期效益呈現成果（合理編撰）。

2. 可條列式說明或採用表格呈現。

3. 盡量採用可量化數據（金額、人潮、%、銷量）輔以不可量化說明。

4. 執行成果要與前述目的相對應。

（十）討論與建議（占比 10 分）

1. 討論（結論）主要為需將本計畫案最終狀況列出執行成果或心得。

2. 建議為下次計畫修正改善之重點，或延伸發覺之事件，但不宜偏離主計畫目的之重點，以避免閱卷委員誤認本計畫案無效或失焦。

9.2 企劃書撰寫要領與模擬演練

一、筆試選題

企劃書撰寫占比為 40%，由應試著中選出一位代表依檢定編號序（試題 30 題；試題編號為：18100-940201A-01~30）抽出其中一題撰寫應試，因此題題都有機會，無特定機率。

試題編號：18100-940201A-01

檢定問題：以您從事門市的實務經驗，在消費衰退的微利時代裡，如何提升營運效益，請試撰寫一份門市營運提升計畫書。

試題編號：18100-940201A-02

檢定問題：以您的經驗如何培育優良門市服務人員，進而提升整體服務團隊的水準，得到了「員工滿意度」也創造「顧客滿意度」，試以顧客滿意角度撰寫一份門市人力資源計畫書。

試題編號：18100-940201A-03

　　檢定問題：營運輔導店輔時，以您的經驗如何於管理與行銷兩層面，提高顧客滿意度與經營績效，請試撰寫一份門市行銷計畫書。

試題編號：18100-940201A-04

　　檢定問題：請分項詳述－營運輔導時店輔人員進行「店長溝通時間」之流程說明書。

試題編號：18100-940201A-05

　　檢定問題：請以你目前所從事之門市，若公司指派前去開設新店，試撰寫一份開店計畫書。

試題編號：18100-940201A-06

　　檢定問題：請依店鋪營運的七項基本計畫，撰寫門市管理計畫書。

試題編號：18100-940201A-07

　　檢定問題：請依自身所從業的店鋪型態，撰寫敦親睦鄰計畫書。

試題編號：18100-940201A-08

　　檢定問題：請依自身所從業之店鋪型態，撰寫門市營運標準化作業手冊。

試題編號：18100-940201A-09

　　檢定問題：請製作門市立地商圈調查報告書，請依任職門市實況撰寫。

試題編號：18100-940201A-10

　　檢定問題：顧客需求滿足並不代表顧客會感動，顧客一旦被感動了，就代表得到 100%的顧客滿意，請依任職經驗撰寫如何從顧客滿足到顧客感動創造最佳營業的顧客滿意提升計畫書。

試題編號：18100-940201A-11

　　檢定問題：請依自身所從業的店鋪型態，試撰寫一份營運成長計畫書。

試題編號：18100-940201A-12

　　檢定問題：請撰寫一份區域行銷計畫書，以表彰如何透過區域資源之整合，達到提升品牌知名度及單店業績之目的。

試題編號：18100-940201A-13

　　檢定問題：請依自身所從業的店鋪型態及任職門市經驗，試撰寫一份競爭分析計畫書。

試題編號：18100-940201A-14

　　檢定問題：請依自身所從業的店鋪型態及任職門市經驗，試撰寫一份明年度營運發展企劃案。

試題編號：18100-940201A-15

　　檢定問題：請依自身所從業的店鋪型態或經驗，試撰寫一份複數或多店數事業營運計畫案。

試題編號：18100-940201A-16

　　檢定問題：旗艦店績效不如預期，若公司指派您研提改善方案，請依自身所從業的店鋪型態或經驗，試撰寫一份業務（銷售）企劃案。

試題編號：18100-940201A-17

　　檢定問題：若公司欲與其他異業結盟合作，指派您前去開設複合店，請依自身所從業的店鋪型態或經驗，試撰寫一份營運評估企劃書。

試題編號：18100-940201A-18

　　檢定問題：若公司與其他公司合作開設複合店，請撰寫一份異業結盟複合店成果檢討報告書。

試題編號：18100-940201A-19

　　檢定問題：請依自身所從業的門市經驗，撰寫一份老顧客回流計畫書。

試題編號：18100-940201A-20

　　檢定問題：請依店鋪營運的 QSC 基本準則，撰寫門市 QSC 管理計畫書。

試題編號：18100-940201A-21

　　檢定問題：請依任職門市實況製作門市客戶滿意度調查報告書。

試題編號：18100-940201A-22

　　檢定問題：以您從事門市的實務經驗，從提升人事管理效益角度，請試撰寫一份門市人員素質提升計畫書。

試題編號：18100-940201A-23

　　檢定問題：以您從事門市的實務經驗，請就善用週年慶（促銷）活動達成營業目標之方式，試撰寫一份門市促銷營業提升計畫書。

試題編號：18100-940201A-24

　　檢定問題：以您從事門市的實務經驗，由顧客抱怨至服務補救事件，撰寫服務失誤管控與品質問題檢討報告書。

試題編號：18100-940201A-25

　　檢定問題：以您從事門市的實務經驗，如何運用行銷有形商品及無形服務，製作一份提升績效的門市套裝服務企劃書。

試題編號：18100-940201A-26

　　檢定問題：請依自身所從業的店鋪型態，納入門市成功或感動行銷案例，撰寫提升顧客關係之教育訓練企劃書。

試題編號：18100-940201A-27

　　檢定問題：請依自身所從業的店鋪型態及競爭環境情況下，試製作一份提升門市競爭力企劃書。

試題編號：18100-940201A-28

　　檢定問題：請依自身所從業之店鋪型態，撰寫門市商品管理標準化作業手冊。

試題編號：18100-940201A-29

　　檢定問題：您是位具經驗之優秀店長，若甲店經營績效不佳，公司指派你研提改善建議，請依自身所從業的店鋪型態或經驗，試撰寫一份不良店經營提升計畫書。

試題編號：18100-940201A-30

　　檢定問題：請分別就營運輔導時新人、新地區及新設店，撰寫一份輔導管理計畫書。

二、筆試呈現效果

1. 為讓筆試答卷畫面漂亮，建議應試者應帶直尺(15CM)、鉛筆（先繪地圖、草圖用）、橡皮擦、書寫用筆（同款色二支避免臨時狀況換筆呈現不同顏色或粗細）。

2. 字體方正，雖是老生常談的內容，但考量閱卷老師在評核時的感受，如內容極有創新性但字跡難以判識，導致無法拿取合格分數時，相當可惜！

3. 企劃書答卷為─A4 橫式─4 張（8 面），可依內容比例先行分配位置（標題）撰寫，以利完美呈現專業能力。

三、筆試時間配比

筆試撰寫時間僅 120 分鐘（2 小時），因此在撰寫時需有效掌握時間的時效，建議可於練習時自測時間，並進行調整合理時間，以利在有限答題時間內完成作答。

項次	標題	建議掌握時間	自測（練習）時間		
一	門市商圈環境	15			
二	計畫緣起	10			
三	計畫目的	10			
四	計畫流程與方法	15			
五	計畫內容	10			
六	執行進度	20			
七	經費預算	20			
八	預期效益	10			
九	執行成果	5			
十	討論與建議	5			
**	時間小計（分鐘）	120			

試題編號：18100-940201A-01

檢定問題：以您從事門市的實務經驗，在消費衰退的微利時代裡，如何提升營運效益，請試撰寫一份門市營運提升計畫書。

一、門市商圈環境

（一）本門市位於臺中市西屯區河南路二段是住商混合區域，位距臺灣大道、青海路中心點，是具有上班族(40%)及家庭客(60%)的人潮商圈。

（二）鄰近新光三越百貨公司、家樂福及臺中知名景點秋紅谷廣場。

（三）附近早午餐咖啡連鎖餐飲競爭商家有：星巴克、麥當勞及三皇三家等。

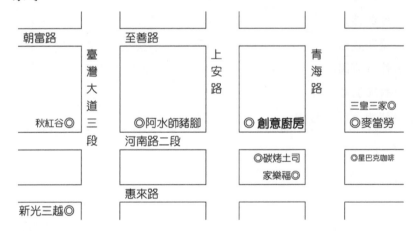

二、計畫緣起

（一）因臺灣職場環境改變，都會區上班族上班時段不再集中於固定時間，因此在都會區近年來興起早午餐優質咖啡業態，早餐時段延長衝擊午餐業者，也迫使早餐業者必須加值餐點服務品質。

（二）Brunch 對許多消費者不僅是飽餐功能，更是擁有聯繫情感與商業洽談的需求，因此，講究用餐環境與餐點也隨著消費者習性改變。

三、計畫目的

（一）期盼依時段調整餐點內容進而促使用餐人潮達到最佳翻桌率（座位周轉率）。

（二）利用餐點特色再延長營業時間到下午茶時段，達到投資最佳經營效率。

四、計畫流程與方法

（一）開發 10 點前後餐點內容與搭配組合。

（二）早午餐時段營造社區住戶享受悠閒用餐咖啡廳氣氛。

（三）下午茶時段拉攏鄰近商業客戶調整會議與洽商面談地點。

五、計畫內容

（一）早餐操作需講究快速方便，餐點搭配以營養豐盛為主，早午餐講究盤飾畫面，需增加飲食過程的視覺享受與特色飲品。

（二）加強與鄰近三百尺內的社區大樓管理委員會的互動，委請該委員會發布好鄰居早午餐優惠單。

（三）拜訪鄰近五百公尺內的商業公司，簽訂企業折扣優惠專案，配合調整專案時段優惠與會議點心飲品外送。

六、執行進度

經門市內部研討並報備總部核備，預計執行進度如下表所列：

項目＼時間	6/01~6/10	6/15~8/15	8/16~10/30	11/01	備註／說明
新菜單規劃	■				
廣告 POP 製作	■				委由廣告公司製作
客戶拜訪與介紹		■			主動拜訪企業客戶與社區管理委員會

項目＼時間	6/01~ 6/10	6/15~ 8/15	8/16~ 10/30	11/01	備註／說明
FB 廣告購買		██████	██████		訊息定量採購曝光機會
店鋪宣傳張貼		██████	██████		張貼於店門前玻璃窗前
活動結案檢討				████	提出銷售數量進行分析

七、經費預算

執行項目	執行說明	經費／金額	備註
菜單印刷（設計）	分時段提供不同菜單（設計／印刷）	2 萬元	1 元／張 *2 萬張
活動 POP 印刷+飲品兌換卡（設計）	店內外壁輸出與本次推廣公關飲品兌換卡	3 萬元	大圖輸出＋兌換卡＋設計費
FB 宣傳購買	購買 5 個月的活動宣傳露出	1 萬元	1,000 元／月 *5
拜訪客戶飲品兌換	預計發送 1 千張（杯）公關飲品兌換卡	2 萬元	成本 20 元 *1 千杯
小計		8 萬元	

八、預期效益

（一）前期（6~7 月）為口碑推廣期，有助鄰近消費者成為熟客，並增加互動推廣品牌特色的機會。

（二）經由公關兌換卡（杯）延伸帶動單日外帶杯數量，並可藉此主動推薦門市主力商品（特色飲品）。

（三）經由大量推廣可與上游供應商商議採購成本，降低原物料成本即可帶動整體效益。

九、執行成果

（一）經本推廣活動執行有效達到早餐時段與早午餐人潮穩定，更提高外帶杯的量銷售量。

（二）經過 4 個月活動互動，早午餐時段翻桌率可達 2 次以上，中午過後（下午茶）商務客戶提高約 40%。

（三）因業績提高，單位管銷成本下降，門市達到有效營運，整體經營效率提高 60%。

十、結果與建議

（一）為維持活動期間的經營績效，門市需持續每月主動於店內推出促銷與熟客活動。

（二）外帶（外送）餐飲量可藉企業商務客協助，增加企業會議餐點提供。

試題編號：18100-940201A-02

檢定問題：以您的經驗如何培育優良門市服務人員，進而提升整體服務團隊的水準，得到了「員工滿意度」也創造「顧客滿意度」，試以顧客滿意角度撰寫一份門市人力資源計畫書。

一、門市商圈環境及人員概述

芸彰牧場雲林虎尾店鄰近重要機關簡要位置圖

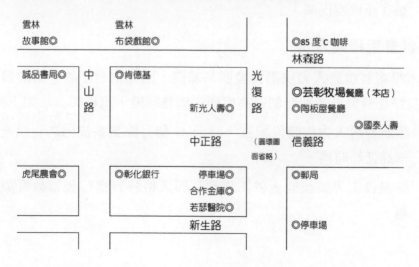

（一）本門市位置虎尾重要道路上，鄰近多家金融機構與住商大樓，是該區域重要商業區域。

（二）門市區分為內外場人員，內場由一位主廚帶領作業，外場由店長負責營運控管，餐廳的組識管理依分工與專業區分管理與薪資核定。

二、計畫緣起

（一）因近年來食安議題報導消費者對餐飲食材越來越重視，本店自營臺灣牛肉養殖牧場，在媒體報導後，餐飲業務量日益成長，諸多外地消費者專程來雲林享受安全的牛肉美食。

（二）在每日大量人潮與點餐量，現有工作人員整體工作量超越去年 2 倍以上，有熟客反應人員服務互動不如過去，出菜效率也明顯變慢，提高工作人員熱情與廚房作業效率，是需立即改善的課題。

三、計畫目的

（一）創造員工滿意度：期盼經由共識建立讓員工能以店務的成長發展為榮，輔以獎金制度提高效率達到員工滿意度。

（二）經由人力資源重新整理，藉此讓工作流程與人員專業提升，促使顧客滿意度提高。

四、計畫流程與方法

　　本提案著重於人力規劃與發展為基礎，因相信有好的、對的員工即會有良好經營氣氛，進而創造高度顧客滿意回饋，流程與方法如下列：

（一）重新檢討人力與時段配置，將近 6 個月點餐系統內之資訊進行分析高低峰時段。

（二）檢視員工專業技能，依工作經驗與人格特質進行後續教育訓練規劃。

（三）訪談目前薪資結構與獎勵，並檢討獎賞制度合適性。

（四）建構合適的員工規章以建全門市發展。

五、計畫內容

（一）員工滿意提升計畫

1. 建立員工獎勵制度（考核），提高工作服務熱忱（敬業態度）與團隊精神。

2. 強化新進人員基本教育訓練，提升所有員工解決門市狀況處理能力。

3. 依工作量調整彈性上班與適時提供臨時人員協助門市作業。

4. 建立標準升職加薪的階段職能，並輔以員工職能手冊進行制度管理。

（二）顧客滿意提升計畫

1. 透由點餐系統分析時段點餐商品，提前製作以利快速上餐。

2. 提供最優套餐式組合，提高顧客優惠組合。

3. 提供單點商品加價購優惠，讓顧客享受全新菜單（色）。

4. 等待用餐區增設電視設備，以減緩客戶等待時間無聊感。

六、執行進度

進度項目		時程	說明
員工滿意提升	建立員工獎勵制度	6/1～6/30	以整個門市
	工作人員教育訓練	固定每週一會議	以上週同仁案例進行討論教學
	調整彈性上班與調度	每週一會議協調	依訂桌與去年同期月份狀況調整
	建立升職加薪職能	6/1～6/30	建構職能考核標準

進度項目		時程	說明
顧客滿意提升	點餐系統分析提供快速出餐作業	6/1~9/30	採用季（3 個月）進行分析調整
	優惠套餐式組合	6/1~9/30	採用季（3 個月）進行分析調整
	單點加價購優惠	6/1~9/30	採用季（3 個月）進行分析調整
	減緩客戶等待的無聊感	6/1~6/7	購置 40 吋顯示器

七、經費預算

本次整體提升計畫所支出費用共計為 26,000 元，簡列如下：

預算名稱	單價／經費	備註
工作手冊	2,000	編排印刷費@100*20 本
新菜單型錄	4,000	拍攝印刷費@200*20
40 吋顯示器	20,000	新購置
合計	26,000	

八、預期效益

（一）預計經由本案操作，員工提高顧客點餐量 20%，營業額應提高約 200 萬／季。

（二）員工薪資目標（獎勵金）提高 6%，同時本季流動率期盼為 0%。

九、執行成果

（一）經 3 個月（季）導入教育訓練與獎勵政策，員工離職異動為 0%，平均薪資提高 6%。

（二）整體營業額與去年同期比較提高 20%，並有持續成長之勢，預計整年度可提高 25%。

十、討論與建議

（一）新獎勵策略為先提高人員與業績穩定，對門市毛利應可於次季再調整菜單成本架構，提高更合理毛利，並導入新（更新）菜單讓顧客有新鮮感。

（二）因人員熱忱帶動餐廳業績，工作人員感受成長之喜悅，亦應避免淡季時造成人員嚴重之工作士氣低落。

> ## 試題編號：18100-940201A-03

　　檢定問題：營運輔導店輔時，以您的經驗如何於管理與行銷兩層面，提高顧客滿意度與經營績效，請試撰寫一份門市行銷計畫書。

一、門市商圈環境

（一）本門市位於臺中市西屯區河南路二段是住商混合區域，位距臺灣大道、青海路中心點，是具有上班族(40%)及家庭客(60%)的人潮商圈。

（二）鄰近新光三越百貨公司、家樂福及臺中知名景點秋紅谷廣場。

（三）本區同類型之店鋪：星巴克、麥當勞及三皇三家等。

（四）本店主打親民價錢的營運定位與安全食材為素求。

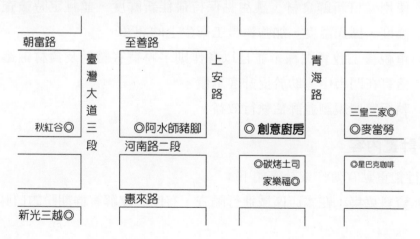

二、計畫緣起

（一）近年來，甜點市場蓬勃發展，主要應為喜愛吃甜食的女性有著廣大的消費能力。根據店鋪人員與顧客訪談經驗，歸納出吃甜食可以讓心情愉悅。

（二）因此，為提高店內預設目標客群能因顧客滿意而增加消費次數與帶動品牌形象（嚴選食材），將是本次計畫書規劃重點。

三、計畫目的

（一）設定女性、學生及情侶為客源的創意廚房甜點坊，因此行銷主題將鎖定特族群進行商品特色與文宣內容進行集客，主動出擊以增進營業績效及提高知名度。

（二）在食安議題被受重視的餐飲環境中，提高食品衛生管理是取得消費者支持重要關鍵，故本計畫於內部管理將藉由衛生管理來提高經營績效。

四、計畫流程與方法

本計畫案是重於品質和管理部分，在於員工方面注重衛生清潔管理及食品的新鮮度，呈現高品質的服務，流程方法如下：

（一）總部每月會安排食品管理人員不預期到店衛生清潔與食品檢查。

（二）使用當日新鮮食材，讓甜點保持最佳新鮮度，並且定時檢查冷藏溫度、攝氏溫度，加強對員工衛生上的認知。

（三）重視員工教育訓練，並且以身作則，將待客禮儀及食材嚴選用語落實在門市中，助於提升客單價。

（四）執行宣傳規劃並評估執行效益。

五、計畫內容

行銷重點宣傳作業計畫如下：

（一）資料蒐集：在本店區域進行調查，有助於瞭解客群期盼的口味。

（二）區域分析：區域商圈特性與經營環境分析能力教育訓練（客群層次、競爭條件等）。

（三）推動執行：企業內部整體政策發展與區域商圈消費習性。

（四）檢討評估：方案執行後檢討修正並持續觀察，以利後續發展。

　　內部食安控管作業計畫如下：

（一）食安教育訓練課程安排。

（二）食品採購驗收依食品衛生管理法訂定規則。

（三）加強店鋪食安管理自主管理與抽檢。

（四）提供檢驗檢查報表供消費者查詢。

六、執行進度

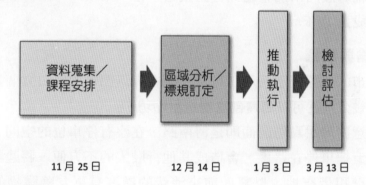

資料蒐集／課程安排　→　區域分析／標規訂定　→　推動執行　→　檢討評估

11 月 25 日　　　　12 月 14 日　　1 月 3 日　3 月 13 日

七、經費預算

執行項目	經費／金額	備註
資料蒐集（人員）	2,400	200 元*12 小時
會議餐點費（教育訓練）	1,600	80 元*4 人*5 次
廣告宣傳	5,000	DM 宣傳印刷
設置粉絲網（管理）	12,000	運用 Facebook，每月補貼店長提高宣傳（達成目標）獎金。
合計	21,000	

八、預期效益

（一）經教育訓練總部與店鋪建立良好溝通橋樑與創造業績之策略，並降低離職率 10%。

（二）提高員工對於食品安全控管能力與行銷應變能力，從中培訓選出適合的人才擔當幹部等職位。

（三）主動行銷單月業績可提高去年同期 20%以上，並增加新客群 20%以上。

九、執行成果

（一）經輔導觀察過程選出了 1 位具備區域經營控管能力與應變能力的人才，並降低店員離職率 10%。

（二）經輔導該門市調整區域行銷策略，當季業績（1~3 月）比去年同期成長 19%。

十、討論與建議

（一）門市的位置較不明顯，可以試著在靠近門市的路口立個招牌說明在幾公尺就可以到達創意廚房甜點坊。

（二）創意廚房甜點坊前面即是河南路，在沒有停車位的空間，多數消費者把車停在路邊，會造成其他行駛人的不方便，將建議總部於隔壁租借空地，以幫助前來消費的顧客有更友善購物的停車服務。

試題編號：18100-940201A-04

檢定問題：請分項詳述－營運輔導時店輔人員進行「店長溝通時間」之流程說明書。

一、門市商圈環境

（一）本超市位於臺中市中科園區之重要商業區，鄰近大型住宅區（瑞聯天地、國安國宅等），是鄰近住戶重要生活消費區域。

（二）商圈內以餐飲品牌之店家為大宗，超市型同業有愛買量販、台糖量販等，本店以便利購物為經營素求。

（三）本商圈主要人潮為中餐與晚餐二個重要時段，假日主要為家庭客戶，因此本店亦定位於社區型店鋪，致力與鄰近社區住戶維繫好便利的購物環境。

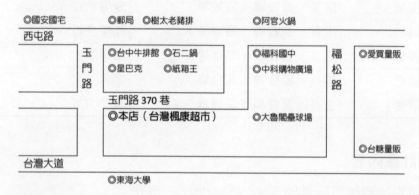

二、計畫緣起

（一）連鎖超市業績除了地點設立時先天條件，店長對區域熟悉與內部營業管理更是影響經營發展重要關鍵，因此店長具必須負擔起整體營業管理之責，並帶領店內所有同仁共同創造業績與持續成長之重任。

（二）店長管理所必須之職能除管理商品、人員、環境等基本能力外，更需具有臨時異常事件排除的判斷及經驗傳承，以確保店鋪正常營運。

三、計畫目的

（一）經由年度教育訓練使店長熟知集團內部經營理念、營運方針、年度與季節目標。

（二）區域督導會議有效溝通營運目標、操作方案與利潤達成規劃。

（三）定期單店輔導會議，由區主管協助調整店內陳列改善、主力商品規畫、友善社區互動等實際作為。

（四）蒐集商圈人潮、競合商家、同業區間活動等資訊以利由區主管指導應對操作創造業績。

四、計畫流程與方法

作業項目	作業人員	方法
資料蒐集	店長、區督導（區輔導）	現場訪查
區域分析	店長、區督導（區輔導）	經營分析
方案輔導	店長、區督導（區輔導）	策略制定
推動執行	店長、區督導（區輔導）	導入方案
檢討評估	店長、區督導（區輔導）	調整方案

五、計畫內容

重點輔導作業計畫如下：

（一）資料蒐集：進行地點消費習性與鄰近業績佳之門市進行資料訪查與蒐集。

（二）區域分析：區域商圈特性與經營環境分析能力教育訓練（人潮時段、客群層次、競爭條件等）。

（三）方案輔導：針對門市營運進行修正，利用五力分析後協助輔導制定執行方案。

（四）推動執行：結合企業內部整體政策發展與區域商圈消費習性。

（五）檢討評估：方案執行後檢討修正並持續輔導，以利門市業績持續成長。

六、執行進度

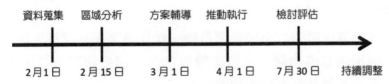

七、經費預算

執行項目	經費／金額	備註
資料蒐集（人員）	4,000	200 元*20 小時
會議餐點費	2,400	100 元*3 人*8 次
文件印刷	1,000	相關報告影印裝訂
合計	7,400	

八、預期效益

（一）建構總部與各店穩定溝通與創造區域業績之策略。

（二）提高店長區域經營控管能力。

（三）培訓企業擴展能力與店長等幹部職能發展制度化。

九、執行成果

（一）經輔導過程店長具備專業區域控管能力與持續創造業績之能力。

（二）經輔導該門市調整區域銷售策略，當季業績（4~7 月）比去年同期成長 20%。

（三）原夜間（7~9 時）活動業績，營業額提高 15%，人員鐘點效率提高 30%。

十、討論與建議

（一）輔導之業務為啟發店主管營運控管能力與敏感度，應分階段與層級提供教育訓練，以達企業永續經營之目標。

（二）培訓店主管具有完整統合與協助第一線人員上線之功能，能透由店長（主管）完整傳遞與溝通企業願景。

（三）需持續提供輔導之功能，以應對變化快速的商業環境。

MEMO

術科測試－
實務問答口試

10

CHAPTER

第一題型：流通知識與相關法令

（試題編號：18100-940201B-01~22）

第二題型：門市經營管理實務

（試題編號：18100-940201C-01~22）

第三題型：危機管理與應變對策

（試題編號：18100-940201D-01~22）

共三大題型，每大題型有 22 小題，共計 66 題，3 位應檢人為一組，每人從三大題型中各抽 1 題測試（不回復籤筒），每位應檢人計測試 3 題；各組抽籤完畢回復筒 。

　　3 位應檢人一組（例如編號 01、02、03）之抽籤（應答）順序如下：

　　第一題型（流通知識與相關法令）：編號 01、02、03。

　　第二題型（門市經營管理實務）：編號 02、03、01。

　　第三題型（危機管理與應變對策）：編號 03、01、02。

📋 第一題型　流通知識與相關法令

門市服務乙級技術士技能檢定術科測試參考試題（實務問答）

試題 編號	試題大綱 （題型）	自評準備 難易等級
B-01	零售市場競爭激烈，營業額的改善對策應透過哪些因素可以相互結合，以提升業績的具體作法？	
B-02	零售企業經營過程中有勞動基準法等法律規範人力資源，對於勞資雙方加以限制與保障主要契約內容為何？	
B-03	商品促銷活動是刺激買氣之策略與方法，你認為哪些行為可能觸犯公平交易法？請舉例說明之。（最少 5 項）	
B-04	當顧客執意要購買某項 A 牌商品但該店鋪僅販售 B 牌商品，身為門市人員的你，要如何應對？	
B-05	零售商的功能中，能提供何種服務？	
B-06	零售管理的策略為何？	
B-07	某家百貨業禮券傳遭不法集團大量偽造，該公司決定不分禮券面額一律以五十元退回現款，試說明該公司是否已經違反消費者保護法第 22 條及消費者保護法施行細則第 14 條之規定。	

試題編號	試題大綱（題型）	自評準備難易等級
B-08	零售業發展之趨勢為何？	
B-09	消防法施行細則第 15 條規定，本法所稱消防防護計畫應包括哪些事項？	
B-10	消費者保護法第 22 條企業經營者應確保廣告內容之真實，其對消費者所負之義務不得低於廣告之內容；所謂廣告是利用什麼方法，可使不特定多數人知悉其宣傳內容之傳播。	
B-11	各種商店與業態的組合，必須考慮所販賣商品類型，再進行零售店的組合，而形成所謂競爭店，在此組合分成同業組合與異業組合，其各有何原則可遵循？	
B-12	連鎖體系經營型態可分成幾類？各有何優劣點。	
B-13	商圈中主力商店開發要件為何？試舉例說明。	
B-14	商圈中主力商店形象特質有哪些？	
B-15	試說明商業流通機能為何，並舉例說明。	
B-16	零售業在銷售組合上的選擇上大約有哪幾種方式？	
B-17	請說明通路成員在通路中所扮演之角色為何？	
B-18	市面上產品眾多，價格決定廠商利潤與企業文化，試說明有何定價法各有何優缺點？	
B-19	依照消費者保護法第 5 條規定：政府、企業經營者及消費者均應致力充實消費資訊，提供消費者運用，俾能採取正確合理之消費行為，以維護其安全與權益。試說明其內容？	
B-20	在電視購物、拍賣網站、與郵購上遇到惡劣賣家不給貨也不退錢，或是所販售商品不符？您有何依據，以力爭您的權力？	
B-21	流通業的 4 流為何？	
B-22	連鎖加盟總部的 6 大功能為何？	

試題編號：18100-940201B-01

檢定問答題(Ⅱ)：

零售市場競爭激烈，營業額的改善對策應透過哪些因素可以相互結合，以提升業績的具體作法？

基本概念：

1. 營業額高低來自每一位顧客購買金額（平均客單價）。

2. 顧客購買考量：商品（特色）、服務（人員）、便利（環境）、需求（創造）。

Ans：

營業客提升需考量銷售單價與吸引來客後實際所產生的購買金額，可從下列同步結合，以提高業績成長。

一、 商品：提供促銷組合或商品搭配，將有附加價值商品推薦予顧客。

二、 服務：經由訓練有素從業人員協助顧客解決產品使用疑問或尋找合適商品。

三、 便利：完善賣場基礎設施，友善購物環境（停車場、洗手間、育嬰室、小孩育樂室、休息室、無障礙設施），並經由動線進行情境布置裝潢等提供便利購物空間。

四、 需求：創造顧客願意到店鋪的動力，透由宣傳（傳單、網路、社群）提供具特色、完善組合商品、具競爭力（價格、個別化），讓顧客習慣到店購買商品。

試題編號：18100-940201B-02

檢定問答題(Ⅱ)：

　　零售企業經營過程中有勞動基準法等法律規範人力資源，對於勞資雙方加以限制與保障主要契約內容為何？

基本概念：

1. 契約、工資、工時、女童工、退休、職災。

2. 不得低於勞動基準法所定之最低標準。

Ans：

　　勞動基準法第 1 條開宗明義指出：為規定勞動條件最低標準，保障勞工權益，加強勞雇關係，促進社會與經濟發展，特制定本法。雇主與勞工所訂勞動條件，不得低於勞動基準法所定之最低標準。

　　其中有關人力資源主要契約內容如下：

一、　勞動契約：分為定期契約及不定期契約。臨時性、短期性、季節性及特定性工作得為定期契約；有繼續性工作應為不定期契約。（勞動基準法第 9 條）

　　　勞動契約終止時，勞工如請求發給服務證明書，雇主或其代理人不得拒絕。（勞動基準法第 19 條）

二、　工資：工資由勞雇雙方議定之。但不得低於基本工資。（勞動基準法第 21 條）事業單位於營業年度終了結算，如有盈餘，除繳納稅捐、彌補虧損及提列股息、公積金外，對於全年工作並無過失之勞工，應給予獎金或分配紅利。（勞動基準法第 29 條）

三、　工作時間：勞工正常工作時間，每日不得超過 8 小時，每週不得超過 40 小時。（勞動基準法第 30 條）其包含休假、特休、請假等相關規定都需明訂以推員工權益。

四、 童工、女工：童工及十六歲以上未滿十八歲之人，不得從事危險性或有害性之工作。（勞動基準法第 44 條）女工工作時間、分娩前後、妊娠期間、親自哺乳者等都有法令規定。

五、 退休：退休年齡（年資）與條件、退休金提撥等都有法令規定。

六、 職業災害：勞工因遭遇職業災害而致死亡、殘廢、傷害或疾病時，雇主應依規定予以補償。（勞動基準法第 59 條）雇主僱用勞工人數在三十人以上者，應依其事業性質，應訂立工作規則，報請主管機關核備後並公開揭示。（勞動基準法第 70 條）

試題編號：18100-940201B-03

檢定問答題(Ⅱ)：

　　商品促銷活動是刺激買氣之策略與方法，你認為哪些行為可能觸犯公平交易法？請舉例說明之。（最少5項）

基本概念：

　　1.價格不實；2.數量不實；3.資訊不實；4.宣傳不實；5.不對等促銷。

Ans：

　　公平交易法之立法，主要目的在建立交易行為之規範，例如反獨占、反傾銷、聯合獨占、壟斷或其他不正當之競爭等。

　　第 21 條（不實廣告）所定與商品相關而足以影響交易決定之事項包括：

1. 價格：虛偽標價。

2. 數量：未完整揭露數量。

3. 品質：與品質不符、誤導、誇大。

4. 內容：與內容不符、誤導、誇大。

5. 製造方法：不符實際製程及有誤導、誇大。

6. 製造日期、有效期限：串改日期。

7. 使用方法、用途：誤導、誇大功能或宣傳無取得認可之用途證明。

8. 原產地、製造者、製造地、加工者、加工地：欺騙標示資訊。

9. 不當贈品贈獎：以不對等之金額或技巧提供贈品、贈獎之方法，爭取交易之機會。（第 23 條）

＊請考生擇 5 項說明應答。

試題編號：18100-940201B-04

檢定問答題(Ⅱ)：

　　當顧客執意要購買某項 A 牌商品但該店鋪僅販售 B 牌商品，身為門市人員的你，要如何應對？

基本概念：

　　瞭解→建議→分析→回報

Ans：

　　基於顧客自身需求設定與使用認知原則，從業人員要維持顧客互動與門市經營績效，將採取下列原則處理：

一、　瞭解需求目的：聆聽顧客使用經驗與需求。

二、　告知銷售原則：將店鋪無販售考量進行說明。

三、　建議測試他牌：以顧客需求推薦店鋪相似功能商品。

四、　緩和交流溝通：以專業經驗分析不同品牌差異與效能。

五、　回報採購單位：回報顧客需求供採購單位選品採購參考。

試題編號：18100-940201B-05

檢定問答題(Ⅱ)：

零售商的功能中，能提供何種服務？

基本概念：

1. 零售商的基本功能是為最終顧客服務，它的功能包括購買／銷售、調度／儲存、加工／拆零（分裝）、傳遞訊息、銷售服務提供等。

2. 在合適地點、合宜時間提供服務，提供顧客方便購買，它又是聯繫生產企業、批發商與顧客的橋梁，在具有零售（拆零）重要作用。

Ans：

零售商以滿足最終顧客需求與服務，主要有下列服務：

一、 購買／銷售：提供顧客可多樣式（規格、尺寸、款式、顏色、重量大小等）購買服務。

二、 調度／儲存：提供最適存貨量以供顧客隨時購買（或協助調度）。

三、 加工／分裝：在不改變原商品型態下經分裝提供最適顧客最佳採購商品，以達商品價值提升。

四、 傳遞訊息：提供商品採購或使用之專業諮詢服務。

五、 售後服務：在銷售前、中、後提供最佳服務，更可利用售後服務維繫顧客信賴，與顧客長期互動。

試題編號：18100-940201B-06

檢定問答題(Ⅱ)：

零售管理的策略為何？

基本概念：

針對性（目標）、試探性（開發）、誘導性（執行）、調價（競爭優勢）、差異化（不斷回饋修正）等策略。

Ans：

零售管理策略具體來說包括：

一、 針對性策略：針對不同顧客於不同情況與需求，採取適當的服務方式並積極宣導，以期引發購買欲望。

二、 試探性策略：從業人員對顧客購買商品的具體要求尚末完全明瞭前，應觀察顧客的表情動作、傾聽顧客的詢問，並試著為其推薦最合適商品。

三、 誘導性策略：從業人員運用熟知的商品知識和介紹技巧，針對顧客對商品的顧慮和疑問，和婉誘導說服，使顧客將其原本不滿意的理由產生動搖。現而改變需求，以達到購買目的。

四、 調價策略：依據競爭市場的情況、商品銷售的變化及顧客消費愛好變化等影響因素，於可調價範圍內調高或調低價格，吸引顧客購買。

五、 差異化策略：零售為顧客提供一種不同於企業商品或服務，需擴大銷售商品並差異分眾商品才能達到經營效率，需主動對顧客介紹商品的性能、特點、質量、使用和保養方法，才能促使顧客購買。

試題編號：18100-940201B-07

檢定問答題(Ⅱ)：

　　某家百貨業禮券傳遭不法集團大量偽造，該公司決定不分禮券面額一律以五十元退回現款，試說明該公司是否已經違反消費者保護法第 22 條及消費者保護法施行細則第 14 條之規定。

基本概念：

1. 消保法第 22 條定有明文：此係為保護消費者而課企業經營者以特別之義務，不因廣告內容是否列入契約而異，否則即無從確保廣告內容之真實」（最高法院 93 年度台上字第 2103 號判決意旨參照）。

2. 消保法施行細則第 14 條為定型化契約條款，主要為平等互惠原則。

Ans：

　　百貨業禮券被不法集團偽造，應加強辨識禮券真偽，不宜使取得真實禮券之顧客權益受損，該百貨業者明顯違反法規，並使顧客權利受損。

一、 消保法第 22 條所明定：企業經營者應確保廣告內容之真實，其對消費者所負之義務不得低於廣告之內容。

二、 消保法施行細則第 14 條明定：定型化契約主要為平等互惠原則，保障明顯不利消費者（顧客）之情形。

試題編號：18100-940201B-08

檢定問答題(Ⅱ)：

零售業發展之趨勢為何？

試題編號：18100-940201C-21

檢定問題：

門市經營型態之趨勢為何？

基本概念：

1.大型連鎖化；2.精緻化；3.差異化；4.資訊化；5.創新化；6.網路降低創業門檻；7.異業整合。*建議與 1B-08、1C-21 採用相同標題背誦。

Ans：

黃營杉博士擔任經濟部部長一篇以零售服務業發展與國家經濟成長發表文章中提及零售業業發展趨勢重點如下列：

一、 低價競爭，大型連鎖化等新經營模式的興起：大賣場、購物商城與折扣商店的日益普及，壓低各式商品與服務價格，也提供消費大眾更多樣化的選擇與比價空間。

二、 消費文化轉變，精緻化、差異化成重要潮流：消費者很容易低價購買所需的商品，讓消費者在消費購物時，比以往更精明、更挑剔，也更重視產品真正的價值。

三、 資訊等新科技發展，讓傳統零售邁向現代化：資訊科技或者相關的創新研發活動，又提供獨特的機會，讓就業型態，以及零售業與顧客需求互動的方式，有更多的可能。

四、 網際網路可降低創業的門檻：在虛擬商店的營運模式下，提供新的創業機制。

五、 異業整合，提供顧客一次購足的服務：透過線上銷售，迅速蒐集客戶消費習性的資料，讓經營者能針對單一客戶做客製化的服務與行銷。

試題編號：18100-940201B-09

檢定問答題(Ⅱ)：

　　消防法施行細則第 15 條規定，本法所稱消防防護計畫應包括哪些事項？

Ans：

　　所稱消防防護計畫應包括下列事項：

一、　自衛消防編組：員工在十人以上者，至少編組滅火班、通報班及避難引導班；員工在五十人以上者，應增編安全防護班及救護班。

二、　防火避難設施之自行檢查：每月至少檢查一次，檢查結果遇有缺失，應報告管理權人立即改善。

三、　消防安全設備之維護管理。

四、　火災及其他災害發生時之滅火行動、通報聯絡及避難引導等。

五、　滅火、通報及避難訓練之實施；每半年至少應舉辦一次，每次不得少於四小時，並應事先通報當地消防機關。

六、　防災應變之教育訓練。

七、　用火、用電之監督管理。

八、　防止縱火措施。

九、　場所之位置圖、逃生避難圖及平面圖。

十、　其他防災應變上之必要事項。

　　遇有增建、改建、修建、室內裝修施工時，應另定消防防護計畫，以監督施工單位用火、用電情形。

試題編號：18100-940201B-10

檢定問答題(Ⅱ)：

消費者保護法第 22 條企業經營者應確保廣告內容之真實，其對消費者所負之義務不得低於廣告之內容；所謂廣告是利用什麼方法，可使不特定多數人知悉其宣傳內容之傳播。

基本概念：

1. 平面媒體（報紙、雜誌、海報、招牌、傳真等）。

2. 立體媒體（電視、廣播、電子視訊、電腦、網路多媒體等）。

Ans：

依消費者保護法施行細則第 23 條亦規定廣告的型式，是指利用電視、廣播、影片、幻燈片、報紙、雜誌、傳單、海報、招牌、牌坊、電話傳真、電子視訊、電子語音、電腦或其他方法，可使多數人知悉其宣傳內容之傳播。

試題編號：18100-940201B-11

檢定問答題(Ⅱ)：

　　各種商店與業態的組合，必須考慮所販賣商品類型，再進行零售店的組合，而形成所謂競爭店，在此組合分成同業組合與異業組合，其各有何原則可遵循？

基本概念：

1. 同業組合：規模、商圈、商品（價格）差異。

2. 異業組合：目的、頻率、客層、企業形象。

Ans：

一、 同業組合原則有：

1. 彼此規模差異不大（相似）。

2. 擁有足夠的市場潛力，商圈要夠大。

3. 商品或價格應互有差異，以供顧客進行比較與選購。

二、 異業組合原則有：

1. 消費目的不同。

2. 消費頻率相近。

3. 目標客層相近。

4. 企業形象相近。

試題編號：18100-940201B-12

檢定問答題(Ⅱ)：

連鎖體系經營型態可分成幾類？各有何優劣點。

基本概念：

比較項目 ＼ 連鎖型態	直營連鎖	特許加盟	自願加盟
資金	總公司完全投資經營成本最高	總公司占部分股權經營成本次高	各店自行投資經營成本最低
契約之訂定	不是由契約結合而成，連鎖店屬總公司所有	由契約結合而成	由契約結合而成，連鎖店所有權不屬於總公司
經營權	全部屬於總公司完全參與連鎖店的經營	部分歸各店主，輔導連鎖店的經營	各店主控制連鎖店的經營
企業形象	較易維持一致	較易維持一致	較不易維持一致
營業費用與利潤	分享連鎖店利潤，並分擔其費用	分享連鎖店部分利潤，並分擔其部分費用	不分享連鎖店利潤，亦不分擔其費用
權利金	不收連鎖店權利金	收取連鎖店權利金	收取連鎖店權利金
商品進貨	總公司統一進貨	總公司統一進貨	各店主有較大的自主權
價格	統一售價	統一售價	售價的彈性較大
Know-how 與教育訓練	由總公司全套提供	由總公司全套提供	自行利用
連鎖店店數成長	較慢	較快	較快
約束控制力	較佳	較佳	較差

Ans：

連鎖店型態，主要區分為三種：

一、 直營連鎖(RC; Regular Chain)：

優點：由總公司完全投資經營。

缺點：投資成本高、展店速度慢。

二、 特許加盟(FC; Franchise Chain)：

優點：店長多數為出資者會專注經營、總部投資金額比直營店低並可快速展店。

缺點：監督成本高、員工任用管理權限低。

三、 自願加盟(VC; Voluntary Chain)：

優點：總部可收取加盟金並可快速展店、加盟店保有營運主控權。

缺點：控管不易、形象維持不易。

三種連鎖經營型態各有其優缺點，但以直營連鎖的方式較能提供良好的服務，拓展的速度卻較慢；特許加盟與自願加盟可以迅速發展，但在管理上比較困難。

試題編號：18100-940201B-13

檢定問答題(Ⅱ)：

商圈中主力商店開發要件為何？試舉例說明。

基本概念：

規模、型態、管理（權）、需求、功能、多元

Ans：

主力商店開發應該具備以下幾個要件：

一、 規模：主力商店在商圈中占有較大規模，並由知名的品牌企業一致化管理。

二、 型態：主力商店的經營型態決定著整個商圈經營型態，如以大賣場為主力商店，就是社區型、地區型購物中心；以百貨商店為主力商店，就是都會中心、區域中心。

三、 管理：主力商店除其內部運營外，必須納入整個商圈運營管理，所以主力商店最好是向商圈主要業者租賃商業物業。

四、 需求：主力商店從品牌上、規模上、功能上能帶動商圈的人流，因而主力商店所提供的商品或服務市場需求彈性較大。

五、 功能：主力商店的市場功能在商圈所處的區域內一般短時間內無法取代。

六、 多元：主力商店因商圈所處的區域、規模的不同，可規劃設立一間或多間（類別不同）。

試題編號：18100-940201B-14

檢定問答題(Ⅱ)：

商圈中主力商店形象特質有哪些？

基本概念：

品質、價格、態度、便利、氣氛、促銷、服務

Ans：

一、 商品品質：商品富有設計感與質感，顧客大多也因對商店的品質優良而產生購買行為與品牌認知。

二、 商品價格：顧客常將商品價格與商品價值作相關聯想，亦即高價格的商品大多是具有高品質的價值。商品價格的高低也是直接影響購買行為。

三、 服務態度：對於衝動性購物的消費行為而言，從業人員的服務態度往往是直接影響購買意願。

四、 地點便利：在講求時效性的現代，因此購物地點的方便成了是否產生購物行為的一項考量，而商店地點是否便利也影響顧客對店家的看法。

五、 環境氣氛：購物環境的舒適度直接影響顧客的購物行為，而且購物環境也是顧客對商店一項重要的認知項目。

六、 促銷活動：促銷活動就實務上可以吸引顧客產生購物行為，而是否舉辦促銷活動也會讓顧客對該家商店的有不同印象。

七、 購後服務：購後服務會影響顧客再購意願及口碑宣傳。

試題編號：18100-940201B-15

檢定問答題(Ⅱ)：

試說明商業流通機能為何，並舉例說明。

試題編號：18100-940201B-21

檢定問題：

流通業的 4 流為何？

基本概念：

商流、物流、金流、資訊流、人才流

Ans：

運用資訊科技技術解決商業流通機能，合稱商業自動化的五流。

一、 商流：商業交易行為中有關交易過程的規劃。所謂「商流」是指交易作業的流通，同時也是商品「所有權」的流通。

二、 物流：商品配送過程的規劃。物流的定義即是指產品從生產者移轉到經銷商、顧客的整個流通。

三、 金流：金融支付轉帳的機制。金流即是指資金的流通，也就是說企業與企業或消費者用來交易的工具，例如現金付款、ATM、匯兌、票據交換等。

四、 資訊流：商業交易資訊傳送系統。又稱情報流，是指隨著金流與物流等的活動，產生之相關資訊的傳遞活動，好比顧客資料處理、訂單處理、財務資訊等的相關運作方式。

五、 人才流：掌握相關技術的人才之選育用留。服務流是以顧客需求為目的，為了提升顧客滿意的感受，人才的培訓即是目前流通業提升競爭力的重要工作。

試題編號：18100-940201B-16

檢定問答題(Ⅱ)：

零售業在銷售組合上的選擇上大約有哪幾種方式？

基本概念：

靈活組合、安心組合、多效組合、一次購足組合

Ans：

近年來，大多數企業試圖結合產品與服務，希望提高營收，並改善現金流量。混合解決方案(hybrid solution)，也就是結合產品和服務的創新銷售組合，透過提供客戶優越的價值，的確能協助公司吸引新客戶，並提高現有客戶的需求。

一、 靈活組合：這種類型最適合複雜的產品和服務，專門用來解決棘手的客戶問題。這些產品和服務本身高度獨立，不過也具備很強的互補性。

二、 安心組合：企業能利用強勢的產品品牌來吸引客戶，但其實那些服務本身與競爭品牌沒有太大區隔；反之亦然。以電梯為例，通常，建物業主或承包商向某一家公司採購電梯，然後再僱用另一家服務公司提供維修服務。

三、 多效組合：這類型的產品和服務往往高度互補且相互倚賴，因此若要讓客戶獲得好處，同時使公司的獲利增加，便要靠基本組合之外增加的銷售組合。

四、 一次購足組合：這類組合雖然產品和服務極少互補且高度獨立，但光是讓產品出現在服務據點，就可讓公司增加銷售。

　　＊＊個案說明可以自身經驗分享。

試題編號：18100-940201B-17

檢定問答題(Ⅱ)：

請說明通路成員在通路中所扮演之角色為何？

基本概念：

製造商、批發商、代理商、零售商

Ans：

在流通的過程中，通路的廠商提供流通商品更多的附加價值(added value)

一、 製造商：生產商品、蒐集市場資訊、信用與融資、風險承擔等。

二、 商品批發商（盤商）：擁有商品所有權：運送、信用、銷售、管理支援、風險分擔、顧客服務、保證、運輸等。

三、 經紀／代理商：不擁有商品所有權，為行銷推廣或營運管理等。

四、 零售商（商店、無店鋪）：商品陳列、商品銷售、廣告與人員促銷、顧客服務等。

試題編號：18100-940201B-18

檢定問答題(Ⅱ)：

市面上產品眾多，價格決定廠商利潤與企業文化，試說明有何定價法各有何優缺點？

※ 請參閱 1-3 節價格設定策略

Ans：

一、 差別定價法：

1. 顧客細分定價：企業把同一種商品或服務按照不同的價格賣給不同的顧客。

2. 產品形式差別定價：企業按產品的不同型號、不同式樣，制訂不同的價格。

3. 形象差別定價：有些企業根據形象差別對同一產品制訂不同的價格。

4. 地點差別定價：處於不同地點的產品和服務制訂不同的價格。

5. 時間差別定價：價格隨著季節、日期甚至鐘點的變化而變化。

二、 顧客導向定價法（需求導向定價法、市場導向定價法）：採用顧客導向定價法需要先瞭解顧客的期望價格，然後根據中間商的成本情況和相應的有關費用，確定產品的價格。

三、 低價位定價法：現在許多商家都在採用每日低價的法則，低價位定價法則總強調把價格定得低於正常價格，但高於其競爭對手大打折扣後的價格。

四、 市場滲透定價法：滲透價格的特點為企業只能獲取微利。

試題編號：18100-940201B-19

檢定問答題(Ⅱ)：

依照消費者保護法第 5 條規定：政府、企業經營者及消費者均應致力充實消費資訊，提供消費者運用，俾能採取正確合理之消費行為，以維護其安全與權益。試說明其內容？

基本概念：

1. 政府落實推動。

2. 企業做好消費者保護工作。

3. 消費者維護本身消費安全與權益。

Ans：

一、 政府落實推動

1. 依法建立消費者保護行政體系：如消費者保護官制度、消費者服務中心、消費爭議調解委員會及業務協調會報。

2. 積極研擬消費者保護計畫：主管機關檢討修訂現行法令，以有效落實消費者保護工作。

3. 積極推動消費者保護教育宣導工作：編印及發行消費者保護之書刊。

4. 協調並促請各企業經營者設立消費者申訴或服務中心：加強與消費者之溝通，提供良好服務，使申訴案件在消費者與企業經營者間妥為解決。

二、 企業做好消費者保護工作

1. 重視消費者之健康與安全：加強產品品質管理，防止有瑕疵之產品流入市場。

2. 向消費者說明商品或服務之使用方法：企業經營者應致力充實消費資訊，俾消費者採取正確合理之消費行為。

3. 維護交易之公平：企業經營者應配合主管機關檢討定型化契約，落實平等互惠、誠實信用原則。

4. 提供消費者充分與正確之資訊：企業經營者對於郵購買賣或訪問買賣等交易型態，應提供充分與正確之資訊，俾消費者得以採取正確合理之消費行為。

5. 加強消費爭議處理：企業經營者應調整以往對消費爭議被動消極處理之態度，宜設立消費者服務中心或消費者申訴電話專線，專責處理消費爭議案件。

三、 消費者維護本身消費安全與權益

（一）消費者應致力充實消費資訊

1. 消費者為充實消費資訊，平時應多接受消費教育宣導。

2. 消費者從事消費前應蒐集消費相關資料。

3. 消費者有疑問應即時查詢。

（二）消費者從事消費時應採取正確合理消費行為

1. 不買具有危險的商品或服務。

2. 詳細閱讀商品之說明及標示等資料。

3. 不為商品之不當使用。

4. 向企業經營者索閱品質保證書或相關文件。

（三） 發生消費爭議時，應盡速依照消費者保護法規定申訴、調解、消費訴訟程序解決

參考來源：

行政院消費者保護會網站 http://www.cpc.ey.gov.tw/

公平交易委員會網站 http://www.ftc.gov.tw/

試題編號：18100-940201B-20

檢定問答題(Ⅱ)：

在電視購物、拍賣網站、與郵購上遇到惡劣賣家不給貨也不退錢，或是所販售商品不符？您有何依據，以力爭您的權力？

基本概念：

1.解除買賣契約；2.返還價金；3.申訴管道；4.不實廣告。

Ans：

1. 消保法第 19 條規定（解除買賣契約）：
   通訊交易或訪問交易之消費者，對所收受之商品不願買受時，得於收受商品後七日內，退回商品或書面通知企業經營者解除契約，無須說明理由及負擔任何費用或對價。

2. 消保法第 19-2 條第 2 項規定（返還價金）：
   企業經營者應於取回商品、收到消費者退回商品或解除服務契約通知之次日起十五日內，返還消費者已支付之對價。

3. 消保法第 43 條第 3 項規定（申訴管道）：
   消費者向企業經營者、消費者保護團體或消費者服務中心或其分中心申訴後，未獲妥適處理者，得向直轄市、縣（市）政府消費者保護官申訴。

4. 公平交易法第 21 條規定（不實廣告）：
   事業不得在商品或廣告上，或以其他使公眾得知之方法，對於與商品相關而足以影響交易決定之事項，為虛偽不實或引人錯誤之表示或表徵。

試題編號：18100-940201B-22

檢定問題：

連鎖加盟總部的 6 大功能為何？

基本概念：

1.商品開發；2.教育訓練；3.招商推廣；4.物流配送；5.行銷宣傳；6.輔導支援。

Ans：

隨著連鎖加盟事業的蓬勃發展，連鎖加盟總部也隨之增多，總部應至少具備以下六大功能：

一、 新商品開發

加盟總部應不斷的開發新商品提供給加盟店。

二、 提供加盟店良好的教育訓練

提供加盟店的教育訓練，可分為加盟前的期前教育訓練，以及加盟後持續的教育訓練。

三、 招商推廣

總部為擴張連鎖加盟事業版圖，當然就必須不斷的招募加盟店。

四、 物流配送

總部不僅要提供加盟店商品，必須將商品配送至加盟店。

五、 行銷宣傳

連鎖加盟體系要建立品牌知名度，就必須不斷的行銷宣傳廣告。不斷的在報章雜誌及網站上曝光，才能提升品牌知名度。

六、 加盟店的後勤支援輔導總部須定期派遣專人至加盟店巡店，提供這些問題的解決之道。藉由總部的後勤支援輔導，以提升加盟店的經營實力及業績。

參考來源：http://ap.ipera.com:82/elearning26/blog/index.php?userid=172

第二題型　門市經營管理實務

試題 編號	試題大綱 （題型）	自評準備 難易等級
C-01	如果你是一家零售店的店長，可以從哪幾方面做好顧客關係？	
C-02	請說明店經理如何有效的規劃每季的工作內容？	
C-03	門市每日開始營業前，店經理應如何規劃？	
C-04	店經理如何做好商店照明的管理？	
C-05	如果你是一家零售店的店長，可以從哪幾方面做好管理的需求？	
C-06	如果你是一家零售店的店長，可以從哪幾方面滿足員工的需求？	
C-07	如果你是一家零售店的店長，可以從哪幾方面做好規劃目標市場的需求？	
C-08	如何作好顧客滿意度規劃？	
C-09	一個想要進入零售業的求職者應具備哪些條件？	
C-10	公司顧客服務的策略包含哪些？	
C-11	商店內外設計、設備有哪些需要管理維護？	
C-12	賣場直線型布置通常運用於食品商店、折扣商店、藥局、五金商店等商店，其具備有哪些優點？	
C-13	門市有哪些基本人力資源？人力體系的目標及計畫是什麼？	
C-14	優秀的店長任務功能有哪些？培育優秀店長的重點？	
C-15	一般從業人員培訓目標有哪些？	
C-16	門市物流的活動有哪些？	
C-17	整合性 EOS 及 POS 資訊系統效益有哪些？	
C-18	您在賣場的一天中看到、想到或關心的什麼？	
C-19	店鋪營業中業務有哪些？	
C-20	賣場布局有哪些動線？如何劃分其功能？	
C-21	門市經營型態之趨勢為何？	
C-22	門市管理作業有哪些？	

試題編號：18100-940201C-01

檢定問答題(Ⅱ)：

如果你是一家零售店的店長，可以從哪幾方面做好顧客關係？

基本概念：

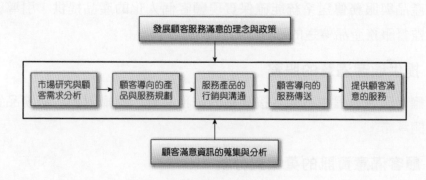

Ans：

一、 發展顧客服務滿意的理念與政策

企業經營理念與經營策略中，也要能顯示對於顧客服務品質的重視程度。

二、 市場研究與顧客需求分析

經常持續的進行市場研究與顧客需求分析，建立豐富的資料庫，以掌握市場變化趨勢與區隔市場顧客需求。

三、顧客導向的產品與服務規劃

對於新產品企劃案進行市場機會分析與顧客消費測試，運用品質機能展開與同步工程的觀念與手法於產品開發規劃。

四、服務產品的行銷與溝通

建立產品企劃、供應、銷售人員之間的溝通,以及服務產品與顧客之間的充分溝通管道,以避免過度促銷,造成無法實現承諾的現象。

五、顧客導向的服務傳送

產品與服務傳送系統能確保實現顧客個人化的產品提供,引導顧客參與監督服務產品傳送的過程。

六、提供顧客滿意的服務

確保服務過程中各顧客接觸點的服務品質,組織對顧客服務品質進行公開承諾。

七、顧客滿意資訊的蒐集與分析

定期進行顧客滿意度調查、焦點顧客訪談、服務標竿評比,依據資訊分析結果提出檢討改進,並設計能有效提升顧客服務品質的激勵措施。

參考來源:http://cm.nsysu.edu.tw/~cyliu/paper/paper11.html

試題編號：18100-940201C-02

檢定問答題(Ⅱ)：

　　請說明店經理如何有效的規劃每季的工作內容？

基本概念：

　　1.人事管理；2.商品管理；3.銷售管理；4.顧客管理；5.賣場管理；6.商圈經營。

Ans：

　　店經理對企業於該商圈的經營必須清楚掌握，配合總部所制定營運目標擬定區域計畫，內容包含為人事管理、商品管理、銷售管理、顧客服務、賣場管理、商圈經營、等領域。每季應規劃的工作內容如下：

一、　人事管理：店鋪人員的選、用、育、留與季節績效管理。

二、　商品管理：規劃適合區域販售季節性商品。

三、　銷售管理：配合企業整體宣傳促銷活動。

四、　顧客管理：主動將當季最新訊息傳遞予顧客。

五、　賣場管理：賣場季節活動布置與損耗性設備更新。

六、　商圈經營：將上一期商圈市場調查分析提供於新一季的營業規劃（競爭策略）。

試題編號：18100-940201C-03

檢定問答題(Ⅱ)：

　　門市每日開始營業前，店經理應如何規劃？

試題編號：18100-940201C-05

檢定問答題(Ⅱ)：

　　如果你是一家零售店的店長，可以從哪幾方面做好管理的需求？

試題編號：18100-940201C-07

檢定問答題(Ⅱ)：

　　如果你是一家零售店的店長，可以從哪幾方面做好規劃目標市場的需求？

試題編號：18100-940201C-18

檢定問答題(Ⅱ)：

　　您在賣場的一天中看到、想到或關心的什麼？

試題編號：18100-940201C-19

檢定問答題(Ⅱ)：

　　店鋪營業中業務有哪些？

試題編號：18100-940201C-22

檢定問題：

　　門市管理作業有哪些？

基本概念：

　　1.人員管理 2.銷售管理 3.商品管理 4.設備管理。

　　※建議 C03、C05、C07、C18、C19、C22 同答案（標題）背誦後答題應用。

Ans：

　　開店前店長應從四大工作內容檢視以進行作業規劃：

一、　人員管理：服務業首重人員服務（銷售）互動關係，選任適宜人員將可營造良好顧客關係（包含內部公平排班輪值、合理薪資、完善教育）。

二、　銷售管理：季節性或時令商品能創造相當程度業績，從歷史銷售資料可有效替店鋪尋找最佳經營策略。

三、　商品管理：店鋪主要功能是將產品經由企劃管理（規劃）轉變為商品，並在商圈中經有效分類提供符合客層的商品。

四、　設備管理：經由維護良好之設備可提供顧客穩定品質的商品或服務（包含洗手間、停車場、購物推車、倉庫）。

五、　顧客管理：建立良好互動創造顧客最大滿足。

六、　商圈管理：依大小商圈進行資訊評估，以利完整營運規劃。

試題編號：18100-940201C-04

檢定問答題(Ⅱ)：

　　店經理如何做好商店照明的管理？

基本概念：

　　1.搭配；2.節能；3.控管；4.保養；5.隨手關燈。

Ans：

　　店鋪光線影響店內銷售氣氛，照明對商品銷售有極大提升，因此店經理可從下列進行照明管理：

一、　整體搭配：考量店鋪經營風格採用合適燈具與光源。

二、　節能省電：採用經濟部節能標章產品，替店鋪節省用電同時為環保盡力。

三、　分區控管：視營業時段進行區域光源調整，可營造顧客選購氣氛與節省電費支出。

四、　定檢保養：保養重於維修是定期保養的重點，可避免於營業中產生不必要之困擾。

五、　隨手關燈：這是所有店長都必須時時提醒的基本動作，藉此讓同仁養成好習慣。

試題編號：18100-940201C-06

檢定問答題(Ⅱ)：

　　如果你是一家零售店的店長，可以從哪幾方面滿足員工的需求？

基本概念：

　　目的、責任、激勵、紓壓

Ans：

　　店長必須面對不同年齡店員（工讀生、正職、二度就業阿姨等），因此無法由單一制式公司條件滿足所有工作伙伴，但可由下列考量員工需求進而滿足。

一、　工作目的：從不同背景員工與工作目的可以考量採用純薪資獎勵與參與式鼓勵（正面培訓）。

二、　工作責任：因工作目的不同對其責任有不同層度之認知，店長必須提供明確可依循準則，藉此滿足員工發揮最大能力展現，進而喜愛這份工作（人都喜好能勝任的工作）。

三、　激勵連結：從目的與責任分群規劃提供制度化的激勵作為，如獎金紅利（配股）、升職。

四、　抗壓紓壓：工作倦勤與階段任務無法達成時會產品職場工作壓力，如能透由紓壓協助員工尋找出口，可促使員工身心健康。

試題編號：18100-940201C-08

檢定問答題(Ⅱ)：

如何作好顧客滿意度規劃？

基本概念：

需求、品質、流程、關懷

Ans：

要滿足顧客提高滿意度建立後續支持（再購），必須提供一致性、標準化、專業性的規劃。

一、 滿足需求：提供顧客最大滿足即是建構滿意度的基礎。

二、 優質品質：產品品質、服務品質是顧客持續肯定的考量。

三、 流程簡便：所有消費過程都必須考量新手（首次）即可上手完成（使用簡便）。

四、 持續關懷：必須在售前、售銷中、售後提供不同程度專業建議與協助，並採取標準作業要求持續系統穩定。

試題編號：18100-940201C-09

檢定問答題(Ⅱ)：

一個想要進入零售業的求職者應具備哪些條件？

基本概念：

1.真誠和善；2.同理心；3.樂觀向上；4.團隊精神；5.責任心。

Ans：

《最極致的服務最賺錢》一書說明具備以下 5 項特質的員工才能成就優秀團隊，其條件亦是企業選人的考量，因為找出適合發揮服務力的員工，即可打造高效服務力的團隊，建立強勁服務力的不二法門，下列依各項條件解釋重要性。

一、　真誠和善：與人和善是服務人員應具備基本特質，真誠則需發自真心。

二、　同理心：服務業是與人群高度相處的行業，對顧客各項感受都應具有相同感受。

三、　樂觀向上：因零售業每日都有不同狀況需緊急處理，因此極易有挫折感，具備樂觀正面思考是零售業人應備之特質。

四、　團隊精神：零售業大多數非個人特色產業，需有諸多伙伴共同維持服務品質，因此必須有團隊合作共榮共存的心態。

五、　責任心：零售業要能令顧客滿意，伙伴們自發性、主動性的責任感即顯重要。

試題編號：18100-940201C-10

檢定問答題(Ⅱ)：

公司顧客服務的策略包含哪些？

基本概念：

1.服務項目；2.服務水平；3.服務形式。

Ans：

一、 服務項目的開拓

1. 服務項目的開拓：產品特性和顧客要求，開拓相應的服務項目。

2. 服務形式的開拓：顧客要求和競爭者的策略決定服務形式。

二、服務水平的提高

1. 時間上的迅速性：對顧客反映的問題能迅速及時給予解決，顧客就會滿意。

2. 技術標準化和全面性：提供服務的質量標準，如服務網路的設置、服務技能和設備、方法等，幫助顧客排憂解難。

3. 服務過程親和性：人員的儀態適切、熱情飽滿、和藹可親。

4. 語言和行為的規範性：服務語言要文明禮貌，行為舉止要規範。

三、 服務形式的創新

1. 服務承諾：售前、售出對顧客提供的服務形式加以確定。

2. 電話服務：提供諮詢電話，協助顧客排除相關疑慮。

3. 網上服務：企業開設電子信箱、線上即時客服提供各種支持和諮詢。

參考資料：

http://wiki.mbalib.com/zh-tw/%E6%9C%8D%E5%8A%A1%E7%AD%96%E7%95%A5

試題編號：18100-940201C-11

檢定問答題(Ⅱ)：

商店內外設計、設備有哪些需要管理維護？

基本概念：

請從最熟悉的行業試著想像你看到的一切設備與規劃。

Ans：

因不同類型的商店，裝備因此有所不同，下列以手搖飲料店之重點項目說明。

一、店外重要項目

建築造型、招牌燈箱、廣告看板、照明燈具、展示櫥窗、等候桌椅、遮陽雨棚等。

二、店內重要項目

1. 器具設備：微波爐、製冰機、咖啡機、臥式冰櫃、立式冷藏冰櫃冰箱、開放式冷藏冷凍櫃。

2. 內部設計：結構裝潢、走道樓梯、開關插座、機房、倉庫（常溫、低溫）、休息室、洗手間、安全消防設備。

3. 木做裝潢：牆壁、天花板、地面、櫃檯、櫥櫃、貨架、內用桌椅。

4. 輔助設備：照明、音響、自動門、收銀機、不斷電系統、電梯（升降機）、冷氣機、加壓泵、濾水器、抽（排）風機、電腦終端設備、監視錄影設備、發電機、緊急照明設備等。

試題編號：18100-940201C-12

檢定問答題(Ⅱ)：

賣場直線型布置通常運用於食品商店、折扣商店、藥局、五金商店等商店，其具備有哪些優點？

基本概念：

簡化動線、商品集中、死角減少、照明減少、人員減少（自助購物）、失竊減少。

Ans：

一、 簡化賣場動線：顧客易於尋找商品。

二、 同質商品管理：易於貨架分類管理。

三、 減低賣場死角：有效利用所有空間。

四、 減少照明設備：動線光源可有效調節。

五、 有效管理商品：可達先進先出及效期集中管理。

六、 顧客自助購物：可減少人員服務成本。

七、 監控設備管理：可建立失竊可能的購物動線。

試題編號：18100-940201C-13

檢定問答題(Ⅱ)：

門市有哪些基本人力資源？人力體系的目標及計畫是什麼？

基本概念：

1. 店內階層名稱→最適人力規劃發展→現有評估。

2. 需求培訓。

3. 長期整體。

Ans：

一、 基本人力資源：依不同店型有不同職稱，但簡要區分為店長（店經理）、副店長（店副理、儲備店長）、店員（職員）、實習生（計時人員、工讀生）。

二、 人力體系目標：配合企業營運目標搭配最適人力數量，以期在人員成本與顧客服務最適發展。

三、 人力體系計畫：

1. 現有人力評估：分析現有人力配置與職能狀況。

2. 企業人力需求：以企業展店規劃整體人力培訓計畫。

3. 整體人力資源：以不同職能進行長期培訓課程規劃。

試題編號：18100-940201C-14

檢定問答題(II)：

　　優秀的店長任務功能有哪些？培育優秀店長的重點？

Ans：

一、優秀店長任務

1. 經營管理（人員、商品、財務）。

2. 溝通分享（內部、社區、友店）。

3. 教育培訓（督導、身教、訓練）。

4. 績效提升（營業額、毛利率、報廢率）。

二、優秀店長培育

1. 服務熱忱的態度。

2. 規劃分析的能力。

3. 資訊解讀的敏銳。

4. 企業經營的格局。

5. 領導管理的氣度。

試題編號：18100-940201C-15

檢定問答題(Ⅱ)：

一般從業人員培訓目標有哪些？

基本概念：

態度、銷售、解決問題

Ans：

一、工作態度面

1. 主動親切與同仁及顧客互動。

2. 正面看待企業各項要求管理。

二、銷售技巧面

1. 產品專業精進。

2. 面銷口條表達。

3. 互動口語表情。

4. 商品陳列管理。

三、問題解決面

1. 學習自行解決問題能力。

2. 解決顧客商品使用不便。

3. 第一時間排除顧客抱怨。

試題編號：18100-940201C-16

檢定問答題(Ⅱ)：

門市物流的活動有哪些？

基本概念：

訂、送、驗、儲、賣、退

Ans：

門市物流主要有下列 6 項作業流程：

一、 訂單處理：依物流與廠商訂單作業時程進行賣場欠品訂購。

二、 配送時效：要求物流配送時效與時間需避開門市營業高峰期。

三、 驗收抽檢：數量、品質、規格、效期等驗收。

四、 儲位管理：配合先進先出暫儲於後倉。

五、 賣場陳列：依活動檔期與季節進行陳列（調整陳列架位置）。

六、 逆物流處理：即期品、不良品等辦理退換貨作業。

試題編號：18100-940201C-17

檢定問答題(Ⅱ)：

整合性 EOS 及 POS 資訊系統效益有哪些？

基本概念：

EOS（電子訂貨系統）、POS（銷售點管理系統）、POS 與 EOS 結合產生價值訊息。

Ans：

一、EOS（Electronic ordering system，電子訂貨系統）

電子訂貨系統的構成內容包括：訂貨、通訊網路和接單電腦等系統。以供應商來說，凡能接收門市透由資通系統傳送訂單，列印出相關作業訂單，即是具備電子訂貨系統的功能。

二、POS（Point of Sales，銷售點管理系統）

POS 系統即銷售點訊息管理系統，指通過自動讀取設備（如收銀機）在銷售商品時直接讀取商品銷售資訊（如商品名稱、單價、銷售數量、銷售時間、銷售門市、購買顧客等），通過網路或電腦系統傳送至營管中心進行分析以提高經營效率的系統。

三、POS 與 EOS 結合產生價值訊息

EOS 搭配 POS 產生門市和供應商之間的整體運作系統，即非個別門市和單一供應商的系統。電子訂貨系統在門市和供應商之間建立完整訂單互動，系統讓訂貨的期效縮短，保障商品的及時供應，加速資金的周轉，實現零庫存管理。

試題編號：18100-940201C-20

檢定問答題(Ⅱ)：

賣場布局有哪些動線？如何劃分其功能？

基本概念：

顧客動線、服務動線、後勤動線

Ans：

一、顧客動線

指顧客採購所移動之路線，其需考量手推車運轉空間，選購商品順暢度（物品重、大面積靠近最後動線區）。

二、服務動線

工作人員移動之路線（服務作業路線），避免影響顧客選購之氣氛。

三、後勤動線

指工作人員補貨移動之路線，如在小型賣場則需避開營業時段。

第三題型 危機管理與應變對策

試題編號	試題大綱（題型）	自評準備難易等級
D-01	商店有何防搶對策？	
D-02	處理顧客抱怨的步驟為何？	
D-03	當顧客自行看產品說明書拆裝商品但因操作錯誤，結果無法使用並至門市要求退換貨，但適逢門市該項商品補貨中，身為門市人員的你應如何處理？	
D-04	顧客抱怨主要是對公司的商品、人員服務與硬體設施之不滿產生爭執與抱怨，如何更有效解決？請列出處理流程。	
D-05	有效預防商店安全管理疏失的事前處理原則為何？	
D-06	有效預防商店安全管理疏失的事中處理原則為何？	
D-07	有效預防商店安全管理疏失的事後處理原則為何？	
D-08	如果你是位超級市場經理，在面臨超級市場遭受量販店與便利商店的嚴重威脅的情形時，應如何在競爭激烈的零售市場中，取得一席之地？	
D-09	店經理如何做好商品品質管理，以避免有瑕疵的商品上架？	
D-10	如何做好門市的公共安全防護？	
D-11	當商店售出的瑕疵品被購買者告到消費者文教基金會時，如果你是該商店的經營者，面對此危機的應變原則為何？	
D-12	為什麼企業遭遇到危機時，除了要對外溝通，還要對內溝通？	
D-13	同業進入商圈開店，應如何因應？	
D-14	身為店長，如遇員工曠職造成空班，應如何處理？	
D-15	顧客買到瑕疵商品上門理論，如何處理？	
D-16	身為店長，如遇媒體記者上門採訪，應如何處理？	
D-17	店長應如何防範可能產生之「銷售喪失成本」？	
D-18	預防勝於治療，請闡述門市環境之 5S 管理？	
D-19	請說明造成商品耗損之原因有哪些？	
D-20	店鋪電腦設備或系統發生故障如何處理？平時如何作好系統維護？	
D-21	請說明門市可利用逃生、防火避難及防火相關設備有哪些？	
D-22	請說明保險主要目的為何?門市保險應有哪些？	

試題編號：18100-940201D-01

檢定問答題(Ⅱ)：

商店有何防搶對策？

基本概念：

管理、設備、作業、處理

Ans：

一、教育訓練管理

1. 防搶演練辦理。

2. 收銀臺與保險櫃（金庫）降低現金存放量。

3. 增強門市值班人員對環境變化的敏感度。

二、防搶設備配置

1. 確保保全公司設備正常運作及夜間充足照明。

2. 警方連線系統與店鋪警示（警鳴）功能正常。

3. 保險櫃（金庫）與監視系統需有帶鎖專用櫃。

三、現場應變作業

1. 對搶匪特徵與逃跑方向（設備）重點記憶。

2. 確保人身安全才速報警與聯絡保全（保險）公司。

四、搶後處理安置

1. 保留完整現場以利警方採證。

2. 被搶人員心理溝通與安撫。

3. 事後檢討並改善建立補救措施。

試題編號：18100-940201D-02

檢定問答題(Ⅱ)：

　　處理顧客抱怨的步驟為何？

試題編號：18100-940201D-03

檢定問答題(Ⅱ)：

　　當顧客自行看產品說明書拆裝商品但因操作錯誤，結果無法使用並至門市要求退換貨，但適逢門市該項商品補貨中，身為門市人員的你應如何處理？

試題編號：18100-940201D-04

檢定問答題(Ⅱ)：

　　顧客抱怨主要是對公司的商品、人員服務與硬體設施之不滿產生爭執與抱怨，如何更有效解決？請列出處理流程。

試題編號：18100-940201D-05

檢定問答題(Ⅱ)：

有效預防商店安全管理疏失的事前處理原則為何？

基本概念：

手冊→編組→模擬→調整

Ans：

一、安全管理作業手冊

建立各項事發狀況通報與作業原則手冊。

二、安全作業任務編組

依職責將應變小組依狀況任務進行自動編組，可快速接續應變。

三、教育訓練模擬演練

定期辦理各項狀況之演練並訓練同仁提高敏感度，可有效防止（預防）事件發生。

四、檢視調整作業手冊

視門市經營進行作業手冊必要之調整，維持同仁事件處理之默契。

試題編號：18100-940201D-06

檢定問答題(Ⅱ)：

有效預防商店安全管理疏失的事中處理原則為何？

基本概念：

安全→通報→穩局

Ans：

一、考量安全

所有臨時狀況發生先考量人員安全、財產安全等。

二、通報上級

依作業手冊進行各單位通報（警、消、醫、保）並回報公司總部，由單一窗口對外聯絡（發布訊息）

三、穩定現況

由門市最高主管（任務編組）穩定局勢等待救援單位接手處理。

試題編號：18100-940201D-07

檢定問答題(Ⅱ)：

有效預防商店安全管理疏失的事後處理原則為何？

基本概念：

善後→歸屬→補救

Ans：

一、善後處理

先確認人員、財物損失狀況，優先對其傷亡人員進行責任承擔，再就財物損失進行清點。

二、責任歸屬

配合警察、消防、醫療（衛生）、保全等單位進行事件責任歸屬，以辦理後續賠償事宜。

三、補救措施

進行各項補救動作，包含誠意向新聞媒體訊息發布，並將個案列為重要教案。

試題編號：18100-940201D-08

檢定問答題(Ⅱ)：

如果你是位超級市場經理，在面臨超級市場遭受量販店與便利商店的嚴重威脅的情形時，應如何在競爭激烈的零售市場中，取得一席之地？

基本概念：

成本、差異、集中

Ans：

一、成本領導（人有我強）

成本領導策略是指：「根據在業界所累積的最大經驗值，控制成本低於對手的策略」。

二、差異化（人無我有）

差異化的表現形式是「人無我有」；簡單說，就是與眾不同。凡是走差異化策略的企業，都是把成本和價格放在第二位考慮，首要考量則是能否設法做到標新立異。

三、目標集中（顧客導向）

目標集中與上述兩種基本策略不同，它的表現形式是顧客導向，為特定客戶提供更有效和更滿意的服務。所以，實施目標集中策略的企業，或許在整個市場上並不占優勢，但卻能在某一較為狹窄的範圍內獨占鰲頭。

參考來源：經理人月刊（3種基本策略：選擇最適策略，提供獨特價值）

試題編號：18100-940201D-09

檢定問答題(Ⅱ)：

　　店經理如何做好商品品質管理，以避免有瑕疵的商品上架？

基本概念：

　　1.合約；2.驗收；3.期限；4.盤點。

Ans：

一、供應合約

　　由廠商合約要求供應品項需精良完整、符合相關法規，並簽訂各項品質標準、意外保險。

二、驗收管理

　　驗收人員對進貨之商品進行各項肉眼氣味可判斷之質量檢查，並要求供貨商檢附法規檢驗報告。

三、有效期限

　　到貨商品不得超過有效期間之協助期限（業者多為 1/3）。

四、貨架盤點

　　經由月（季）盤點一併檢查架上商品銷售（流動）狀況調整活動辦理，確保商品可順利暢銷。

試題編號：18100-940201D-10

檢定問答題(Ⅱ)：

如何做好門市的公共安全防護？

基本概念：

設備、法規、訓練、公關

Ans：

因人群的流動而產生廣義公共空間之安全考量，門市在經營中需考量大眾安全防護，從下列說明：

一、設備維護

每日檢查逃生指示燈、逃生路徑等設備與環境，定期檢查消防、醫療、連線通報等設備。

二、法規法令

落實各項法規法令調整門市符合法規要求。

三、教育訓練

加強人員各項安全防護訓練與應變措施。

四、公關維繫

與警察局（派出所）、消防局、醫院、當地媒體維持良好互動，主動參與社區、宗教活動。

試題編號：18100-940201D-11

檢定問答題(Ⅱ)：

當商店售出的瑕疵品被購買者告到消費者文教基金會時，如果你是該商店的經營者，面對此危機的應變原則為何？

試題編號：18100-940201D-12

檢定問答題(Ⅱ)：

為什麼企業遭遇到危機時，除了要對外溝通，還要對內溝通？

基本概念：

確認狀況、會同原廠、認錯改善、補強教育

※建議 D11、D12 背誦相同標題，再解釋題意。

Ans：

一、確認商品狀況

先確認商品瑕疵發生原因，尋找發生因素與事件危害程度。

二、會同原廠解決

由原生產製造廠或（進口）供應商共同解決與進行改善，如店內造成則立即啟動應變小組進行改善管理。

三、認錯承諾補救

無論事件產生是否為門市端，都應抱持誠意的態度配合改善與解決問題，如果是供應商或門市所造成則應勇於承擔錯誤，並以負責態度面對事件。

四、補強內部教育（D12 需強化說明此項）

事件發生後應於事後加強教育訓練，編列教案避免再發生相同情事。

試題編號：18100-940201D-13

檢定問題：

　　同業進入商圈開店，應如何因應？

基本概念：

　　分析差異、因應對策、補強忠誠、拉攏新知

Ans：

　　同業進入同一商圈展店應以樂觀看待此商圈尚有更大潛在消費客群，在良性競爭中要避免自身實力不足，無法留住消費者，因此需從下列作業進行加強競爭優勢：

一、瞭解分析競爭差異

　　分析新進企業於市場定位與消費者認知（喜好）是否與本身完全重疊，可從開店初期活動操作研判該企業進行所鎖定客群。

二、擬定因應操作對策

　　如與本身企業完全重疊則可採取促銷活動、會員加價購等操作，增強顧客認知；如果有其差異則可補強人員服務、調整店內裝潢（動線）、商品特色提高質感等。

三、補強原有顧客忠誠

　　提供會員專案優惠、點數加倍等活動，讓顧客習慣在本店消費並感受被禮遇尊重。

四、擴大拉攏新顧客群

　　新會員則需考量競爭店所辦理商品活動因應，盡可能避免正面衝突又可提高知名度。

試題編號：18100-940201D-14

檢定問題：

身為店長，如遇員工曠職造成空班，應如何處理？

基本概念：

原因、解決、補救

Ans：

一、瞭解原因：

確認人員無法到班原因，以研判解決方案。

二、解決問題：

短期可由鄰店調整代班、店內人員調班、店長自行補班。

長期則需建立儲存人力與培養人員工作態度與責任感。

三、補救方案

建立良好管理制度（請假、補班），符合業界薪資行情以避免人員經常異動店內服務品質不穩定。

試題編號：18100-940201D-15

檢定問題：

顧客買到瑕疵商品上門理論，如何處理？

基本概念：

傾聽→帶離→回應→補救→改善→追蹤

※建議同 D02、D03、D04、D15 背誦基本概念

Ans：

一、同理心誠意傾聽

站在顧客角度傾聽並尊重顧客見諒，適時點頭認同找尋事件可改善解決點。

二、必要時帶離現場

顧客情緒難以控制時技巧帶離賣場避免影響其他顧客權益。

三、立即處理與回應

在職權內立即承諾顧客進行改善（更換）可有效降低後續延伸反彈。

四、歉意與補救措施

如超越職權無法承諾，應誠意告知各項補救措施的時程與作法。

五、改善作業不適點

由顧客反應進行內部檢討並改善建構新標準。

六、持續追蹤成主顧

主動持續保持良性追蹤，讓顧客真正感受改善誠意。

試題編號：18100-940201D-16

檢定問題：

身為店長，如遇媒體記者上門採訪，應如何處理？

基本概念：

交換名片、知會公關發言人、回報媒體採訪重點、提供聯絡人予媒體

Ans：

媒體採訪有正面良性報導與重大異常事件報導，因考量發言（被採訪人員）無法正確傳遞企業要表達訊息（避免資訊錯亂），因此需有單一窗口（發言人）統一對外發布訊息，因此店長應採取下列作為：

一、 交換名片（可轉提供企業發言人）。

二、 善意告知企業有公關發言人對外統一提供訊息（如店鋪經授權則由店代表於權限與知悉領域進行說明）。

三、 回報企業媒體採訪重點與現階段狀況。

四、 提供公關發言人資訊予媒體聯絡。

試題編號：18100-940201D-17

檢定問題：

　　店長應如何防範可能產生之「銷售喪失成本」？

基本概念：

　　推薦相似商品、提高訂購量、掌握可銷售量

Ans：

　　當顧客上門無法購買該商品而離開，為「銷售喪失成本」，可從下列進行改善以防止業績持續流失。

一、推薦顧客相似商品

　　當店內沒有顧客指定商品，可主動推薦相似商品供顧客選擇，如顧客強烈指定應立即協調調度鄰近門市庫存或協助先理單後取貨，確保業績不會流失。

二、庫存與訂購量提高

　　如果是季節商品或檔期活動商品，應主動提供訂購量與安全庫存量。

三、確實掌握可銷數量

　　在庫量與在途量是門市經營管理重點，透由每日盤點確認正確庫存量，提供再訂購之參考。

試題編號：18100-940201D-18

檢定問題：

預防勝於治療，請闡述門市環境之 5S 管理？

基本概念：

整理、整頓、清掃、清潔、素養

Ans：

5S 是指整理 (SEIRI)、整頓 (SEITON)、清掃 (SEISO)、清潔 (SEIKETSU)、素養(SHITSUKE)等五個項目，分述如下：

一、整理(SEIRI)

區分要與不要的物品，現場只保留必須的物品。

二、整頓(SEITON)

必須品依規定定位、定方法擺放整齊有序，明確標示。

三、清掃(SEISO)

清除現場內的髒汙、清除作業區域的物料垃圾。

四、清潔(SEIKETSU)

將整理、整頓、清掃實施的做法制度化、規範化，維持其成果。

五、素養(SHITSUKE)

人員按表操作、依規行事，養成良好的習慣，使每個人都成為有教養的人。

參考來源：http://www.zwbk.org/zh-tw/Lemma_Show/266106.aspx

試題編號：18100-940201D-19

檢定問題：

請說明造成商品耗損之原因有哪些？

基本概念：

供應商、物流倉儲、銷售管理、行為不當、意外事件

Ans：

一、供應源頭管理

供應端商品品質有異常，商品規格與店訂不符。

二、物流倉儲管理

配送商品內容錯誤，配送過程溫層錯誤（溫控失誤、保存不當），貨品未落實先進先出。

三、銷售營業管理

數量、規格、內容不符（盤點、調撥錯誤）、訂量過多。

四、行為不當事件

使用不當（汙損等）、退貨、偷竊（換標）、搶劫。

五、意外事件造成

自然事件（水災、火災、颱風）、人為事件（斷電、保養不落實）。

試題編號：18100-940201D-20

檢定問答題(Ⅱ)：

店鋪電腦設備或系統發生故障如何處理？平時如何作好系統維護？

基本概念：

狀況：通報→檢修→調援→回報

平時：落實保養→編制手冊→管理記錄→建立備援

Ans：

一、狀況處理程序

1. 確認無法自修。

2. 通報修護單位。

3. 協助檢修原因。

4. 調度備援設備。

5. 檢修完成回報。

二、平時維護管理

1. 落實保養維護。

2. 編制作業手冊。

3. 良好管理記錄。

4. 建立備援設備。

試題編號：18100-940201D-21

檢定問題：

請說明門市可利用逃生、防火避難及防火相關設備有哪些？

Ans：

一、逃生設備

逃生（避難）指示燈、逃生通道、安全梯（升降梯）。

二、防火避難設備

強制排煙設備、防火隔間（防火門）、逃生（避難）指示燈、逃生通道、安全梯（升降梯）。

三、防火相關設備

火警通報設備、消防栓與滅火器、自動滅火灑水器、逃生（避難）指示燈等。

試題編號：18100-940201D-22

檢定問題：

請說明保險主要目的為何？門市保險應有哪些？

基本概念：

目的：分散風險、避免意外、風險轉嫁、專業善後。

項目：產品責任、意外災害。

Ans：

一、保險目的：

1. 分散經營管理風險。

2. 避免不確定意外損害。

3. 財物管理風險轉嫁。

4. 委由專業保險人員處理善後。

二、保險項目：

1. 產品責任險。

2. 意外災害險（地震、水災、火災、失竊搶劫、營業中斷等）。

參│考│文│獻 ▼ REFERENCES

1. Granovetter, M. "Economic Action and Social Structure: The Problem of Embeddedness." American Journal of Sociology, 91, 481-510. ,1985.

2. 陳明杰譯，Mason, Mayer, Wilkison，零售學，前程企業，1993。

3. 李孟熹，實戰零售學（下）－零售業經營實務，第六版，群泰企管，1994。

4. 葉匡時、周德光，「企業倫理之形成與維持：回顧與探究」，臺大管理論叢，6(1)，1-24，1995。

5. 葉匡時，企業倫理的理論與實踐，華泰書局，1996。

6. 林正修，中小型零售業經營管理實務，世界商業文庫，1996。

7. 葉匡時、徐翠芬，「臺灣興業家之企業倫理觀」，公共政策學報，18，111-132，1997。

8. 周泰華、杜富燕，零售管理，華泰文化，1997。

9. 黃俊英，行銷學，華泰文化，1997。

10. 陸民仁，臺灣經濟發展與競爭，健行文化，1997。

11. 鍾明鴻編譯，採購與庫存管理實務，超越企業顧問，1997。

12. 吳美連、林俊毅，人力資源管理－理論與實務，智勝文化，1997。

13. 丁逸豪，企業人事管理，五南出版，1988。

14. 李孟熹，連鎖店管理－實務操演手冊，科技圖書，1998。

15. 吳思華，策略九說－策略思考的本質，臉譜出版，2000。

16. 胡政源，零售管理，新文京開發出版股份有限公司，2001。

17. 欒斌、羅凱揚，電子商務，第三版，滄海書局，2003。

18. 許文富，農產運銷學，修訂版，正中書局，2004。

19. 許英傑，流通經營管理，新陸書局，2005。

20. 孫震，理當如此－企業永續經營之道，天下遠見，2006。

21. 邱繼智，門市營運管理，第二版，華立圖書，2008。

22. 劉典嚴，零售管理，第二版，前程文化，2008。

23. 胡政源，現代零售管理新論，第二版，新文京開發出版股份有限公司，2008。

24. 黃鴻程，服務業行銷理論探討與個案研究，滄海書局，2010。

25. 戴國良，通路行銷與管理，鼎茂圖書，2010。

26. 中華物流協會，物流運籌管理，第二版，前程文化，2012。

27. 汪志堅，消費者行為，第三版，全華圖書，2012。

28. 徐茂練，顧客關係管理，第四版，全華圖書，2012。

29. 梁世武，市場調查，第二版，普林斯頓出版，2012。

30. 高端訓，WOW 多品牌成就王品，遠流出版，2012。

31. 林鴻斌，網路行銷 XSEO，松崗資產管理，2012。

32. 林建煌，消費者行為概論，第三版，華泰文化，2013。

33. 曾光華，服務業行銷與管理，第四版，前程文化，2014。

34. 徐重仁，用心就有用力的地方，天下雜誌，2014。

35. 胡政源，行銷管理教學理論與實務個案，新頁圖書，2014。

36. 胡政源，品牌管理－廣告與品牌管理，新文京開發出版股份有限公司，2015。

37. 許英傑、黃淑姿，零售管理：行銷觀點，前程文化，2015。

38. 廖錦農，商圈銷售促進作業指導機能，http://cc.cust.edu.tw/~lliao/index.htm

39. 羅應浮，門市服務：乙級檢定創意 Q&A，第六版，2015。

40. 胡政源，顧客關係管理－創造關係價值，新文京開發出版股份有限公司，2016。

New Wun Ching Developmental Publishing Co., Ltd.

New Age · New Choice · The Best Selected Educational Publications—NEW WCDP

新文京開發出版股份有限公司

NEW
WCDP

新世紀‧新視野‧新文京 ─ 精選教科書‧考試用書‧專業參考書